高等学校计算机科学与技术教材

计算机安全基础教程
（第 2 版）

朱卫东　编著

U0337392

清 华 大 学 出 版 社

北京交通大学出版社

·北京·

内 容 简 介

本书介绍了有关计算机安全方面的基本概念、方法和技术。内容包括计算机安全的定义、安全威胁、安全规范与安全模型、风险管理、安全体系结构、实体安全与可靠性、密码学、身份认证与访问控制方面、公钥基础设施等计算机安全所涉及的理论知识。最后介绍了计算机病毒及恶意软件的防治、网络攻击技术及安全防护技术。

本书是作者在总结了多年教学经验的基础上写成的，适合用本科计算机专业、网络学院、高职高专等计算机专业的课程教材。

图书在版编目（CIP）数据

计算机安全基础教程 / 朱卫东编著．—2 版．—北京：北京交通大学出版社：清华大学出版社，2018.9

ISBN 978-7-5121-3706-6

Ⅰ．①计…　Ⅱ．①朱…　Ⅲ．①计算机安全　Ⅳ．①TP309

中国版本图书馆 CIP 数据核字（2018）第 200356 号

计算机安全基础教程
JISUANJI ANQUAN JICHU JIAOCHENG

责任编辑：谭文芳

出版发行：清 华 大 学 出 版 社　　邮编：100084　　电话：010-62776969　　http://www.tup.com.cn
　　　　　北京交通大学出版社　　邮编：100044　　电话：010-51686414　　http://www.bjtup.com.cn

印 刷 者：三河市兴博印务有限公司

经　　销：全国新华书店

开　　本：185 mm×260 mm　　印张：16　　字数：405 千字

版　　次：2018 年 9 月第 2 版　　2018 年 9 月第 1 次印刷

书　　号：ISBN 978-7-5121-3706-6

印　　数：1～2 000 册　　定价：41.00 元

本书如有质量问题，请向北京交通大学出版社质监组反映。对您的意见和批评，我们表示欢迎和感谢。

投诉电话：010-51686043，51686008；传真：010-62225406；E-mail：press@bjtu.edu.cn。

前　　言

2009 年本书第 1 版出版，从使用反馈中可了解，本书的整体构架和内容选取合理、难度适中、将原理和技术有机结合，能够很好地满足大学本科、网络学院、高职高专等相关专业的教学需要。

本书先后被选作 2009 年国家网络精品课程"计算机安全网络课程"、2013 年国家级精品资源共享课"计算机安全"、2015 年"MOOC 中国联盟"慕课课程"计算机安全"的配套教材。

第 2 版继承了第一版的指导思想、整体构架和章节布局，在融合近几年计算机安全方面的新技术，并认真采纳读者的建议和意见的基础上，进行如下改进：

（1）对第 1 版每个章节的内容进行了审核，对使用过程反馈问题进行了修改。

（2）为了适应计算机安全技术的发展对各章节的内容进行了补充和更新。

（3）在第 1 章增加了信息安全等级保护的介绍。

（4）对第 7 章 "网络攻击技术"内容和结构做了较大调整，补充完善了网络攻击过程的介绍，新增了 Web 攻击及防御技术一节。

（5）第 8 章"安全防护技术"增加了 Web 应用防火墙（WAF）、入侵防御系统（IPS）、网页防篡改系统等网络防护技术。

在本书第 2 版的编写过程中得到了北京交通大学信息中心、北京交通大学计算机学院、北京交通大学远程与继续教育学院、北京交通大学出版社的大力帮助和支持，在此表示由衷的感谢。

鉴于编者水平有限，书中难免出现错误和不当之处，殷切希望各位读者提出宝贵意见，并恳请各位专家、学者给予批评指正。

作　者
2018.4

前　言

目　　录

第 1 章　计算机安全综述

本章主要介绍计算机安全的基本概念、计算机安全的定义、安全威胁和国内外安全标准、安全模型、风险评估和安全体系结构。通过本章的学习，要求了解计算机安全的基本知识，理解计算机安全的概念、动态安全防御模型和风险管理、网络安全体系结构、网络安全方面的知识。

1.1　计算机安全的概念与安全威胁

当今社会是科学技术高度发展的信息社会，人类的一切活动均离不开信息，而计算机是对信息进行收集、分析、加工、处理、存储传输等的主体部分。可是计算机并不安全，它潜伏着严重的不安全性、脆弱性和危险性。攻击者经常利用这些缺陷对计算机实施攻击和入侵，窃取重要机密资料，导致计算机的瘫痪等，给社会造成巨大的经济损失，甚至危害国家和地区的安全。因此计算机的安全问题是一个关系人类生活与生存的大事情，必须给予充分的重视并设法解决。

本节分别讲述计算机安全的基本概念、计算机安全的定义和安全威胁。

1.1.1　计算机安全的概念

"安全"作为现代汉语的一个基本语词，在各种现代汉语辞书有着基本相同的解释。《现代汉语词典》对"安全"的解释是："没有危险；平安。"计算机安全中的"安全"一词对应的英文是"security"，含义有两方面，一方面是指安全的状态，即免于危险，没有恐惧；另一方面是指对安全的维护，指安全措施和安全机构。

有关计算机安全，国际标准化委员会的定义是"为数据处理系统所采取的技术的和管理的安全保护，保护计算机硬件、软件、数据不因偶然的或恶意的原因而遭到破坏、更改、显露"。

美国国防部国家计算机安全中心的定义："要讨论计算机安全首先必须讨论对安全需求的陈述。一般来说，安全的系统会利用一些专门的安全特性来控制对信息的访问，只有获得适当授权的人，或者以这些人的名义进行的进程可以读、写、创建和删除这些信息。"

我国公安部计算机管理监察司的定义："计算机安全是指计算机资产安全，即计算机信息系统资源和信息资源不受自然和人为有害因素的威胁和危害。"

从上述定义中可看出，计算机安全不仅涉及技术问题、管理问题，甚至还涉及有关法学、犯罪学、心理学等问题。可以用四部分来描述计算机安全这一概念，即实体安全、软件安全、数据安全和运行安全。而从内容来看，包括计算机安全技术、计算机安全管理、计算机安全评价与安全产品、计算机犯罪与侦查、计算机安全法律、计算机安全监察，以及计算机安全理论与政策。

1.1.2 计算机面临的威胁

计算机面临的威胁主要来自：电磁泄露、雷击等环境安全构成的威胁，软硬件故障和工作人员误操作等人为或偶然事故构成的威胁，利用计算机实施盗窃、诈骗等违法犯罪活动的威胁，网络攻击和计算机病毒构成的威胁，以及信息战的威胁等。

1. 环境安全构成的威胁

计算机的所在环境主要是场地与机房，会受到下述各种不安全因素的威胁。

① **电磁波辐射**：计算机设备本身就有电磁辐射问题，同时也怕外界电磁波的辐射和干扰。特别是自身辐射带有信息，容易被别人接收，造成信息泄露。

② **辅助保障系统**：水、电、空调中断或不正常会影响系统运行。

③ **自然因素**：火、电、水、静电、灰尘、有害气体、地震、雷电、强磁场和电磁脉冲等危害。这些危害有的会损害系统设备，有的会破坏数据，有的甚至会毁掉整个系统和数据。

2. 计算机的软硬件故障

电子技术的发展使电子设备出故障的概率在几十年里一降再降，许多设备在它们的使用期内根本不会出错。但是由于计算机和网络中的电子设备往往极多，故障还是时有发生。由于器件老化、电源不稳、设备环境等很多原因会使计算机或网络中的部分设备暂时或者永久失效。这些故障一般都具有突发的特点。

软件是计算机的重要组成部分，由于软件自身的庞大和复杂性，错误和漏洞的出现是不可避免的。软件故障不仅会导致计算机工作异常甚至死机，而且所存在的漏洞往往会被黑客利用以攻击计算机系统。

3. 人为的无意失误

人为的无意失误包括：程序设计错误、误操作、无意中损坏和无意中泄密等。例如操作员安全配置不当造成的安全漏洞、用户安全意识不强、用户口令选择不慎、用户将自己的账号随意转借他人或与别人共享等都会对计算机安全带来威胁。

4. 人为的恶意攻击

人为的恶意攻击包括：主动攻击和被动攻击。主动攻击是指以各种方式有选择地破坏信息（如修改、删除、伪造、添加、重放、乱序、冒充等）。被动攻击是指在不干扰网络信息系统正常工作的情况下进行侦收、截获、窃取、破译和业务流量分析及电磁泄露等。这些人为的恶意攻击属于计算机犯罪行为。实施攻击者的主要有以下几类。

（1）雇员

人数最多的计算机罪犯类型由那些最容易接近计算机的人，即雇员构成。有时，雇员只是设法从雇主那盗窃某种东西——设备、软件、电子资金、专有信息或计算机时间。有时，雇员可能出于怨恨而行动，试图"报复"公司。

（2）外部用户

不仅雇员，而且有些供应商或客户也可能有机会访问公司的计算机系统。使用自动柜员机的银行客户就是一例。像雇员一样，这些授权的用户可能获取秘密口令，或者找到进行计算机犯罪的其他途径。

（3）黑客

"黑客"（Hack）对于大家来说可能并不陌生，他们是一群利用自己的技术专长专门攻击网站和计算机而不暴露身份的计算机用户。黑客技术逐渐被越来越多的人掌握和发展。目前世界上约有 20 多万个黑客网站，这些站点介绍一些攻击方法和攻击软件的使用以及系统的一些漏洞，因而任何网络系统、站点都有遭受黑客攻击的可能。尤其是现在还缺乏针对网络犯罪卓有成效的反击和跟踪手段，使得黑客们善于隐蔽，攻击"杀伤力"强，这是网络安全的主要威胁。

（4）犯罪团伙

犯罪团伙可以像合法的商业人员一样使用计算机，只不过是为了达到非法的目的，例如，使用计算机来跟踪赃物或非法赌债。另外，伪造者使用微机和打印机伪造支票、驾驶证等看起来很复杂的证件。

5. 恶意代码

恶意代码（malicious code）或者叫恶意软件 Malware（malicious software），指凡是自身可执行恶意任务，并能破坏目标系统的代码。具体可分为计算机病毒（virus）、蠕虫（worm）、木马程序（trojan horse）、后门程序（backdoor）、逻辑炸弹（logic bomb）等几类。

计算机病毒指编制或者在计算机程序中插入的破坏计算机功能或毁坏数据，影响计算机使用，并能自我复制的一组计算机指令或者程序代码，它具有潜伏、传染和破坏的特点。

蠕虫指通过计算机网络自我复制，消耗系统资源和网络资源的程序。它具有攻击、传播和扩散的特点。

木马指一种与远程计算机建立连接，使远程计算机能够通过网络控制本地计算机的程序。它具有欺骗、隐蔽和信息窃取的特点。

后门程序就是留在计算机系统中，供某位特殊使用者通过某种特殊方式控制计算机系统的途径。后门程序类似于木马，其用途在于潜伏在计算机中，从事搜集信息或便于黑客进入的动作。与木马的区别在于：木马是一个完整的软件，而后门体积较小且功能都很单一。

逻辑炸弹指一段嵌入计算机系统程序的，通过特殊的数据或时间作为条件触发，试图完成一定破坏功能的程序。它具有潜伏和破坏的特点。

6. 社会工程学攻击

随着网络安全防护技术及安全防护产品应用得越来越成熟，很多常规的黑客入侵手段越来越难成功。在这种情况下，更多的黑客将攻击手法转向了社会工程学攻击，同时利用社会工程学的攻击手段也日趋成熟，技术含量也越来越高。

社会工程学是著名黑客米特尼克（Kevin Mitnick）在《欺骗的艺术》中所提出的，社会工程学攻击是一种通过对被攻击者心理弱点、本能反应、好奇心、信任、贪婪等心理陷阱所采取的诸如欺骗、伤害等危害手段，获取自身利益的手法。

为了保护计算机系统免受黑客入侵，我们会通过安装硬件防火墙、入侵检测系统、虚拟专用网络或者其他安全软件产品的方式进行防护，这样可以有效阻止黑客使用传统方法利用软件或系统的漏洞实现入侵的，但是这些并不能完全保障计算机系统安全。现在，更多的黑客将攻击目标转向敏感信息管理员或拥有者，利用人的弱点即社会工程学方法来实施攻击。

社会工程学是非传统的信息安全，利用社会工程学手段，突破信息安全防御措施的事件，已经呈现出上升甚至泛滥的趋势。一些信息安全专家预言，社会工程学已成为计算机安全的最大的安全风险，许多破坏力最大的行为是由于社会工程学而不是黑客或破坏行为造成的。社会工程学将会是未来信息系统入侵与反入侵的重要对抗领域。

最近流行的免费下载软件中捆绑流氓软件，免费音乐中包含病毒，网络钓鱼，垃圾电子邮件中包括间谍软件等，都是近来社会工程学的代表应用。

1.2　计算机信息安全的目标与评估标准

所有的计算机安全技术都是为了达到一定的安全目标，其核心包括保密性、完整性、可用性三个安全目标。计算机安全产品是从技术层面实现安全目标所必需的。信息安全评估是指评估机构依据信息安全评估标准，采用一定的方法（方案）对信息安全产品或系统安全性进行评价。信息安全评估标准是信息安全评估的行动指南。信息安全等级保护是对信息和信息载体按照重要性等级分级别进行保护的一种工作，在中国、美国等很多国家都存在的一种信息安全领域的工作。本节主要介绍计算机安全目标、国际主要安全评价标准、我国计算机安全评价标准。

1.2.1　计算机信息安全的目标

计算机安全通常强调所谓 CIA 三元组的目标，即保密性、完整性和可用性。CIA 概念的阐述源自信息技术安全评估准则（information technology security evaluation criteria，ITSEC），它也是信息安全的基本要素和安全建设所应遵循的基本原则。

① 保密性（confidentiality）：确保信息在存储、使用、传输过程中不会泄露给非授权用户或实体。

② 完整性（integrity）：确保信息在存储、使用、传输过程中不会被非授权用户篡改，同时还要防止授权用户对系统及信息进行不恰当的篡改，保持信息内、外部表示的一致性。

③ 可用性（availability）：确保授权用户或实体对信息及资源的正常使用不会被异常拒绝，允许其可靠而及时地访问信息及资源。

CIA 安全的保密性、完整性和可用性主要强调对非授权主体的控制。为了对授权主体的不正当行为进行控制。除了 CIA 三元组的目标，还有可控性、不可否认性、可审计性等。

① 可控性（controlability）：对信息和信息系统实施安全监控管理，防止非法利用信息和信息系统。

② 不可否认性（non-repudiation）：在网络环境中，信息交换的双方不能否认其在交换过程中发送信息或接收信息的行为。

③ 可审计性（audiability）：信息系统的行为人不能否认自己的信息处理行为。与不可否认性的信息交换过程中行为可认定性相比，可审计性的含义更宽泛一些。

1.2.2　计算机安全评估标准

由于计算机信息系统自身所固有的脆弱性，使计算机信息系统面临威胁和攻击的考验。为了保证计算机系统的安全，用户就需要根据自己的安全需求选购具有安全防护的计算机软硬件产品或者安全产品。但是，大多数的用户并不是安全专家，因此某种安全评估是信任一种安全产品的唯一选择。

1983 年，美国国防部率先推出了《可信计算机系统评估准则》（TCSEC，也称为橘皮书），该标准事实上成为美国国家信息安全评估标准，对世界各国也产生了广泛影响。1991 年，欧共体发布了信息技术安全评价准则（ITSEC）。

1993 年，美国在对 TCSEC 进行修改补充并吸收 ITSEC 优点的基础上，发布了美国信息技术安全评价联邦准则（combined federal criteria，FC）。

自 1993 年开始，国际标准化组织 ISO 进行了统一现有多种准则的努力，1996 年推出国际通用准则（CC）1.0 版，1998 年出 2.0 版，到 1999 年正式成为国际标准 ISO 15408。CC 结合了 FC 及 ITSEC 的主要特征，它强调将安全的功能与保障分离，并将功能需求分为 9 类 63 族，将保障分为 7 类 29 族，其演变过程如图 1-1 所示。

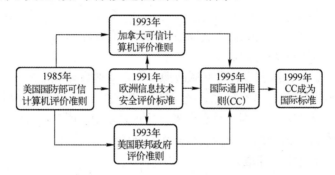

图 1-1　国际安全评价标准的发展及其联系

ISO 在安全体系结构方面制定了国际标准 ISO 7498—2—1989《信息处理系统开放系统互连基本参考模型第 2 部分安全体系结构》。该标准提供了安全服务与有关机制的一般描述，确定在参考模型内部可以提供这些服务与机制的位置。

我国有公安部主持制定、国家技术标准局发布的国家标准 GB17895—1999《计算机信息系统安全保护等级划分准则》。

1. 可信计算机系统评价准则

美国国防部的可信计算机系统评价准则（TCSEC）是计算机信息安全评估的第一个正式标准，具有划时代的意义。该准则于 1970 年由美国国防科学委员会提出，并于 1985 年 12 月由美国国防部公布。TCSEC 将安全分为 4 个方面：安全政策、可说明性、安全保障和文档。该标准将以上 4 个方面分为 7 个安全级别，按安全程度从最低到最高依次是 D、C1、C2、B1、B2、B3、A1。

D 类：最低保护。无须任何安全措施。属于这个级别的操作系统有：DOS、Windows、Apple 的 Macintosh System 7.1。

C1 类：自决的安全保护。系统能够把用户和数据隔开，用户可以根据需要采用系统提供的访问控制措施来保护自己的数据，系统中必有一个防止破坏的区域，其中包含安全功能。用户拥有注册账号和口令，系统通过账号和口令来识别用户是否合法，并决定用户对程序和信息拥有什么样的访问权。

C2 类：访问控制保护。控制粒度更细使得允许或拒绝任何用户访问单个文件成为可能。系统必须对所有的注册、文件的打开、建立和删除进行记录。审计跟踪必须追踪到每个用户对每个目标的访问。能够达到 C2 级的常见操作系统有：UNIX 系统、Windows NT。

B1 类：有标签的安全保护。系统中的每个对象都有一个敏感性标签，而每个用户都有一个许可级别。许可级别定义了用户可处理的敏感性标签。系统中的每个文件都按内容分类并标有敏感性标签，任何对用户许可级别和成员分类的更改都受到严格控制。较流行的 B1 级操作系统是 OSF/1。

B2 类：结构化保护。系统的设计和实现要经过彻底的测试和审查。系统应结构化为明确而独立的模块，实施最少特权原则。必须对所有目标和实体实施访问控制。政策要有专职人员负责实施，要进行隐蔽信道分析。系统必须维护一个保护域，保护系统的完整性，防止外部干扰。目前，UnixWare 2.1/ES 作为国内独立开发的具有自主版权的高安全性 UNIX 系统，其安全等级为 B2 级。

B3 类：安全域。系统的关键安全部件必须理解所有客体到主体的访问，必须是防窜扰的，而且必须足够小以便分析与测试。

A1 类：核实保护。系统的设计者必须按照一个正式的设计规范来分析系统。对系统分析后，设计者必须运用核对技术来确保系统符合设计规范。A1 系统必须满足下列要求：系统管理员必须从开发者那里接收到一个安全策略的正式模型，所有的安装操作都必须由系统管理员进行，系统管理员进行的每一步安装操作都必须有正式文档。

2．ISO 15408（CC 安全标准）

1996 年由 6 个国家 7 方（美国国家安全局和国家技术标准研究所、加、英、法、德、荷）共同提出了"信息技术安全评价通用准则（the common criteria for information technology security evaluation，CC）"，即 CC1.0 它综合了已有的信息安全的准则和标准，形成了一个更全面的框架。

1999 年 ISO 国际标准化组织正式发布基于 CC2.1 的国际标准 ISO/IEC 15408-1，我国于 2001 年等同采用 ISO/IEC 15408 为国标，标准号为 GB/T 18336。2005 年 ISO 年发布了基于 CC2.3 的 ISO/IEC 15408-2，现在最新的标准是 2008 年发布的 ISO/IEC 15408-3。

CC 标准是第一个信息技术安全评价国际标准，它的发布对信息安全具有重要意义，是信息技术安全评价标准以及信息安全技术发展的一个重要里程碑。

CC 定义了作为评估信息技术产品和系统安全性的基础准则，提出了目前国际上公认的表述信息技术安全性的结构，即把安全要求分为规范产品和系统安全行为的功能要求，以及解决如何正确有效地实施这些功能的保证要求。功能和保证要求又以"类—子类—组件"的结构表述，组件作为安全功能的最小构件块，可以用于"保护轮廓""安全目标""包"的构建，例如由保证组件构成典型的包——"评估保证级"。另外，功能组件还是连接 CC 与传统安全机制和服务的桥梁，以及解决 CC 同已有准则（如 TCSEC、ITSEC）的协调关系，如功能组件构成 TCSEC 的各级要求。

CC 分为 3 个部分：第 1 部分"简介和一般模型"，其正文介绍了 CC 中的有关术语、基本概念和一般模型，以及与评估有关的一些框架，其附录部分主要介绍"保护轮廓"和"安全目标"的基本内容；第 2 部分"安全功能要求"，按"类—子类—组件"的方式提出安全功能要求，每一个类除正文以外，还有对应的提示性附录作进一步解释；第 3 部分"安全保证要求"，定义了评估保证级别，介绍了"保护轮廓"和"安全目标"的评估，并按"类—子类—组件"的方式提出安全保证要求。CC 的三个部分相互依存，缺一不可。

CC 标准的核心思想有两点：

一是信息安全提供的安全功能本身和对信息安全技术的保证承诺之间独立。这一思想在 CC 标准中主要反映在两方面：一方面是信息系统的安全功能和安全保证措施相独立，并且通过独立的安全功能需求和安全保证需求来定义一个产品或系统的完整信息安全需求；另一方面是信息系统的安全功能及说明与对信息系统安全性的评价完全独立。

二是安全工程的思想，即通过对信息安全产品的开发、评价、使用全过程的各个环节实施安全工程来确保产品的安全性。

CC 评估的大体流程如图 1-2 所示。首先，评估相关团体使用和遵从 CC 标准对描述 TOE（target of evaluation，评估对象）的 TOE 文档进行修改，生成 TOE 修正文档。然后评估相关团体使用 CC Tool box、CC 标准、相关的 PP 以及 TOE 修正文档生成 ST（security target，安全目标）文档，其中 CC Tool box 是一款用于生成 PP 和 ST 文档的软件。到此时，评估的准备工作就完成了。

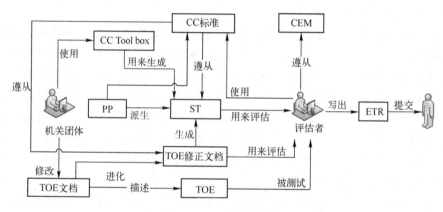

图 1-2　CC 评估的流程

当 ST、TOE 修正文档、TOE 被提交给评估者后，评估者使用 CC 标准、遵从通用评估方法（common evaluation methodology，CEM）进行 CC 评估，审查 ST、PP（如果 ST 和从某个 PP 派生的）、TOE 修正文档，测试 TOE，完成 ETR（evaluate technical report，评估技术报告）。最后，评估者将 ETR 提交给认证者进行认证。到此，整个 CC 评估结束。在整个 CC 评估期间，评估监督者对整个评估过程进行监督，从而保证评估的公正性、客观性。

3．我国安全标准简介

1999 年，由公安部主持制定、国家技术标准局发布了中华人民共和国国家标准 GB 17859—1999《计算机信息系统安全保护等级划分准则》。该标准于 2001 年 1 月 1 日正式实施。2001 年由中国信息安全产品测评认证中心牵头，将 ISO/IEC 15408 转化为国家标准——GB/T 18336—2001《信息技术安全评估准则》，并直接应用于我国的信息安全测评认证工作。该标准经历两次修改后，现行版本为 GB/T18336—2015。

其中，基础性等级划分标准 GB 17859—1999《计算机信息系统安全保护等级划分准则》，是其他标准的基础，是信息系统安全等级保护实施指南，为等级保护的实施提供指导。GB 17859—1999 规定了计算机系统安全保护能力的五个等级，即用户自主保护级、系统审计保护级、安全标记保护级、结构化保护级和访问验证保护级。计算机信息系统安全保护能力随着安全保护等级的增高，逐渐增强。

（1）用户自主保护级。本级的计算机信息系统可信计算机通过隔离用户与数据，使用户具备自主安全保护的能力。它具有多种形式的控制能力，对用户实施访问控制，即为用户提供可行的手段，保护用户和用户组信息，避免其他用户对数据的非法读写与破坏。第一级适用于普通内联网用户。

（2）系统审计保护级。与用户自主保护级相比，本级的计算机信息系统可信计算机实施了粒度更细的自主访问控制，它通过登录规程、审计安全性相关事件和隔离资源，使用户对自己的行为负责。第二级适用于通过内联网或国际网进行商务活动需要保密的非重要单位。

（3）安全标记保护级。本级的计算机信息系统可信计算机具有系统审计保护级的所有功能。此外，还提供有关安全策略模型、数据标记，以及主体对客体强制访问控制的非形式化描述；具有准确地标记输出信息的能力；消除通过测试发现的任何错误。第三级适用于地方各级国家机关、金融机构、邮电通信、能源与水源供给部门、交通运输、大型工商与信息技术企业、重点工程建设等单位。

（4）结构化保护级。本级的计算机信息系统可信计算机建立于一个明确定义的形式化安全策略模型之上，它要求将第三级系统中的自主和强制访问控制扩展到所有主体与客体。此外，还要考虑隐蔽通道。本级的计算机信息系统可信计算机必须结构化为关键保护元素和非关键保护元素。计算机信息系统可信计算机的接口也必须明确定义，使其设计与实现能经受更充分的测试和更完整的复审。加强了鉴别机制，支持系统管理员和操作员的职能，提供可信设施管理，增强了配置管理控制。系统具有相当的抗渗透能力。第四级适用于中央级国家机关、广播电视部门、重要物资储备单位、社会应急服务部门、尖端科技企业集团、国家重点科研机构和国防建设等部门。

（5）访问验证保护级。本级的计算机信息系统可信计算机满足访问监控器需求。访问监控器仲裁主体对客体的全部访问。访问监控器本身是抗篡改的，而且必须足够小，能够分析和测试。为了满足访问监控器需求，计算机信息系统可信计算机在其构造时，排除了那些对实施安全策略来说并非必要的代码；在设计和实现时，从系统工程角度将其复杂性降低到最小程度。支持安全管理员职能；扩充审计机制，当发生与安全相关的事件时发出信号；提供系统恢复机制。系统具有很高的抗渗透能力。第五级适用于国防关键部门和依法需要对计算机信息系统实施特殊隔离的单位。

1.3　安全模型

可信计算机安全评估准则（TCSEC）的发布对操作系统、数据库等方面的安全发展起到了很大的推动作用，被称为信息安全的里程碑。但是，TCSEC 是基于主机/终端环境的静态安全模型建立起来的标准，是在当时的网络发展水平下被提出来的。随着网络的深入发展，这个标准已经不能完全适应当前的技术需要，无法完全反映分布式、动态变化、发展迅速的 Internet 安全问题。针对日益严重的网络安全问题和越来越突出的安全需求，"动态安全模型"应运而生。

最早的动态安全模型是 PDR，模型包含 Protection（保护）、Detectioon（检测）、Response（响应）三个过程，对三者的时间要求满足：Dt + Rt < Pt，其中，Dt 是系统能够检测到网络攻击或入侵所花费的时间，Rt 是从发现对信息系统的入侵开始到系统做出足够反应的时间，Pt 是系统设置各种保护措施的有效防护时间，也就是外界入侵实现对安全目标侵害目的所需要的时间。此模型着重强调 PDR 行为的时间要求，叮以个包含风险分析及相关安全策略的制定。在 PDR 模型的基础上，通过增加安全策略，形成策略、防护、检测、响应的动态安全模型 PPDR 和增加恢复策略的保护 PDRR 安全模型。

1.3.1 PPDR 模型

PPDR 模型是可适应网络安全理论或称为动态信息安全理论的主要模型。PPDR 模型包含四个主要部分：Policy（安全策略）、Protection（防护）、Detection（检测）和 Response（响应）。防护、检测和响应组成了一个所谓的"完整的、动态的"安全循环，在安全策略的整体指导下保证信息系统的安全。PPDR 模型如图 1-3 所示。

图 1-3 PPDR 模型

1. PPDR 的安全策略

PPDR 模型是在整体的安全策略的控制和指导下，在综合运用防护工具（如防火墙、操作系统身份认证、加密等手段）的同时，利用检测工具（如漏洞评估、入侵检测等系统）了解和评估系统的安全状态，将系统调整到"最安全"和"风险最低"的状态。

根据 PPDR 模型的理论，安全策略是整个网络安全的依据。不同的网络需要不同的策略，在制订策略以前，需要全面考虑局域网络中如何在网络层实现安全性，如何控制远程用户访问的安全性、在广域网上的数据传输实现安全加密传输和用户的认证等问题。对这些问题做出详细回答，并确定相应的防护手段和实施办法，就是针对企业网络的一份完整的安全策略。策略一旦制订，应当作为整个企业安全行为的准则。

2. PPDR 模型的理论体系

PPDR 模型有自己的理论体系，有数学模型作为其论述基础——基于时间的安全理论（time based security）。该理论的最基本原理就是认为，信息安全相关的所有活动，不管是攻击行为、防护行为、检测行为和响应行为等都要消耗时间。因此可以用时间来衡量一个体系的安全性和安全能力。

作为一个防护体系，当入侵者要发起攻击时，每一步都需要花费时间。当然攻击成功花费的时间就是安全体系提供的防护时间 Pt。在入侵发生的同时，检测系统也在发挥作用，检测到入侵行为也要花费时间——检测时间 Dt。在检测到入侵后，系统会做出应有的响应动作，这也要花费时间——响应时间 Rt。

PPDR 模型（如图 1-4 所示）可以用一些典型的数学公式来表达安全的要求。

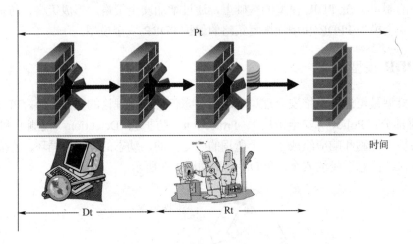

图 1-4　PPDR 时间关系

公式 1：　Pt > Dt + Rt

Pt——系统为了保护安全目标设置各种保护后的防护时间；或者理解为在这样的保护方式下，黑客（入侵者）攻击安全目标所花费的时间。

Dt ——从入侵者发动入侵开始，系统能够检测到入侵行为所花费的时间。

Rt ——从发现入侵行为开始，系统能够做出足够的响应，将系统调整到正常状态的时间。

那么，针对需要保护的安全目标，如果上述数学公式满足即防护时间大于检测时间加上响应时间，也就是在入侵者危害安全目标之前就能够被检测到并及时处理。

公式 2：Et = Dt + Rt，如果 Pt=0

公式的前提是假设防护时间为 0。这种假设对 Web Server 这样的系统可以成立。

Dt——从入侵者破坏了安全目标系统开始，系统能够检测到破坏行为所花费的时间。

Rt——从发现遭到破坏开始，系统能够做出足够的响应，将系统调整到正常状态的时间。比如，对 Web Server 被破坏的页面进行恢复。

那么，Dt 与 Rt 的和就是该安全目标系统的暴露时间 Et。针对需要保护的安全目标，Et 越小，系统就越安全。

通过上面两个公式的描述，实际上给出了安全一个全新的定义："及时的检测和响应就是安全""及时的检测和恢复就是安全"。

而且，这样的定义为安全问题的解决给出了明确的方向：提高系统的防护时间 Pt，降低检测时间 Dt 和响应时间 Rt。

3．PPDR 的应用

PPDR 理论给人们提出了全新的安全概念，安全不能依靠单纯的静态防护，也不能依靠单纯的技术手段来解决。网络安全理论和技术还将随着网络技术、应用技术的发展而发展。

未来的网络安全会有以下趋势。

一方面，高度灵活和自动化的网络安全管理辅助工具将成为信息安全主管的首选，它能帮助管理相当庞大的网络，通过对安全数据进行自动的多维分析和汇总，使人从海量的安全数据中解脱出来，根据它提交的决策报告进行安全策略的制订和安全决策。

另一方面，由于网络安全问题的复杂性，网络安全管理将与已经较成熟的网络管理集成，在统一的平台上实现网络管理和安全管理。

另外，检测技术将更加细化，针对各种新的应用程序的漏洞评估和入侵监控技术将会产生，攻击追踪技术也将应用到网络安全管理的环节当中。

因此，网络安全时代已经到来，以 PPDR 理论为主导的安全概念必将随着技术的发展而不断丰富和完善。

在这里要特别强调模型中的应急计划和应急措施，它是动态循环中的一个关键，也是在发生事件后减轻损失和灾难的最有效方法。一般来说，应急计划和应急措施包括以下三个方面：

① 建立系统时需同时建立应急方案和措施；

② 成立专门的、专人负责的应急行动小组；

③ 入侵发生后迅速有效地控制局面（对入侵者的鉴定和跟踪、分析结果、启动应急方案、检查和恢复系统运行）。

1.3.2　PDRR 网络安全模型

PDRR 模型也是一个最常用的网络安全模型，该模型把网络体系结构划分为 Protect（保护）、Detect（检测）、React（响应）、Restore（恢复）四个部分。PDRR 模型把信息的安全保护作为基础，将保护视为活动过程，要用检测手段来发现安全漏洞，及时更正；同时采用应急响应措施对付各种入侵；在系统被入侵后，要采取相应的措施将系统恢复到正常状态，这样使信息的安全得到全方位的保障。该模型强调的是故障自动恢复能力。PDRR 安全模型中安全策略的前三个环节与 PPDR 安全模型中后三个环节的内涵基本相同。最后一个环节，"恢复"是指在系统被入侵之后，把系统恢复到原来的状态，或者比原来更安全的状态（见图 1-5）。系统恢复过程通常包括两个环节：一是对被入侵的系统受到的影响进行评估与重建，二是采取更有效的安全技术措施。

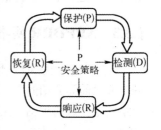

图 1-5　PDRR 模型

1. 保护

网络安全策略 PDRR 模型的最重要的部分就是保护（P）。保护是预先阻止攻击可以发生的条件产生，让攻击者无法顺利地入侵，防护可以减少大多数的入侵事件。除了物理层的安全保护外，它还包括防火墙、用户身份认证和访问控制、防病毒、数据加密等。

2. 检测

PDRR 模型的第二个环节就是安全检测（D）。通过防护系统可以阻止大多数的入侵事件，但是它不能阻止所有的入侵。特别是那些利用新系统和应用的缺陷以及发生在内部攻击。因此 PDRR 的第二个安全环节就是检测，即当入侵行为发生时可以即时检测出来。检测常用的工具是入侵检测系统。

3．响应

响应（R）是针对一个已知入侵事件进行的处理。在一个大规模的网络中，响应工作都是由一个特殊部门如计算机响应小组负责。响应的主要工作可以分为两种：紧急响应和其他事件处理。紧急响应就是当安全事件发生时即时采取应对措施，如入侵检测系统的报警以及其与防火墙联动主动阻止连接，当然也包括通过其他方式的汇报和事故处理等。其他事件处理则主要包括咨询、培训和技术支持等。

4．恢复

没有绝对的安全，尽管采用了各种安全防护措施，但网络攻击以及其他灾难事件还是不可避免的发生了。恢复（R）是 PDRR 模型中的最后一个环节，攻击事件发生后，可以及时把系统恢复到原来或者比原来更加安全的状态。恢复可以分为系统恢复和信息恢复两个方面。系统恢复是根据检测和响应环节提供有关事件的资料进行的，它主要是修补被攻击者所利用的各种系统缺陷以及消除后门，不让黑客再次利用相同的漏洞入侵，如系统升级、软件升级和打补丁等。信息恢复指的是对丢失数据的恢复，主要是从备份和归档的数据恢复原来数据。数据丢失的原因可能是由于黑客入侵造成，也可以是由于系统故障、自然灾害等原因造成的。信息恢复过程跟数据备份过程有很大的关系，数据备份做得是否充分对信息恢复能否成功有很大的影响。在信息恢复过程中要注意信息恢复的优先级别。直接影响日常生活和工作的信息必须先恢复，这样可以提高信息恢复的效率。

当然，PDRR 模型表现为网络安全最终的存在形态，是一类目标体系和模型，它并不关注网络安全建设的工程过程，并没有阐述实现目标体系的途径和方法。此外，模型更侧重于技术，对诸如管理这样的因素并没有强调。网络安全体系应该是融合技术和管理在内的一个可以全面解决安全问题的体系结构，它应该具有动态性、过程性、全面性、层次性和平衡性等特点，是一个可以在信息安全实践活动中真正依据的建设蓝图。

1.3.3　APPDRR 网络安全模型

安全防护级别对于不同的系统是有区别的，如何确定需要依据对系统的风险分析和评估，所以前面介绍的两个模型中又引入风险评估形成了 APPDRR 模型。APPDRR 模型认为网络安全由风险评估（Assessment）、安全策略（Policy）、系统防护（Protection）、动态检测（Detection）、实时响应（Reaction）和灾难恢复（Restoration）六部分完成。

根据 APPDRR 模型（见图 1-7），网络安全的第一个重要环节是风险评估，通过风险评估，掌握网络安全面临的风险信息，进而采取必要的处置措施，使信息组织的网络安全水平呈现动态螺旋上升的趋势。网络安全策略是 APPDRR 模型的第二个重要环节，起着承上启下的作用：一方面，安全策略应当随着风险评估的结果和安全需求的变化做相应的更新；另一方面，安全策略在整个网络安全工作中处于原则性的指导地位，其后的检测、响应诸环节都应在安全策略的基础上展开。系统防护是安全模型中的第三个环节，体现了网络安全的静态防护措施。接下来是动态检测、实时响应、灾难恢复三环节，体现了安全动态防护和安全入侵、安全威胁"短兵相接"的对抗性特征。

APPDRR 模型还隐含了网络安全的相对性和动态螺旋上升的过程，即：不存在百分之百的静态的网络安全，网络安全表现为一个不断改进的过程。通过风险评估、安全策略、系统防护、动态检测、实时响应和灾难恢复六环节的循环流动，网络安全逐渐地得以完善和提高，从而实现保护网络资源的网络安全目标。

图 1-6　APPDRR 模型

1.4　计算机系统安全风险评估

　　计算机系统自身以及与计算机系统相连的网络环境的特点与局限性决定了计算机系统的发展和应用将遭受木马、病毒、恶意代码、物理故障、人为破坏等各方面的威胁。由于这个原因，人们不断地探索和研究防止计算机系统受到威胁的手段和方法，并且迅速在杀毒软件、防火墙和入侵检测技术等方面取得了迅猛的发展。然而，这没有从根本上解决计算机系统的安全问题，来自计算机网络的威胁更加多样化和隐蔽化，黑客、病毒等攻击事件也越来越多。怎样确保组织能够在长时间内处于较高的安全水平，是目前急需解决的问题。安全管理是一个过程，而不是一个产品，不能期望通过一个安全产品就能把所有的安全问题都解决。同时，需要基于安全风险管理来建立信息安全战略，最适宜的信息安全战略实际上就是最优的风险管理对策。信息安全风险管理可以看成是一个不断降低安全风险的过程，其最终目的是使安全风险降低到一个可接受的程度，使用户和决策者可以接受剩余的风险。

　　计算机系统的安全风险，是指由于系统存在的脆弱性，人为或自然的威胁导致安全事件发生所造成的影响。信息安全风险评估，则是指依据有关信息安全技术标准，对计算机系统及由其处理、传输和存储的信息的保密性、完整性和可用性等安全属性进行科学评价的过程，它要评估计算机系统的脆弱性、计算机系统面临的威胁以及脆弱性被威胁源利用后所产生的实际负面影响，并根据安全事件发生的可能性和负面影响的程度来识别计算机系统的安全风险。

1.4.1　信息安全风险评估相关概念

　　信息安全风险评估涉及 4 个要素：资产、威胁、弱点和风险分析。资产是对用户有价值的东西。信息技术资产结合了逻辑和物理的资产，可将其分为五类：

① 信息资产（数据或者用于完成组织任务的知识产权）；

② 系统资产（处理和存储信息的信息系统）；

③ 软件资产（软件应用程序和服务）；

④ 硬件资产（信息技术的物理设备）；

⑤ 人员资产（组织中拥有独特技能、知识和经验的他人难以替代的人）。

威胁是指潜在的不希望发生事件，可将其归纳为四类：基于网络方式访问造成的威胁、基于物理方式访问造成的威胁、系统问题以及其他问题等。威胁的属性包括资产、访问、主角、动机和结果等。当一个威胁利用了资产所包含的弱点后，资产将会面临风险。这种危害将会影响资产的保密性、完整性和可用性，并造成资产价值的损失。

弱点可分为组织弱点和技术弱点。组织弱点是指组织的政策或实践中可能导致未授权行为的弱点。技术弱点是指系统、设备和直接导致未授权行为的组件中存在的弱点，又分为三类：①设计弱点，硬件或者软件中设计或者规范中存在的弱点；②实现弱点，由一个良好的设计在实现软件或者硬件时产生的错误而导致的弱点；③配置弱点，由一个系统或者组件在配置时产生错误而导致的错误。

风险是指遭受损害或者损失的可能性，是实现一个事件不想要的负面结果的潜在因素。

资产、威胁、弱点以及风险之间的关系如图 1-7 所示。

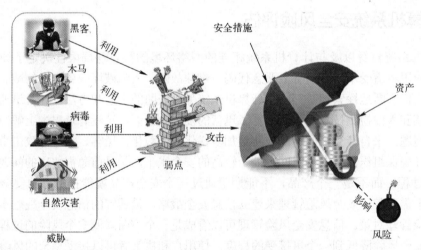

图 1-7　资产、威胁、弱点和风险关系图

1.4.2　风险评估的原理

安全风险评估是信息安全保障体系建立过程中重要的评价方法和决策机制。没有准确及时的风险评估，将使得各个机构无法对其信息安全的状况做出准确的判断。如何获得计算机系统的安全状态，以及如何对计算机系统受到的威胁进行有效、客观、科学的分析和评估是信息安全风险管理的第一步。风险评估原理如图 1-8 所示。

风险评估中要涉及资产、威胁、脆弱性三个基本要素。每个要素有各自的属性，资产的属性是指资产价值；威胁的属性是指威胁主体、影响对象、出现频率、动机等；脆弱性的属性是指资产弱点的严重程度。风险评估的主要内容为：

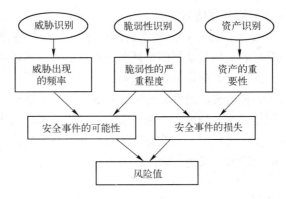

图 1-8　风险评估原理图

① 对资产进行识别，并对资产的价值进行赋值；

② 对威胁进行识别，描述威胁的属性，并对威胁出现的频率赋值；

③ 对脆弱性进行识别，并对具体资产的脆弱性的严重程度赋值；

④ 根据威胁及威胁利用脆弱性的难易程度判断安全事件发生的可能性大小；

⑤ 根据脆弱性的严重程度及安全事件所作用的资产的价值计算安全事件的损失；

⑥ 根据安全事件发生的可能性以及安全事件出现后的损失，计算安全事件一旦发生对组织的影响，即风险值。

1.4.3　风险评估方法

风险评估就是在充分掌握资料的基础之上，采用合适的方法对已识别风险进行系统分析和研究，评估风险发生的可能性（概率）、造成损失的范围和严重程度（强度），为接下来选择适当的风险处理方法提供依据。进行风险辨识、分析、评价，应将定性与定量方法相结合。定性方法和定量方法有着各自的使用范围和分析方法，在实际操作中，需要根据不同的情况对风险进行定性分析和定量分析。

1. 定量评估方法

定量的评估方法是指运用数量指标来对风险进行评估，典型的定量分析方法有因子分析法、聚类分析法、时序模型、回归模型、风险图法、决策树法等。

定量评估方法的优点是用直观的数据来表述评估的结果，看起来一目了然而且比较客观，定量分析方法的采用，可以使研究结果更科学、更严密、更深刻。有时一个数据所能够说明的问题可能是用一大段文字也不能够阐述清楚的。但常常为了量化，使本来比较复杂的事物简单化、模糊化了，有的风险因素被量化以后还可能被误解和曲解。

2. 定性评估方法

定性的评估方法主要依据研究者的知识、经验、历史教训、政策走向及特殊变例等非量化资料对系统风险状况做出判断。它主要以与调查对象的深入访谈做出个案记录为基本资料，然后通过一个理论推导演绎的分析框架，对资料进行编码整理，在此基础上做出调查结论。典型的定性分析方法有因素分析法、逻辑分析法、历史比较法、德尔斐法。

定性评估方法的优点是避免了定量方法的缺点，可以挖掘出一些蕴藏很深的思想，使评估的结论更全面、更深刻，但它的主观性很强，对评估者本身的要求很高

3. 定性与定量相结合的综合评估方法

系统风险评估是一个复杂的过程，需要考虑的因素很多，有些评估要素可以用量化的形式来表达，而对有些要素的量化又是很困难甚至是不可能的，所以在风险评估过程中不能一味地追求量化，也不能认为一切都是量化的风险评估过程是科学、准确的。通常的观点是定量分析是定性分析的基础和前提，定性分析应建立在定量分析的基础上才能揭示客观事物的内在规律。定性分析则是灵魂，是形成概念、观点、做出判断，得出结论所必须依靠的，在复杂的计算机系统风险评估过程中，不能将定性分析和定量分析两种方法简单地割裂开来而是应该将这两种方法融合起来，采用综合的评估方法。

1.4.4　风险评估实施过程

根据风险评估要素关系模型，进行风险评估需要分析评价各要素，按照各要素关系，风险评估的过程主要包括：风险评估的准备，即信息收集与整理、对资产、威胁、脆弱性的分析、已有采取安全措施的确认以及风险评价等环节。风险评估实施过程可用图 1-9 表示。

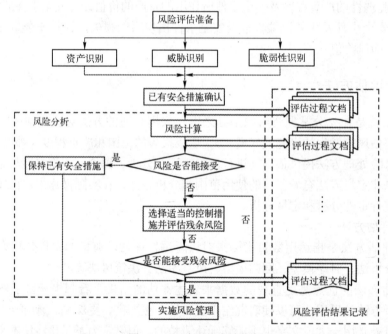

图 1-9　风险评估实施流程

1. 风险评估的准备阶段

风险评估的准备过程是组织进行风险评估的基础，是整个风险评估过程有效性的保证。资产识别阶段，主要完成的任务是资产识别、威胁识别和脆弱性识别。

（1）资产识别

资产识别的任务是根据资产的表现形式对资产进行分类；根据对资产安全价值的估价对资产进行三性（机密性、完整性、可用性）赋值；根据资产赋值结果，采用"最高的属性级别"法评价出重要资产。在资产识别过程中，可以通过问卷调查、人员问询的方式识别每一项资产。

（2）威胁识别

安全威胁是一种对组织及其资产构成潜在破坏的可能性因素或者事件。无论多么安全的信息系统，安全威胁都是一个客观存在的事物，它是风险评估的重要因素之一。威胁识别的主要任务是对信息系统所有者需要保护的每一项重要信息资产进行威胁识别；判断威胁发生的频率或者发生的概率，进行威胁赋值。在威胁识别过程中主要通过问卷调查、人员问询的方式对信息系统所有者需要保护的每一项关键资产进行威胁识别，并根据资产所处的环境条件和资产以前遭受威胁损害的情况来判断威胁的程度。

（3）脆弱性识别

脆弱性是对一个或多个资产弱点的总称。脆弱性识别也称为弱点识别，是风险评估中重要的内容。弱点是资产本身固有的缺陷，任何一种资产均具有脆弱性，并非"不合格"品，它可以被威胁利用、引起资产或商业目标的损害。弱点包括物理环境、组织、过程、人员、管理、配置、硬件、软件和信息等各种资产的脆弱性。

脆弱性识别所采用的方法主要为：问卷调查、人员问询、工具扫描、手动检查、文档审查、渗透测试等。脆弱性识别工作任务是以资产为核心，从技术和管理两个方面识别其存在的弱点；对脆弱性被威胁利用的可能性进行评估，对脆弱性进行赋值。

2. 已有安全措施的确认

风险评估小组在识别资产脆弱性的同时，还应当详细分析针对该资产已有或已规划的安全措施，并评价这些安全措施的有效性。该部分不但要对技术措施进行分析，而且对系统现有管理制度的分析也要予以充分重视。

在风险评估中应对系统已采取的技术安全控制措施进行识别，并对控制措施有效性进行核查。核查包括对防火墙、IDS、交换机等网络设备的安全配置检查；操作系统、数据库安全功能检查；应用软件安全功能验证等；将有效的安全控制措施继续保持，并进行优化，以避免不必要的工作和费用，防止控制措施的重复实施。对于那些确认为不适当的控制应取消，或者用更合适的控制代替。

现行安全管理制度分析分为两个部分：一个是对安全产品统一管理分析，避免安全盲区的产生；另一个是对安全管理制度规范和安全意识的分析。希望通过现行管理制度分析，把分散的技术因素、人的因素，通过政策规则、运作流程协调整合成为一体。

3. 风险分析

在完成了资产识别、威胁识别、脆弱性识别，以及对已有安全措施确认后，将采用适当的方法与工具确定威胁利用脆弱性导致安全事件发生的可能性。综合安全事件所作用的资产价值及脆弱性的严重程度，判断安全事件造成的损失对组织的影响，即安全风险。

（1）分险计算

主要任务是根据资产价值及脆弱性严重程度计算安全事件一旦发生后的损失；根据安全事件的损失以及安全事件发生的可能性计算风险值。风险计算有以下三个关键计算环节。

① 计算安全事件发生的可能性。根据威胁出现频率及脆弱性状况，计算威胁利用脆弱性导致安全事件发生的可能性，即：安全事件发生的可能性=L（威胁出现频率，脆弱性）。在具体工作中，应综合攻击者技术能力（专业技术程度、攻击设备等）、脆弱性被利用的难

易程度（可访问时间、设计和操作知识公开程度等）以及资产吸引力等因素来判断安全事件发生的可能性。

② 计算安全事件发生后的损失。根据资产重要程度及脆弱性严重程度，计算安全事件一旦发生后的损失，即：安全事件的损失=F（产重要程度，脆弱性严重程度）。部分安全事件的发生造成的损失不仅仅是针对该资产本身，还可能影响业务的连续性；不同安全事件的发生对组织造成的影响也是不一样的。在计算某个安全事件的损失时，应将对组织的影响也考虑在内。

③ 风险值计算。根据计算出的安全事件发生的可能性以及安全事件的损失，计算风险值。

$$风险值=R(A，T，V)= R(L(T，V)，F(Ia，Va))$$

其中，R 表示安全风险计算函数；A 表示资产；T 表示威胁；V 表示脆弱性； Ia 表示安全事件所作用的资产价值；Va 表示脆弱性严重程度；L 表示威胁利用资产的脆弱性导致安全事件发生的可能性；F 表示安全事件发生后产生的损失。

（2）风险结果的判定

确定风险数值的大小不是组织风险评估的最终目的，重要的是明确不同威胁对资产所产生的风险的相对值，即要确定不同风险的优先次序或等级，对于风险级别高的资产应被优先分配资源进行保护。风险等级建议从 1 到 5 划分为五级。等级越大，风险越高。风险评估小组也可以根据被评估系统的实际情况自定义风险的等级。

风险评估小组可以采用按照风险数值排序的方法，也可以采用区间划分的方法将风险划分为不同的优先等级，这包括将可接受风险与不可接受风险的划分，接受与不可接受的界限应当考虑风险控制成本与风险（机会损失成本）的平衡。风险的等级应得到信息系统所有者的评审并批准。

（3）控制措施的选择

风险评估小组在对风险等级进行划分后，应考虑法律法规的要求、机构自身的发展要求、风险评估的结果确定安全水平，对不可接受的风险选择适当的处理方式及控制措施，并形成风险处理计划。风险处理的方式包括：规避风险，降低风险（降低发生的可能性或减小后果），转移风险，接受风险。控制措施的选择应兼顾管理与技术，具体针对各类风险应根据组织的实际情况考虑以下十个方面的控制：安全方针、组织安全、资产的分类与控制、人员安全、物理与环境安全、通信与运作管理、访问控制、系统的开发与维护、业务持续性管理、符合性。在风险处理方式及控制措施的选择上，机构应考虑发展战略、企业文化、人员素质，并特别关注成本与风险的平衡，以处理安全风险以满足法律法规及相关方的要求，管理性与技术性的措施均可以降低风险。

（4）残余风险的评价

对于不可接受范围内的风险，应在选择适当的控制措施后，对残余风险进行评价，判定风险是否已经降低到可接受的水平，为风险管理提供输入。对残余风险的评价可以依据组织的风险评估准则进行。若某些风险可能在选择了适当的控制措施后仍处于不可接受的风险范围内，则应通过管理层依据风险接受原则考虑是否接受此类风险或增加更多的风险控制措施。为确保所选择的风险控制措施是有效的，必要时可进行再评估，以判断实施风险控制措施后的残余风险是否降到了可接受的水平。

1.5 计算机安全保护体系

计算机安全的最终任务是保护计算机系统中各种资源被合法用户安全使用，并禁止非法用户、入侵者、攻击者和黑客非法偷盗、使用这些资源。影响计算机安全的因素是多方面的，必须采用系统工程的观点、方法来分析计算机系统的安全，根据制定的安全策略，确定合理的计算机安全体系结构。安全的保护机制包括电磁辐射、环境安全、计算机硬件、软件、网络技术等技术因素，还包括安全管理（含系统安全管理、安全服务管理和安全机制管理）、法律和心理因素等机制。国际信息系统安全认证协会[International Information Systems Security Consortium，（ISC）²]将信息安全防护体系划分为 5 重屏障，如图 1-10 所示。

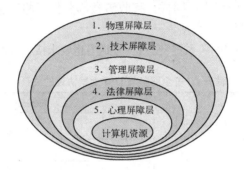

图 1-10 信息安全防护体系

信息安全的这 5 重屏障层层相套，各有不同的保护手段及所针对的对象，完成不同的防卫任务。

ISO 7498-2 规定的"开放系统互连安全体系结构"给出了基于 OSI 参考模型的七层协议之上的信息安全体系结构，它定义了开放系统的五大类安全服务，以及提供这些服务的八大类安全机制及相应的 OSI 安全管理，并可以根据具体系统适当地配置于 OSI 模型的七层协议中。OSI 模型与安全服务、安全机制的关系如图 1-11 所示。

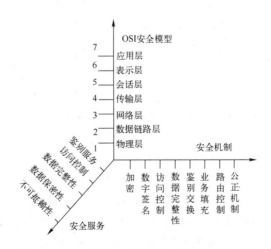

图 1-11 OSI 模型与安全服务、安全机制的关系

1.5.1　安全服务

IOSI 安全体系结构规定了开放系统必须具备以下五种安全服务。

① 鉴别服务：提供对通信中的对等实体和数据来源的鉴别。

② 访问控制：提供保护以对抗开放系统互连可访问资源的非授权使用。

③ 数据保密性：对数据提供保护使之不被非授权的泄露。

④ 数据完整性：可以针对有连接或无连接的条件下，对数据进行完整性检验。在连接状态下，当数据遭到任何篡改、插入、删除时还可进行补救或恢复。

⑤ 抗抵赖：对发送者来说，发送的数据将被保留为证据，并将这一证据提供给接收者，以此证明发送者的发送行为；同样，接收者接收数据后将产生交付证据并送回原发送者，接收者不能否认收到过这些数据。

安全服务与 OSI 七层协议的关系见表 1-1。发送方也要求接收方不能否认已经收到的信息。

表 1-1　安全服务与 OSI 七层协议的关系

安全服务	安全机制							
	加密	数字签名	访问控制	数据完整性	鉴别交换	业务填充	路由控制	公证机制
对等实体鉴别	√	√			√			
数据源鉴别	√	√						
访问控制服务			√					
连接保密性	√						√	
无连接保密性	√						√	
选择字段保密性	√							
流量保密性	√					√	√	
有恢复功能的连接完整性	√			√				
无恢复功能的连接完整性	√			√				
选择字段连接完整性	√			√				
无连接完整性	√	√		√				
选择字段非连接完整性	√	√		√				
源发方抗抵赖		√		√				√
接收方抗抵赖		√		√				√

1.5.2　安全机制

安全服务由相应的安全机制来提供。ISO 7498-2 包含与 OSI 模型相关的八种安全机制。这八种安全机制可以设置在适当的层次中，以提供相应的安全服务。

① 加密。加密既能为数据提供保密性，也能为通信业务流提供保密性，并且还能为其他机制提供补充。加密机制可配置在多个协议层次中，选择加密层的原则是根据应用的需求来确定的。

② 数字签名机制。可以完成对数据单元的签名工作，也可实现对已有签名的验证工作。当然数字签名必须具有不可伪造和不可抵赖的特点。

③ 访问控制机制。按实体所拥有的访问权限对指定资源进行访问，对非授权或不正当的访问应有一定的报警或审计跟踪方法。

④ 数据完整性机制。针对数据单元，一般通过发送端产生一个与数据单元相关的附加码，接收端通过对数据单元与附加码的相关验证控制数据的完整性。

⑤ 鉴别交换机制。可以使用密码技术，由发送方提供，而由接收方验证来实现鉴别。通过特定的"握手"协议防止鉴别"重放"。

⑥ 通信业务填充机制。业务分析，特别是基于流量的业务分析是攻击通信系统的主要方法之一。通过通信业务填充来提供各种不同级别的保护。

⑦ 路由选择控制机制。针对数据单元的安全性要求，可以提供安全的路由选择方法。

⑧ 公证机制。通过第三方机构，实现对通信数据的完整性、原发性、时间和目的地等内容的公证。一般通过数字签名、加密等机制来适应公证机构提供的公证服务。

1.5.3　等级保护

信息安全等级保护是对信息和信息载体按照重要性分级别进行保护的一种工作，是中国、美国等很多国家都存在的一种信息安全领域的工作。在中国，信息安全等级保护广义上为涉及该工作的标准、产品、系统、信息等均依据等级保护思想的安全工作；狭义上一般指信息系统安全等级保护。

由于信息系统结构是应社会发展、社会生活和工作的需要而设计、建立的，是社会构成、行政组织体系的反映，因而这种系统结构是分层次和级别的，而其中的各种信息系统具有重要的社会和经济价值，不同的系统具有不同的价值。系统基础资源和信息资源的价值大小、用户访问权限的大小、大系统中各子系统重要程度的区别等就是级别的客观体现。信息安全保护必须符合客观存在和发展规律，其分级、分区域、分类和分阶段是做好国家信息安全保护的前提。

国家信息安全等级保护坚持自主定级、自主保护的原则。信息系统的安全保护等级应当根据信息系统在国家安全、经济建设、社会生活中的重要程度，信息系统遭到破坏后对国家安全、社会秩序、公共利益以及公民、法人和其他组织的合法权益的危害程度等因素来确定。

信息系统的安全保护等级分为以下五级。

第一级，信息系统受到破坏后，会对公民、法人和其他组织的合法权益造成损害，但不损害国家安全、社会秩序和公共利益。

第二级，信息系统受到破坏后，会对公民、法人和其他组织的合法权益产生严重损害，或者对社会秩序和公共利益造成损害，但不损害国家安全。

第三级，信息系统受到破坏后，会对社会秩序和公共利益造成严重损害，或者对国家安全造成损害。

第四级，信息系统受到破坏后，会对社会秩序和公共利益造成特别严重损害，或者对国家安全造成严重损害。

第五级，信息系统受到破坏后，会对国家安全造成特别严重损害。在等级保护的实际操作中，强调从以下五个部分进行保护。

① 物理部分：包括周边环境，门禁检查，防火、防水、防潮、防鼠、虫害和防雷，防电磁泄露和干扰，电源备份和管理，设备的标识、使用、存放和管理等。

② 支撑系统：包括计算机系统、操作系统、数据库系统和通信系统。

③ 网络部分：包括网络的拓扑结构、网络的布线和防护、网络设备的管理和报警，网络攻击的监察和处理。

④ 应用系统：包括系统登录、权限划分与识别、数据备份与容灾处理，运行管理和访问控制，密码保护机制和信息存储管理。

⑤ 管理制度：包括管理的组织机构和各级的职责、权限划分和责任追究制度，人员的管理和培训、教育制度，设备的管理和引进、退出制度，环境管理和监控，安防和巡查制度，应急响应制度和程序，规章制度的建立、更改和废止的控制程序。

由这五部分的安全控制机制构成系统整体安全控制机制。

小结

本章主要介绍计算机所面临的各种安全威胁，计算机安全的概念，国内外计算机系统安全规范与标准、安全威胁、安全模型、风险管理和安全体系结构。主要内容如下。

1. 计算机安全的定义

我国公安部计算机管理监察司的定义是"计算机安全是指计算机资产安全，即计算机计算机系统资源和信息资源不受自然和人为有害因素的威胁和危害"。

2. 计算机面临的威胁

计算机面临的来自以下几方面的威胁：电磁泄露、雷击等环境安全构成的威胁，软硬件故障和工作人员误操作等人为或偶然事故构成的威胁，利用计算机实施盗窃、诈骗等违法犯罪活动的威胁，网络攻击和计算机病毒构成的威胁，以及信息战的威胁等。

3. 计算机安全的目标

CIA 三元组的目标：保密性、完整性和可用性。

安全的五个属性：可用性、可靠性、完整性、保密性和不可抵赖性。

4. 安全模型（PPDR、PDRR）

PPDR 的四个主要部分：P（安全策略）、P（防护）、D（检测）和 R（响应）。

PDRR 的四个主要部分： P（保护）、D（检测）、R（响应）和 R（恢复）。

5. 风险管理

风险管理是指如何在一个肯定有风险的环境里把风险减至最低的管理过程。

6. 五种安全服务

①鉴别服务；②访问控制；③数据保密性；④数据完整性；⑤抗抵赖。

7. 八种安全机制

①加密；②数字签名机制；③访问控制机制；④数据完整性机制；⑤鉴别交换机制；⑥通信业务填充机制；⑦路由选择控制机制；⑧公证机制。

习题

、选择题

1. 计算机安全是指_____，即计算机系统资源和信息资源不受自然和人为有害因素的威胁和危害。

    A．计算机资产安全　　　　　　　　B．网络与信息安全

    C．操作系统安全　　　　　　　　　D．软件安全

2. 根据国家计算机安全规范，可把计算机的安全大致分为三类，下面列出的_____不属于此三类。

    A．实体安全　　　　　　　　　　　B．网络与信息安全

    C．应用安全　　　　　　　　　　　D．软件安全

3. 在网络信息安全模型中，_____是安全的基石，它是建立安全管理的标准和方法。

    A．政策，法律，法规　　　　　　　B．授权

    C．加密　　　　　　　　　　　　　D．审计与监控

4. ISO 7498-2 提供了 5 种可供选择的安全服务，下面不属于安全服务的是_____。

    A．身份认证　　　B．网络管理　　　C．访问控制　　　D．数据的完整性

5. PDRR 模型把信息的_____作为基础。

    A．检测　　　　　B．响应　　　　　C．恢复　　　　　D．安全保护

6. 对于数据完整性，描述正确的是_____。

    A．正确性、有效性、一致性　　　　B．正确性、容错性、一致性

    C．正确性、有效性、容错性　　　　D．容错性、有效性、一致性

7. 计算机信息系统可信计算基础是_____。

    A．计算机系统装置　　　　　　　　B．计算机系统内保护装置

    C．计算机系统保护　　　　　　　　D．计算机系统安全

8. 在计算机信息系统中，以计算机文字表示的，含有危害国家安全内容的信息，属于（　　）。

    A．计算机破坏性信息　　　　　　　B．计算机有害数据

    C．计算机病毒　　　　　　　　　　D．计算机污染

9. 美国国防部在他们公布的可信计算机系统评价标准中，将计算机系统的安全级别分为四类七个安全级别，其中描述不正确的是_____。

    A．A 类的安全级别比 B 类高

    B．C1 类的安全级别比 C2 类要高

    C．随着安全级别的提高，系统的可恢复性就越高

    D．随着安全级别的提高，系统的可信度就越高

10. 我国计算机信息系统实行_____保护。

    A．责任制　　　B．主任值班制　　　C．安全等级　　　D．专职人员资格

11. 随着计算机应用的普及，计算机系统面临的威胁_____。

　　A．越来越少　　　　B．几乎没有　　　　C．绝对没有　　　　D．越来越多

12．在美国国家信息基础设施（NII）的文献中，给出了安全的五个属性，下面不属于这五个属性的是_____。

　　A．可用性　　　　B．完整性　　　　C．保密性　　　　D．有效性

13．下面不属于安全体系结构规定的开放系统必须具备五种安全服务的是_____。

　　A．鉴别服务　　　B．访问控制　　　C．数据完整性　　　D．开放性服务

14．PPDR 模型体现了_____和基于时间的特性。

　　A．防御的动态性　　B．保密性　　　　C．可靠性　　　　D．灵活性

15．分析风险的目的是_____。

　　A．更好地管理风险　　　　　　　B．风险评估

　　C．风险控制评估　　　　　　　　D．风险决策

16．下面不属于风险管理基本内容的是_____。

　　A．风险评估　　　　　　　　　　B．安全防护措施的选择

　　C．确定和鉴定　　　　　　　　　D．版本控制

17．《计算机信息系统安全保护等级划分准则》对应编号为_____。

　　A．GB 17859—1999　　　　　　　B．GB 2887—89

　　C．GB 9361—88　　　　　　　　　D．GB 17200—1999

18．下列操作系统能达到 C2 级的是_____。

　　A．Windows XP　　B．Windows 98　　C．Windows NT　　　D．Windows 2000

19．下面不属于风险评估的范围的是_____。

　　A．资产面临的威胁　　　　　　　B．存在的弱点

　　C．风险消减策略　　　　　　　　D．造成的影响

20．网络安全的特征应具有保密性、完整性、可靠性、_____5 个方面的特征。

　　A．可用性和不可抵赖性　　　　　B．可用性和合法性

　　C．可用性和有效性　　　　　　　D．可用性和可控性

21．《计算机信息系统安全保护等级划分准则》适用于计算机信息安全保护_____等级的划分。

　　A．管理能力　　　B．设备装置　　　C．技术能力　　　D．运行能力

22．以下对社会工程学的描述不正确的是_____。

　　A．社会工程学是一门研究社会工程的科学

　　B．社会工程学是一门艺术和窍门的方术，即利用人的弱点（如人的本能反应、好奇心、信任、贪便宜等弱点），以顺从你的意愿、满足你的欲望的方式，进行欺骗、伤害等危害，获取自身利益的手法

　　C．现实中运用社会工程学的犯罪很多，如短信诈骗、电话诈骗、免费软件中软件或病毒、网络钓鱼等

　　D．运用社会工程学，一旦懂得如何利用人的弱点，就可以潜入防护最严密的网络系统

23．以下被定义为合理的风险的是_____。

　　A．最小的风险　　B．可接受的风险　　C．残余风险　　　D．总风险

24．信息系统要评估风险的阶段是_____。

    A．只在运行维护阶段进行风险评估，以识别系统面临的不断变化的风险和脆弱性，从而确定安全措施的有效性，确保安全目标得以实现

    B．只在规划设计阶段进行风险评估，以确定信息系统的安全目标

    C．只在建设验收阶段进行风险评估，以确定系统的安全目标达到与否

    D．信息系统在其生命周期的各阶段都要进行风险评估

25．在信息安全风险中，以下说法正确的是_____。

    A．风险评估要识别资产相关要素的关系，从而判断资产面临的风险大小。在对这些要素的评估过程中，需要充分考虑与这些基本要素相关的各类属性

    B．风险评估要识别资产相关要素的关系，从而判断资产面临的风险大小。在对这些要素的评估过程中，不需要充分考虑与这些基本要素相关的各类属性

    C．安全需求可通过安全措施得以满足，不需要结合资产价值考虑实施成本

    D．信息系统的风险在实施了安全措施后可以降为零

26．以下开展信息系统安全等级保护环节的是_____。

    A．监督检查　　　　B．等级测评　　　　C．备案　　　　D．自主定级

27．"进不来""拿不走""看不懂""改不了""走不了"是信息安全建设的目的。其中，"看不懂"所指的安全服务是_____。

    A．数据加密　　　B．身份认证　　　C．数据完整性　　D．访问控制

28．我国信息系统安全等级保护共分_____。

    A．二级　　　　　B．三级　　　　　C．四级　　　　　D．五级

29．ISO 7498-2 从体系结构的观点描述了 5 种可选的安全服务，以下不属于这 5 种安全服务的是_____。

    A．身份鉴别　　　　B．数据包过滤　　　C．授权控制　　　D．数据完整性

30．ISO 7498-2 描述了 8 种特定的安全机制，这 8 种特定的安全机制是为 5 类特定的安全服务设置的，以下不属于这 8 种安全机制的是_____。

    A．安全标记机制　　B．加密机制　　　　C．数字签名机制　D．访问控制机制

二、填空题

1．_____是指在一个特定的环境里（安全区域），为保证提供一定级别的安全保护所必须遵守的一系列条例、规则。

2．_____是指服务的中断，系统的可用性遭到破坏。

3．PPDR 模型体现了防御的_____和基于时间的特性。

4．有多个关于计算机系统安全的标准，其中制订时间最早的是_____，它规定最高的安全等级是_____。

5．保密性是指确保信息不暴露给_____实体或进程。

6．影响、危害计算机信息安全的因素分_____和_____两类。

7．根据我国公安部计算机管理监察司的定义是计算机安全是指_____。

8．在 OSI 安全体系结构中，包括了多种安全服务，其中_____服务提供对通信中对等实体和数据来源的鉴别，_____服务提供保护以防止对资源的非授权使用。

9．PDRR 模型把信息的（　　　　）作为基础。

10. 计算机安全的 CIA 三元组的目标是_____、_____和_____。

三、简答题

1. 制订安全策略的目的和意义是什么？制订安全策略的基本依据是什么？

2. 请列出至少 5 种信息安全机制。

3. 计算机安全面临哪些威胁？

4. 进行风险评估的目的和意义是什么？进行风险评估的基本方法是什么？

5. 为什么计算机系统安全是系统的安全，具有整体性质？

6. 信息安全 CIA 是指什么？

第 2 章　实体安全与可靠性

本章主要介绍计算机实体安全与可靠性方面的相关理论及实用技术。主要内容包括：实体安全的定义、目的和内容；计算机场地环境的安全要求和电磁防护和硬件防护的基本方法；可靠性与容错性方面的知识，双机容错技术、磁盘阵列、存储备份和集群技术等。

2.1　实体安全

在计算机信息系统中，计算机及其相关的设备、设施（含网络）统称为计算机信息系统的实体。实体安全（physical security）又称物理安全，是保护计算机设施（含网络）以及其他媒体免遭地震、水灾、火灾、有害气体和其他环境事故（如电磁污染等）破坏的措施、过程。

1．影响计算机实体安全的主要因素

影响计算机实体安全的主要因素如下：

① 计算机及其网络系统自身存在的脆弱性因素；

② 各种自然灾害导致的安全问题；

③ 由于人为的错误操作及各种计算机犯罪导致的安全问题。

2．实体安全的内容

实体安全主要考虑的问题是环境、场地和设备的安全及实体访问控制和应急处置计划等。实体安全技术主要是指对计算机及网络系统的环境、场地、设备和通信线路等采取的安全措施。实体安全技术实施的目的是保护计算机、网络服务器、打印机等硬件实体和通信设施免受自然灾害、人为失误、犯罪行为的破坏，确保系统有一个良好的电磁兼容工作环境，建立完备的安全管理制度，防止非法进入计算机工作环境和各种偷窃、破坏活动的发生。

实体安全主要包括以下三个方面。

① 环境安全：对系统所在环境的安全保护，如区域保护和灾难保护。

② 设备安全：包括设备的防盗、防毁、防电磁信息辐射泄露、抗电磁干扰及电源保护等。

③ 媒体安全：包括媒体数据的安全及媒体本身的安全。

对计算机信息系统实体的破坏，不仅会造成巨大的经济损失，也会导致系统中的机密信息数据丢失和破坏。

2.1.1　环境安全

计算机系统的安全与外界环境有密切的关系，系统器件、工艺、材料等因素用户无法改变，工作环境是用户可以选择、决定和改变的。

计算机场地是计算机系统的安置地点，是计算机供电、空调设备，以及该系统维修和工作人员工作的场所。计算机场地位置应该力求避开：易发生火灾的区域；有害气体来源以及存放腐蚀、易燃、易爆物品的地方；低洼、潮湿、落雷区域和地震频繁的地方；强振动源和强噪声源；强电磁场；建筑物的高层或地下室，以及用水设备的下层或隔壁。

计算机机房内部装修材料应是难燃材料和非燃材料，应能防潮、吸音、不起尘、抗静电等。重要的机房应该具有灾害防御系统，主要包括供、配电系统、火灾报警及消防设施。另外需要考虑防水、防静电、防雷击、防鼠害等。例如，机房和存储重要数据的媒体存放间，其建筑物的耐火等级必须符合《高层民用建筑设计防火规范》中规定的一级、二级耐火等级。机房应在机房和媒体库内及主要空调管道中设置火灾报警装置。

《计算机信息系统安全专用产品分类原则》（GA 163—1997）明确指出对计算机信息系统所在环境的安全保护，主要包括受灾防护和区域防护。

1．受灾防护

雷电、鼠害、火灾、水灾、地震等各种自然灾害都会对计算机系统造成毁灭性的破坏。当自然灾害或人为制造的灾难来临时，身处险地的计算机系统也面临着空前的考验。一旦计算机系统中存储的数据被毁，人们失去的将不仅仅是记忆。试想，如果人民银行的账号信息全部在灾难中丢失，整个社会的金融体系就将面临崩溃的危险。IBM 公司做过统计，计算机系统如果一个小时不能正常工作，90%的企业还能生存；如果一天不能正常工作，有80%的公司将关闭；而如果一个星期系统不工作，没有一家公司能幸免。

受灾防护的目的是保护计算机信息系统免受水、火、有害气体、地震、雷击和静电的危害。受灾保护应考虑到灾难发生前后的具体应对措施：

① 灾难发生前，对灾难的检测和报警；

② 灾难发生时，对正遭受破坏的计算机信息系统，采取紧急措施，进行现场实时保护；

③ 灾难发生后，对已经遭受某种破坏的计算机信息系统进行灾后恢复。

2．区域防护

区域防护是对特定区域边界实施控制提供某种形式的保护和隔离，以达到保护区域内部系统安全的目的。例如，通过电子手段（如红外扫描等）或其他手段对特定区域（如机房等）进行某种形式的保护（如监测和控制等）。

实施边界控制，应定义出清晰、明确的边界范畴及边界安全需求。一般包括安全区域外围，如防护墙、周边监视控制系统、外部接待访问区域设置，等等。

区域划分的主要目的是根据访问控制权限的不同，从物理的角度控制主体（人）对不同客体的访问，防止非法的侵入和对区域内设备与系统的破坏。它通过区域的物理隔离、门禁系统设计达到访问控制要求。区域隔离的要求同样适用于进入安全区域内的各种软件、硬件及其他设施。不同等级的安全区域，具有不同的标识和内容，所有进入各层次安全区域的介质，都应进行管理或用一定的控制程序进行检查，做到区域分隔、从人到物各层次区域访问的真正可控。

对出入机房的人员进行访问控制。例如，机房应只设一个出入口，另设若干供紧急情况下疏散的出口。应根据每个工作人员的实际工作需要，确定其所能进入的区域。根据各区域的重要程度采取必要的出入控制措施，如填写进出记录，采用电子门锁等。

对主机房及重要信息存储、收发部门进行屏蔽处理。即建设一个具有高效屏蔽效能的屏蔽室，用它来安装运行主要设备，以防止磁盘、磁带与高辐射设备等的信号外泄。为提高屏蔽室的效能，在屏蔽室与外界的各项联系、连接中均要采取相应的隔离措施和设计，如信号线、电话线、空调与消防控制线等。由于电缆传输辐射信息的不可避免性，可采用光缆传输的方式。

2.1.2　设备安全

设备安全主要包括设备的防盗和防毁，防止电磁信息泄露，防止线路截获，抗电磁干扰以及电源保护。

1．设备防盗

可以使用一定的防盗手段（如移动报警器、数字探测报警器和部件上锁），用于计算机信息系统设备和部件，以提高计算机信息系统设备和部件的安全性。

2．设备防毁

一是对抗自然的破坏，如使用接地保护等措施保护计算机信息系统设备和部件；二是对抗人为的破坏，如使用防砸外壳等措施。

3．防止线路截获

主要防止对计算机信息系统通信线路的截获与干扰。重要技术可归纳为四个方面：预防线路截获（使线路截获设备无法正常工作）；探测线路截获（发现线路截获并报警）；定位线路截获（发现线路截获设备工作的位置）；对抗线路截获。

4．电磁防护

计算机是一种电子设备，在工作时都不可避免地会向外辐射电磁波，实际实验表明，普通计算机的显示器辐射的屏幕信息可以在几百米到 1000 多米的范围内用测试设备清楚地再现出来。实际上，计算机的 CPU 芯片、键盘、磁盘驱动器和打印机在运行过程中都会向外辐射信息。要防止硬件向外辐射信息，必须了解计算机各部件泄露的原因和程度，然后采取相应的防护措施。 计算机及其外部设备可以通过两种途径向外泄露：电磁波辐射和通过各种线路与机房通往屋外的导管传导出去。计算机系统的电源线、机房内的电话线、暖气管道、地线等金属导体有时会起着无线天线的作用，它们可以把从计算机辐射出来的信息发射出去。

计算机在工作时也会受到其他电子设备的电磁波干扰，当电磁干扰达到一定的程度就会影响设备的正常工作。电磁干扰可以通过电磁辐射和传导两条途径影响电子设备的工作。一条是电子设备辐射的电磁波通过电路耦合到另一台电子设备中引起干扰；另一条是通过连接的导线、电源线、信号线等耦合而引起相互之间的干扰。

5．TEMPEST 技术

TEMPEST（transient electromagnetic pulse emanation standard，瞬态电磁辐射标准）技术最早起源于美国国家安全局的一项绝密计划，它用于控制电子设备泄密发射的代号。该项计划主要包括：电子设备中信息泄露（电磁、声）信号的检测；信息泄露的抑制。TEMPEST技术研究的主要内容包括：技术标准及规范研究；测试方法及测试仪器设备研究；防护及制造技术研究；服务、咨询及管理方法研究。

TEMPEST 技术是一种综合性很强的技术，包括泄露信息的分析、预测、接收、识别、复原、防护、测试、安全评估等多项技术，涉及多个学科领域。它基本上是在传统的电磁兼容理论的基础上发展起来的，但比传统的抑制电磁干扰的要求要高得多，技术实现上也更复杂。它关心的是不要泄露有用的信息。一般认为显示器的视频信号、打印机打印头的驱动信号、磁头读写信号、键盘输入信号以及信号线上的输入输出信号等是重点防护信号。美国政府规定，凡属高度机密部门所使用的计算机等信息处理设备，其电磁泄露发射必须达到TEMPEST 标准规定的要求。

TEMPEST 技术主要采用的措施有以下几种。

① 屏蔽。屏蔽是 TEMPSET 技术中采取的基本措施。屏蔽的内容非常广泛，电子设备中每个零件、功能模块等都可以分别进行屏蔽。例如，使用屏蔽室、屏蔽柜对整个电子设备的屏蔽，使用隔离仓、屏蔽印制电路板对设备中容易产生辐射的元器件进行屏蔽。

② 红、黑设备隔离。在安全通信和 TEMPEST 系统中，其基本单元可划为红设备和黑设备两个部分。其中，红设备是指处理保密信息和数据的设备，黑设备是处理非保密信息和数据的设备。红、黑单元之间是绝对不允许进行数据传输的。通常是在两者之间建立红/黑界面，避免两单元的直接连接，仅仅实现黑设备到红设备之间的单向信息传输。

③ 布线与元器件选择。采用多层布线和表面安装技术，尽量减少电路板上布线和元器件引线的长度。尽量选用低速和低功耗逻辑器件，以减少高次谐波。

④ 滤波。使用适合的滤波器，减弱高次谐波，减少线路板上各种传输线之间的辐射和红/黑信号的耦合。

⑤ I/O 接口和连接。在输入输出接口上除了使用滤波器外，还要使用屏蔽电缆，尽量减少电缆的阻抗和失配；使用屏蔽型连接器，减少设备之间的干扰。

⑥ TEMPEST 测试技术。即检验电子设备是否符合 TEMPEST 标准。其测试内容并不仅限于电磁发射的强度，还包括对发射信号内容的分析、鉴别。

2.1.3　媒体安全

媒体安全是指媒体数据和媒体本身的安全保护，包括：媒体的防盗和防毁、媒体数据的防盗和媒体数据的销毁。

1．媒体的本身的安全

为保证媒体本身的安全，媒体介质的存放和管理应有相应的制度和措施。

① 存放有用数据的各类记录介质，如纸介质、磁介质、半导体介质和光介质等，应有一定措施防止被盗、被毁和受损，如将介质放在有专人职守的库房或密码文件柜内。

② 存放重要数据和关键数据的各类记录介质，应采取有效措施，如建立介质库、异地存放等，防止被盗、被毁和发霉变质。

③ 系统中有很高使用价值或很高机密程度的重要数据，或者对系统运行和应用来说起关键作用的数据，应采用加密等方法进行保护。

2．媒体数据的安全

媒体数据的安全是指对媒体数据的保护，包括：媒体数据的防盗（如防止媒体数据被非法拷贝）；媒体数据的销毁，防止媒体数据删除或销毁后被他人恢复而泄露信息；媒体数据的防毁，防止意外或故意的破坏使媒体数据丢失。为了保证媒体数据的安全必须采取以下措施。

① 应该删除和销毁的有用数据，应有一定措施，防止被非法拷贝，如由专人负责集中销毁。

② 应该删除和销毁的重要数据和关键数据，应采取有效措施，防止被非法拷贝。

③ 重要数据的销毁和处理，要有严格的管理和审批手续，而对于关键数据则应长期保存。

3. 磁盘的安全使用

磁盘是目前计算机主要的信息载体。无论大型计算机还是个人计算机中的硬盘。都有可能存放着涉及国家、各级政府机构、企事业单位和个人的机密的信息，磁盘的安全使用对保证计算机系统数据的安全有着重要的意义。磁盘信息保密最主要的措施有以下几种。

（1）统一管理磁盘

要防止计算机磁盘丢失、被窃和被复制还原泄密，最主要和最重要的是建立和执行严格的磁盘信息保密管理制度，同时在一些环节中再采取一定的保密技术防范措施，这样就能防止磁盘在保管、传递和使用等过程中失控、泄密。

（2）磁盘信息加密技术

磁盘信息加密技术是计算机信息安全保密控制措施的核心技术手段，是保证信息安全保密的根本措施。信息加密是通过密码技术的应用来实现的。磁盘信息一旦使用信息加密技术进行加密，即具有很高的保密强度，可使磁盘即使在被窃或被复制的情况下，其记载的信息也难以被读懂、泄露。具体的磁盘信息加密技术还可细分为文件名加密、目录加密、程序加密、数据库加密和整盘数据加密等，具体应用可视磁盘信息的保密强度要求而定。

（3）标明密级

所有载密媒体应按所存储信息的最高密级标明密级，并按相应密级文件进行管理。存储过国家秘密信息的计算机媒体（磁盘或光盘）不能降低密级使用，不再使用的媒体应及时销毁。不得将存储过国家秘密信息的磁盘与存储普通信息的磁盘混用，必须严格管理。

（4）载密磁盘维修时要有专人监督

主要指硬盘维修时要有专人负责监督，不管是送出去维修还是请人上门维修，都应有人监督维修。有双机备份的系统，为了做好保密工作，可考虑将损坏的硬盘销毁。

（5）磁盘信息清除技术

计算机磁盘属于磁介质，所有磁介质都存在剩磁效应的问题，保存在磁介质中的信息会使磁介质不同程度地永久性磁化，所以磁介质上记载的信息在一定程度上是抹除不净的，使用高灵敏度的磁头和放大器可以将已抹除信息的磁盘上的原有信息提取出来。据一些资料的介绍，即使磁盘已改写了 12 次，但第一次写入的信息仍有可能复原出来。这使涉密和重要磁介质的管理、废弃，以及磁介质的处理，都变成了很重要的问题。国外有的甚至规定记录绝密信息资料的磁盘只准用一次，不用时就必须销毁，不准抹后重录。

磁盘信息清除技术实质上可分为直流消磁法和交流消磁法两种。直流消磁法是使用直流磁头将磁盘上原先记录信息的剩余磁通，全部以一种形式的恒定值所代替。通常，用完全格式化方式格式化磁盘就是这种方法。交流消磁法是使用交流磁头将磁盘上原先所记录信息的剩余磁通变得极小，这种方法的消磁效果比直流消磁法要好得多，消磁后磁盘上的残留信息强度可比消磁前下降 90 dB。

对于一些经消磁后仍达不到保密要求的磁盘，或已损坏需废弃的涉密磁盘，以及曾记载过绝密信息的磁盘，必须作销毁处理。磁盘销毁的方法是将磁盘碾碎然后丢进焚化炉熔为灰烬。

2.2 计算机系统的可靠性与容错性

一般所说的"可靠性"指的是"可信赖的"或"可信任的"。我们说一个人是可靠的，就是说这个人是说得到做得到的人，而一个不可靠的人是一个不一定能说得到做得到的人，是否能做到要取决于这个人的意志、才能和机会。同样，一台仪器设备，当人们要求它工作时，它就能工作，则说它是可靠的；而当人们要求它工作时，它有时工作，有时不工作，则称它是不可靠的。

根据国家标准的规定，产品的可靠性是指：产品在规定的条件下、在规定的时间内完成规定功能的能力。

对计算机系统而言，可靠性越高就越好。可靠性高的系统，可以长时间正常工作，从专业术语上来说，就是系统的可靠性越高，系统可以无故障工作的时间就越长。

容错性是指计算机系统在出现重大的事故或故障（如电力中断、硬件故障）时做出反应，以确保数据不会丢失并且能够继续运行的能力。

2.2.1 可靠性、可维修性和可用性

1．可靠性

计算机系统的可靠性用平均无故障时间（meantime between failures，MTBF）来度量，指从计算机开始运行（$t=0$）到某时刻（t）这段时间内能够正常运行的概率。系统的可靠性越高，平均无故障时间越长。

2．可维修性

可维修性是指计算机的维修效率，通常用平均修复时间（meantime to repair fault，MTRF）来表示。MTRF 是指从故障发生到系统恢复平均所需要的时间。

可维修性有时用可维修度来度量。在给定时间内，将一失效系统恢复到运行状态的概率称为可维修度。

3．可用性

可用性（availability）是指系统在执行任务的任意时刻能正常工作的概率。系统可用性用可用度来度量。系统在 t 时刻处于正确状态的概率称为可用度，用 $A(t)$ 来表示。

$$A(t) = \text{MTBF} / (\text{MTBF} + \text{MTRF})$$

即：$A(t)$=平均无故障时间／（平均无故障时间+平均修复时间）。

影响计算机可靠性的因素有内因和外因。内因是指机器本身的因素，包括设计、工艺、结构、调试等因素，元件选择和使用不当、电路和结构设计不合理、生产工艺不良、质量控制不严、调试不当等都会影响计算机的可靠性。外因是指所在环境条件对系统可靠性、稳定性和维护水平的影响。环境条件包括：空气条件、机械条件、电气条件、电磁条件等几个方面。在系统的可靠性工程中，元器件是基础，设计是关键，环境是保证。因此，要提高信息系统的可靠性，除了保证系统的正常工作条件及正确使用和维护外，还要采取容错、数

据备份、双机系统和集群等技术。

2.2.2 容错系统

容错是用冗余的资源使计算机具有容忍故障的能力，即在产生故障的情况下，仍有能力将指定的算法继续完成。容错技术是指在一定程度上容忍故障的技术，也称为故障掩盖技术（fault masking）。采用容错技术的系统称容错系统。

容错的基本思想首先来自于硬件容错，1950—1970 年，硬件容错在理论和应用上都有重大的发展，目前已成为一种成熟的技术并应用到实际系统中，如双 CPU、双电源等，军事上出现了容错计算机。软件容错的基本思想是从硬件容错中引申过来的，20 世纪 70 年代中期开始认识到软件容错的潜在作用；数据容错的策略即数据备份；网络容错将硬件容错和软件容错两方面的技术融合在一起并有新的发展。

1．冗余设计的实现方法

容错主要依靠冗余设计来实现，它以增加资源的办法换取可靠性。由于资源的不同，冗余技术分为硬件冗余、软件冗余、信息冗余和时间冗余。

（1）硬件冗余

硬件冗余是通过增加线路、设备、部件，形成备份，其基本方法如下。

硬件堆积冗余。在物理级可通过元件的重复而获得（如相同元件的串、并联，四倍元件等）。

待命储备冗余。系统中共有 $M+1$ 个模块，其中只有一块处于工作状态，其余 M 块都处于待命接替状态。一旦工作模块出了故障，立刻切换到一个待命模块，当换上的储备模块发生故障时，又切换到另一储备模块，直到资源枯竭，显然，这种系统必须具有检错和切换的装置。

混合冗余系统。混合冗余系统是堆积冗余和待命储备冗余的结合应用。当堆积冗余中有一个模块发生故障时，立刻将其切除，并代之以无故障待命模块。这种方法可达到较高的可靠性。

上述三种容错基本结构统称 K 出自 N 结构。该结构中共有 N 个相同的模块，其中至少有 K 个是正常的，系统才能正常运行。这种结构能容忍分别出现在 $N-K$ 个模块中的 $N-K$ 个独立的故障，或称其容忍能力是 $t=N-K$。

（2）软件冗余

软件冗余的基本思想是用多个不同软件执行同一功能，利用软件设计差异来实现容错。

（3）信息冗余

信息冗余是利用在数据中外加的一部分信息位，来检测或纠正信息在运算或传输中的错误而达到容错。在通信和计算机系统中，常用的可靠性编码包括奇偶校验码、循环冗余码 CRC、汉明码等。

（4）时间冗余

时间冗余是通过消耗时间资源来实现容错，其基本思想是重复运算以检测故障。按照重复运算是在指令级还是程序级分为指令复执和程序复算。指令复执当指令执行的结果送到目的地址中，如果这时有错误恢复请求信号，则重新执行该指令。程序复算常用程序滚回技术。例如，将机器运行的某一时刻称作检查点，此时检查系统运行的状态是否正确，不论正确与否，都将这一状态存储起来，一旦发现运行故障，就返回到最近一次正确的检查点重新运行。

冗余设计可以是元器件级的冗余设计，也可以是部件级的、分系统级的或系统级的冗余设计。冗余要消耗资源，应当在可靠性与资源消耗之间进行权衡和折中。

2. 容错系统工作过程

容错系统工作过程包括自动侦测（auto-detect）、自动切换（auto-switch）、自动恢复（auto-recovery）。

（1）自动侦测

运行中自动地通过专用的冗余侦测线路和软件判断系统运行情况，检测冗余系统各冗余单元是否存在故障（包括硬件单元或软件单元），发现可能的错误和故障，进行判断与分析。确认主机出错后，启动后备系统。

侦测程序需要检查主机硬件（处理器与外设部件）、主机网络、操作系统、数据库、重要应用程序、外部存储子系统（如磁盘阵列）等。

为了保证侦测的正确性，防止错误判断，系统可以设置安全侦测时间、侦测时间间隔、侦测次数等安全系数，通过冗余通信连线，收集并记录这些数据，做出分析处理。

（2）自动切换

数据可信是切换的基础。

当确认某一主机出错时，正常主机除了保证自身原来的任务继续运行外，将根据各种不同的容错后备模式，接管预先设定的后备作业程序，进行后续程序及服务。

系统的接管工作包括文件系统、数据库、系统环境（操作系统平台）、网络地址和应用程序等。

如果不能确定系统出错，容错监控中心通过与管理者交互，进行有效的处理，决定切换基础、条件、时延、断点。

（3）自动恢复

故障主机被替换后，进行故障隔离，离线进行故障修复。修复后通过冗余通信线与正常主机连线，继而将原来的工作程序和磁盘上的数据自动切换回修复完成的主机上。这个自动完成的恢复过程用户可以预先设置，也可以设置为半自动或不恢复。

2.2.3 数据备份

数据备份是容灾的基础，是指为防止系统出现操作失误或系统故障导致数据丢失，而将全部或部分数据集合从应用主机的硬盘或阵列复制到其他的存储介质的过程。传统的数据备份主要是采用内置或外置的磁带机进行冷备份。但是这种方式只能防止操作失误等人为故障，而且其恢复时间也很长。随着技术的不断发展，数据的海量增加，不少企业开始采用网络备份。网络备份一般通过专业的数据存储管理软件结合相应的硬件和存储设备来实现。

数据备份可以防止自然或人为因素使计算机系统中的数据丢失，或由于硬件故障、操作失误、病毒等造成联机数据丢失而带来的损失。它对计算机的安全性、可靠性来说十分重要。

数据备份不仅是数据的保护，其最终目的是在系统遇到人为或自然灾难时，能够通过备份内容对系统进行有效的灾难恢复。备份不是单纯的拷贝，管理也是备份重要的组成部分。管理包括备份的可计划性、备份过程的自动化操作、历史记录的保存以及日志记录等。

1．按备份策略分类

按数据备份的策略可分为完全备份（full backup）、增量备份（incremental backup）和差分备份（differential backup）。

（1）完全备份

对包括应用程序和数据库等一个备份周期内的数据完全备份。

这种备份策略的好处是：当发生数据丢失的灾难时，只要用最近一次的备份数据（即灾难发生前一天的备份数据），就可以恢复丢失的数据。然而它也有不足之处，首先，由于每次都对整个系统进行完全备份，就会造成备份的数据大量重复。这些重复的数据占用了大量的介质空间，这对用户来说就意味着增加成本。其次，由于需要备份的数据量较大，因此备份所需的时间也就较长。对于那些业务繁忙、备份时间有限的单位来说，选择这种备份策略是不明智的。

（2）增量备份

跟完全备份不同，增量备份在做数据备份前会先判断，档案的最后修改时间是否比上次备份的时间来得晚。如果不是，就表示自上次备份后，档案并没有被更改过，所以这次不需要备份。换句话说，如果修改日期"的确"比上次更动的日期来得晚，那么档案就被更改过，需要备份。

增量备份常常跟完全备份配合使用。例如，星期天进行一次完全备份，然后在接下来的六天里只对当天新的或被修改过的数据进行备份。这种备份策略的优点是节省备份介质空间，缩短备份时间。但它的缺点在于，当灾难发生时，数据的恢复比较麻烦。例如，系统在星期三的早晨发生故障，丢失了大量的数据，那么就要将系统恢复到星期二晚上的状态。这时系统管理员首先要找出星期天的完全备份介质（如磁带）进行系统恢复，然后再找出星期一的备份介质来恢复星期一的数据，然后找出星期二的备份介质来恢复星期二的数据。很明显，这种方式很烦琐。另外，这种备份的可靠性也很差。在这种备份方式下，各备份介质间的关系就像链子一样，一环套一环，其中任何一备份介质出了问题都会导致整条链子脱节。比如在刚才的例子中，若星期二的备份介质出了故障，那么管理员最多只能将系统恢复到星期一晚上的状态。

（3）差分备份

差分备份就是每次备份的数据是相对于上一次全备份之后新增加的和修改过的数据。例如，管理员先在星期天进行一次系统完全备份，然后在接下来的几天里，管理员再将当天所有与星期天不同的数据（新的或修改过的）进行备份。差分备份策略在避免了以上两种策略的缺陷的同时，又具有了它们的所有优点。首先，它无须每天都对系统做完全备份，因此备份所需时间短，并节省了备份介质空间。其次，它的灾难恢复也很方便。系统管理员只需两份备份介质，即星期天备份与灾难发生前一天的备份，就可以将系统恢复。

在实际应用中，备份策略通常是以上三种的结合。例如，每周一至周六进行一次增量备份或差分备份，每周日进行完全备份，每月底进行一次完全备份，每年底进行一次完全备份。

完全备份所需时间最长，但恢复时间最短，操作最方便，当系统中数据量不大时，适宜采用完全备份；但是随着数据量的增大，可以采用所用时间更少的增量备份或差分备份。各种备份的数据量不同：完全备份>差分备份>增量备份。

三种备份方式的比较如表 2-1 所示。

表 2-1　三种备份方式的比较

比较内容 ＼ 类型	完 全 备 份	增 量 备 份	差 分 备 份
备份空间	最多	最少	少于完全备份
备份速度	最慢	最快	快于完全备份
恢复速度	最快	最慢	快于增量备份

2．按备份介质存放的位置分类

按备份介质存放的位置可分为本地备份和异地备份。

本地备份是在本地硬盘的特定区域备份文件。异地备份是指备份的数据存放在异地。可以将文件备份到与计算机分离的存储介质，如磁带、磁盘、光盘以及存储卡等介质，以后转移到异地，也可以通过网络直接在异地备份。异地备份的备份信息应尽可能远离当前的信息中心。当数据由于系统或人为误操作造成损坏或丢失后，可及时利用本地备份实现数据恢复；当发生地域性灾难（地震、火灾、机器毁坏等）时，可使用异地备份实现数据及整个系统的灾难恢复。

3．数据备份和灾难恢复方案

一个完整的数据备份和灾难恢复方案应包括备份硬件、备份软件、备份计划和灾难恢复计划四个部分。

（1）备份硬件

备份硬件包括硬盘介质存储、光学介质备份和磁带存储技术。

（2）备份软件

备份软件主要分两大类：一是各个操作系统厂商在软件内附带的，如 NetWare 操作系统的"Backup"功能、NT 操作系统的"NTBackup"等；二是各个专业厂商提供的全面的专业备份软件，如 HPOpenViewOmniBackⅡ和 CA 公司的 ARCserveIT 等。

对于备份软件的选择，不仅要注重使用方便、自动化程度高，还要注重好的扩展性和灵活性。同时，跨平台的网络数据备份软件能满足用户在数据保护、系统恢复和病毒防护方面的支持。一个专业的备份软件配合高性能的备份设备，能够使损坏的系统迅速"起死回生"。

（3）备份计划

灾难恢复的先决条件是要做好备份策略及恢复计划。日常备份计划描述每天的备份以什么方式进行、使用什么介质、什么时间进行以及系统备份方案的具体实施细则。在计划制订完毕后，应严格按照程序进行日常备份，否则将无法达到备份的目的。

（4）灾难恢复

灾难恢复措施在整个备份中占有相当重要的地位。因为它关系到系统、软件与数据在经历灾难后能否快速、准确地恢复。全盘恢复一般应用在服务器发生意外灾难，导致数据全部丢失、系统崩溃或是有计划地系统升级、系统重组等情况中。

2.2.4 服务器集群系统

1. 集群的概念

集群，英文名称为 Cluster，通俗地说，集群是这样一种技术：它至少将两个系统连接到一起，这些计算机一起工作并运行一系列共同的应用程序，同时，为用户和应用程序提供单一的系统映射。从外部来看，它们仅仅是一个系统，对外提供统一的服务。集群内的计算机物理上通过电缆连接，程序上则通过集群软件连接。这些连接允许计算机使用故障应急与负载平衡功能，而故障应急与负载平衡功能在单机上是不可能实现的。

服务器集群系统通俗地讲就是把多台服务器通过快速通信链路连接起来，使多台服务器能够像一台机器那样工作，或者看起来好像一台机器。用户从来不会意识到集群系统底层的节点，在用户看来，集群是一个系统，而非多个计算机系统。并且集群系统的管理员可以随意增加和删改集群系统的节点。集群系统可以提高系统的稳定性、数据处理能力及服务能力。

在集群系统中，所有的计算机拥有一个共同的名称，集群内任一系统上运行的服务可被所有的网络客户所使用。集群必须可以协调管理各分离组件的错误和失败，并可透明地向集群中加入组件。用户的公共数据被放置到共享的磁盘柜中，应用程序被安装到所有的服务器上，也就是说，在集群上运行的应用需要在所有的服务器上安装一遍。当集群系统正常运转时，应用只在一台服务器上运行，并且只有这台服务器才能操纵该应用在共享磁盘柜上的数据区，其他的服务器监控这台服务器，只要这台服务器上的应用停止运行（无论是硬件损坏、操作系统死机、应用软件故障，还是人为误操作造成的应用停止运行），其他的服务器就会接管这台服务器所运行的应用，并将共享磁盘柜上的相应数据区接管过来。其接管过程如图 2-1 所示，图 2-1（a）是应用服务器 1 正常工作时的情况，图 2-1（b）是应用服务器 1 停止工作后的情况，其他的服务器将该服务器 1 的应用接管过来。

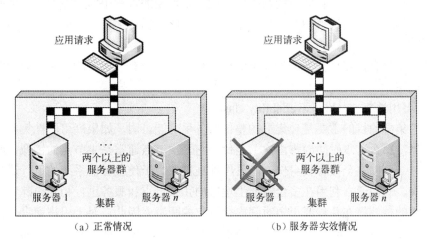

图 2-1　集群系统

2. 集群系统的优势与不足

集群系统具有以下优点。

① 高可伸缩性：服务器集群具有很强的可伸缩性。随着需求和负荷的增长，可以向集群系统添加更多的服务器。在这样的配置中，可以有多台服务器执行相同的应用和数据库操作。

② 高可用性：是指在不需要操作者干预的情况下，防止系统发生故障或从故障中自动恢复的能力。通过把故障服务器上的应用程序转移到备份服务器上运行，集群系统能够把正常运行时间提高到大于 99.9%，大大减少服务器和应用程序的停机时间。

③ 高可管理性：系统管理员可以从远程管理一个甚至一组集群，就好像在单机系统中一样。集群系统可解决所有的服务器硬件故障，当某一台服务器出现任何故障，如硬盘、内存、CPU、主板、I/O 板以及电源故障，运行在这台服务器上的应用就会切换到其他的服务器上。

④ 集群系统可解决软件系统问题。我们知道，在计算机系统中，用户所使用的是应用程序和数据，而应用系统运行在操作系统之上，操作系统又运行在服务器上。这样，只要应用系统、操作系统、服务器三者中的任何一个出现故障，系统实际上就停止向客户端提供服务，比如常见的软件死机，就是这种情况之一，尽管服务器硬件完好，但服务器仍旧不能向客户端提供服务。而集群的最大优势在于对故障服务器的监控是基于应用的，也就是说，只要服务器的应用停止运行，其他的相关服务器就会接管这个应用，而不必理会应用停止运行的原因是什么。

⑤ 集群系统可以解决人为失误造成的应用系统停止工作的情况，例如，当管理员对某台服务器操作不当导致该服务器停机，因此运行在这台服务器上的应用系统也就停止了运行。由于集群是对应用进行监控，因此其他的相关服务器就会接管这个应用。

集群系统的不足之处在于：集群中的应用只在一台服务器上运行，如果这个应用出现故障，某台其他的服务器会重新启动这个应用，接管位于共享磁盘柜上的数据区，进而使应用重新正常运转。我们知道，整个应用的接管过程大体需要三个步骤：侦测并确认故障、后备服务器重新启动该应用、接管共享的数据区。因此在切换的过程中需要花费一定的时间，原则上根据应用的大小不同切换的时间也会不同，越大的应用切换的时间越长。

3. 集群的类型

集群技术本身有很多种分类，市场上的产品很多，也没有很标准的定义，较为常见的主要分为三种类型。

（1）高可用性集群（high availability cluster）

高可用性集群的目的主要是使集群的整体服务尽可能可用。如果高可用性集群中的主节点发生了故障，那么这段时间内将由次节点代替它。次节点通常是主节点的镜像，所以当它代替主节点时，可以完全接管其身份。高可用性集群致力于使服务器系统的运行速度和响应速度尽可能快。它们通常利用在多台机器上运行的冗余节点和服务进行相互跟踪。如果某个节点失败，它的替补将在几秒或更短时间内接管它的职责。因此，对于用户而言，群集永远不会停机。有些高可用性集群还可以实现节点间冗余应用程序。即使用户使用的节点出了故障，他所打开的应用程序仍将继续运行，该程序会在几秒之内迁移到另一个节点，而用户只会感觉到响应稍微慢了一点。但是，这种应用程序级冗余要求将软件设计成具有集群意识的，并且知道节点失败时应该做什么。

（2）负载均衡集群（load balancing cluster）

负载均衡集群一般用于 Web 服务器、代理服务器等。这种集群可以在接到请求时，检查接受请求较少、不繁忙的服务器，并把请求转到这些服务器上。网络负载均衡功能增强了 Web 服务器、流媒体服务器和终端服务等 Internet 服务器程序的可用性和可伸缩性。

负载均衡集群的特点是所有节点对外提供相同的服务，这样可以实现对单个应用程序的负载均衡，而且同时提供了高可用性，性能价格比极高。

网络流量负载均衡是一个过程，它检查集群的入网流量，然后将流量分发到各个节点以进行适当处理。负载均衡网络应用服务要求群集软件检查每个节点的当前负载，并确定哪些节点可以接受新的作业。因此，集群中的节点（包括硬件和操作系统等）没有必要是一致的。

负载均衡集群提供了一个非常实用的解决方案。负载均衡集群使负载可以在计算机集群中尽可能平均地分摊处理。负载通常包括应用程序处理负载和网络流量负载。这样的系统非常适合向使用同一组应用程序的大量用户提供服务。每个节点都可以承担一定的处理负载，并且可以实现处理负载在节点之间的动态分配，以实现负载均衡。对于网络流量负载，当网络服务程序接受了太多入网流量，以致无法迅速处理时，网络流量就会发送给在其他节点上运行的网络服务程序。同时，还可以根据每个节点上不同的可用资源或网络的特殊环境来进行优化。

（3）高性能计算集群（high performance computing cluster）

高性能计算集群具有响应海量计算的性能，主要应用于科学计算、大任务量的计算等。有并行编译、进程通信、任务分发等多种实现方法。因为高性能计算集群涉及为解决特定的问题而设计的应用程序，针对性较强。

在集群的这三种基本类型之间，经常会发生混合。高可用性集群可以在其节点之间均衡用户负载。同样，也可以从要编写应用程序的集群中找到一个并行集群，使得它可以在节点之间执行负载均衡。从这个意义上讲，这种集群类别的划分只是一个相对的概念，而不是绝对的。

4. 双机集群

双机集群通过软硬件的紧密配合，将两台独立服务器在网络中表现为单一的系统，提供给客户一套具有单点故障容错能力且性价比优越的用户应用系统运行平台。双机集群技术能够自动检测应用或服务器故障，并可将其在另一台可用的服务器上快速重新启动；而用户只会觉察到瞬间的服务暂停。

双机集群的目的在于保证数据永不丢失和系统永不停机，采用智能型磁盘阵列柜可保证数据永不丢失，采用双机集群软件可保证系统永不停机。它的基本架构共分两种模式：双机互备援（dual active）模式和双机热备份（hot standby）模式。

（1）双机互备援

所谓双机互备援就是两台主机均为工作机，在正常情况下，两台工作机均为信息系统提供支持，并互相监视对方的运行情况。当一台主机出现异常时，不能支持信息系统正常运行，另一主机则主动接管（take over）异常机的工作，继续主持信息的运行，从而保证信息系统能够不间断地运行，而达到不停机的功能（non-stop），但正常运行主机的负载（loading）

会有所增加。此时必须尽快将异常机修复以缩短正常机所接管的工作切换回已被修复的异常机。

（2）双机热备份

所谓双机热备份就是一台主机为工作机（primary server），另一台主机为备份机（standy server），两台服务器通过一种被称为"心跳"（heartbeat）的机制进行连接，用于监控主服务器的状态，一旦发现主服务器宕机或出现不能正常工作的情况，心跳会通知第二服务器，接替出问题的主服务器。"心跳"可以通过专用线缆、网络链接等方式实现。在系统正常情况下，工作机为信息系统提供支持，备份机监视工作机的运行情况（工作机也同时监视备份机是否正常，有时备份机因某种原因出现异常，工作机尽早通知系统管理员解决，确保下一次切换的可靠性）。当工作机出现异常，不能支持信息系统运营时，备份机主动接管工作机的工作，继续支持信息的运营，从而保证信息系统能够不间断地运行。当工作机经过修复正常后，系统管理员通过管理命令或经由以人工或自动的方式将备份机的工作切换回工作机；也可以激活监视程序，监视备份机的运行情况，此时，原来的备份机就成了工作机，而原来的工作机就成了备份机。双机热备份的组成如图2-2所示。

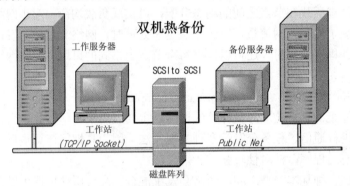

图2-2　双机热备份

2.3　廉价冗余磁盘阵列

廉价冗余磁盘阵列（redundant array of inexpensive disks，RAID）是由美国加州大学伯克利分校的 D.A. Patterson 教授在 1988 年提出的，也简称为"磁盘阵列"。RAID 将一组磁盘驱动器用某种逻辑方式联系起来，作为逻辑上的一个磁盘驱动器来使用。一般情况下，组成的逻辑磁盘驱动器的容量要小于各个磁盘驱动器容量的总和。RAID 一般是在 SCSI 或 SATA 磁盘接口实现的。

RAID 提供了当服务器中接入多个磁盘（专指硬盘）时，以磁盘阵列方式组成一个超大容量、响应速度快、可靠性高的存储子系统。通过使用数据分块和交叉存储两项技术，使 CPU 实现通过硬件方式对数据的分块控制和对磁盘阵列中数据的并行调度等功能。使用 RAID 可大大加快磁盘的访问速度，缩短磁盘读写的平均排队与等待时间，并以并行方式在多个硬盘驱动器上工作，被系统视作一个单一的硬盘，以冗余技术增加其可靠性，以多个低成本磁盘构成磁盘子系统，提供比单一硬盘更完备的可靠性和高性能，目前工业界公认的标准是 RAID0～RAID6。RAID 被广泛地应用在服务器体系中。

2.3.1　RAID 技术概述

RAID 技术最初研制目的是组合小的廉价磁盘来代替大的昂贵磁盘，以降低大批量数据存储的费用，同时也希望采用冗余信息的方式，使得磁盘失效时不会使对数据的访问受损失，从而开发出一定水平的数据保护技术，并且能适当地提升数据传输速率。

过去 RAID 一直是高档服务器才有缘享用，一直作为高档 SCSI 硬盘配套技术应用。近来随着技术的发展和产品成本的不断下降，IDE 硬盘性能有了很大提升，加之 RAID 芯片的普及，使得 RAID 也逐渐在个人计算机上得到应用。

1．RAID 技术的特点

RAID 技术主要有三个特点。

① 通过对硬盘上的数据进行条带化，实现对数据成块存取，减少硬盘的机械寻道时间，提高数据存取速度。

② 通过对一阵列中的几块硬盘同时读取，减少硬盘的机械寻道时间，提高数据存取速度。

③ 通过镜像或者存储奇偶校验信息的方式，实现对数据的冗余保护。

2．RAID 的优点

RAID 的优点包括以下几点。

① 成本低，功耗小，传输速率高。在 RAID 中，可以让很多磁盘驱动器同时传输数据，而这些磁盘驱动器在逻辑上又是一个磁盘驱动器，所以使用 RAID 可以达到单个磁盘驱动器几倍、几十倍甚至上百倍的速率。

② 可以提供容错功能。这是使用 RAID 的第二个原因，因为普通磁盘驱动器无法提供容错功能，如果不包括写在磁盘上的 CRC（循环冗余校验）码的话，RAID 的容错是建立在每个磁盘驱动器的硬件容错功能之上的，所以它提供更高的安全性。

③ 在同样的容量下，RAID 比起传统的大直径磁盘驱动器来，价格要低许多。

3．RAID 规范

依据磁盘阵列数据不同的校验方式，RAID 技术分为不同的等级。RAID 系统有多种模式，RAID 0，1，2，3，4，5，6，10 等，每种都有各自的优劣。不论何时有磁盘损坏，都可以随时拔出损坏的磁盘再插入好的磁盘（需要硬件上的热插拔支持），数据不会受损，失效盘的内容可以很快地重建，重建的工作也由 RAID 硬件或 RAID 软件来完成。

2.3.2　冗余无校验的磁盘阵列（RAID0）

RAID0 是最简单的一种形式。RAID0 可以把多块硬盘连接在一起形成一个容量更大的存储设备。

RAID0 将数据像条带一样写到多个磁盘上（如图 2-3 所示），这些条带也叫作"块"。条带化实现了可以同时访问多个磁盘上的数据，平衡 I/O 负载，加大了数据存储空间，加快了数据访问速度。RAID0 是

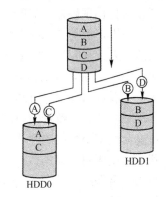

图 2-3　冗余无校验的磁盘阵列（RAID0）

唯一的一个没有冗余功能的 RAID 技术，但 RAID0 的实现成本低。如果阵列中有一个盘出现故障，则阵列中的所有数据都会丢失。如要恢复 RAID0，只有换掉坏的硬盘，从备份设备中恢复数据到所有的硬盘中。

　　硬件和软件都可以实现 RAID0。实现 RAID0 最少用两个硬盘。对系统而言，数据是采用分布方式存储在所有的硬盘上，当某一个硬盘出现故障时数据会全部丢失。RAID0 能提供很高的硬盘 I/O 性能，可以通过硬件或软件两种方式实现。

　　优点：允许多个小区组合成一个大分区，更好地利用磁盘空间，延长磁盘寿命，多个硬盘并行工作，提高了读写性能。

　　缺点：不提供数据保护，任一磁盘失效，数据可能丢失，且不能自动恢复。

2.3.3　镜像磁盘阵列（**RAID1**）

　　RAID1 和 RAID0 截然不同，其技术重点全部放在如何能够在不影响性能的情况下最大限度地保证系统的可靠性和可修复性上。RAID1 是所有 RAID 等级中实现成本最高的一种，尽管如此，人们还是选择 RAID1 来保存那些关键性的重要数据。

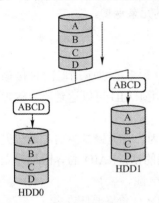

图 2-4　镜像磁盘阵列（RAID1）

　　RAID1 中，每一个磁盘都具有一个对应的镜像盘。对任何一个磁盘的数据写入都会被复制到镜像盘中；系统可以从一组镜像盘中的任何一个磁盘读取数据。显然，磁盘镜像肯定会提高系统成本。因为所能使用的空间只是所有磁盘容量总和的一半。图 2-4 显示的是由两块硬盘组成的磁盘镜像，其中可以作为存储空间使用的仅为 1 块硬盘。当读取数据时，系统先从 RAID1 的源盘读取数据，如果读取数据成功，则系统不去管备份盘上的数据；如果读取源盘数据失败，则系统自动转而读取备份上的数据，不会造成用户工作任务的中断。

　　RAID1 下，任何一块硬盘的故障都不会影响到系统的正常运行，而且只要能够保证任何一对镜像盘中至少有一块磁盘可以使用，RAID1 甚至可以在一半数量的硬盘出现问题时不间断地工作。当一块硬盘失效时，系统会忽略该硬盘，转而使用剩余的镜像盘读写数据。

　　通常，把出现硬盘故障的 RAID 系统称为在降级模式下运行。虽然这时保存的数据仍然可以继续使用，但是 RAID 系统将不再可靠。如果剩余的镜像盘也出现问题，那么整个系统就会崩溃。因此，应当及时更换损坏的硬盘，避免出现新的问题。

　　更换新盘之后，原有好盘中的数据必须被复制到新盘中。这一操作被称为同步镜像。同步镜像一般都需要很长时间，尤其是当损害的硬盘的容量很大时更是如此。在同步镜像的进行过程中，外界对数据的访问不会受到影响，但是由于复制数据需要占用一部分的带宽，所以可能会使整个系统的性能有所下降。

　　优点：由于对存储的数据进行百分之百的备份，在所有 RAID 级别中，RAID1 提供最高的数据安全保障，具有的高数据安全性，使其尤其适用于存放重要数据，如服务器和数据库存储等领域。

缺点：磁盘空间利用率低，不能提高存储性能，存储成本高。

2.3.4 RAID0+1

RAID0+1 也称为 RAID10，是磁盘分段及镜像的结合，结合了 RAID0 及 RAID1 最佳的优点。它采用两组 RAID0 的磁盘阵列互为镜像，也就是它们之间又成为了一个 RAID1 的阵列。在每次写入数据时，磁盘阵列控制器会将数据同时写入两组"大容量阵列硬盘组"（RAID0）中。虽然其硬盘使用率只有 50%，但它却是具有最高效率的划分方式。

此一类型的组态提供最佳的速度及可靠度，不过需要两倍的磁盘驱动器数目作为一个 RAID0，每一端的半数作为镜像用。在执行 RAID0+1 时至少需要 4 个磁盘驱动器，所以可以说 RAID0+1 的"安全性"和"高性能"是通过高成本来换取的。

以四个磁盘组成的 RAID0+1 为例，其数据存储方式如图 2-5 所示。RAID0+1 是存储性能和数据安全兼顾的方案。它在提供与 RAID1 一样的数据安全保障的同时，也提供了与 RAID0 近似的存储性能。

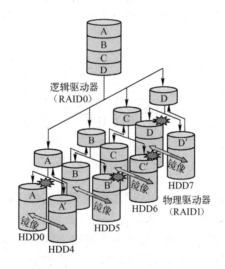

图 2-5 RAID0+1

由于 RAID0+1 也是通过数据的 100%备份功能来提供数据安全保障的，因此 RAID0+1 的磁盘空间利用率与 RAID1 相同，存储成本高。

RAID0+1 的特点使其特别适用于既有大量数据需要存取，同时又对数据安全性要求严格的领域，如银行、金融、商业超市、仓储库房、各种档案管理等。

RAID0+1 需要的驱动器数量至少 4 块，要求驱动器的数量为偶数，最大容量为：磁盘数×磁盘容量/2。

优点：RAID0+1 阵列从理论上来说，能够经受住 RAID0 阵列中任何一块硬盘的故障，因为该硬盘上所有的数据都被备份在 RAID1 阵列中。在绝大部分情况下，如果两块硬盘出现故障就会影响整个阵列，因为很多 RAID 控制器会在 RAID 阵列中的某一块硬盘出现故障之后让 RAID0 镜像离线（毕竟，RAID0 阵列不提供任何冗余），因此只有剩下的 RAID0 阵列在工作，这样系统就没有冗余了。简而言之，如果每个 RAID0 阵列中都有一块磁盘出现故障，那么整个磁盘阵列就不能工作了。这种模式提供了非常好的顺序或任意读写的性能。

缺点： 只能使用磁盘阵列总体存储容量的 50%。容错性不如 RAID10。对于绝大部分控制器来说，这种模式能够应对一块磁盘出现故障的情况。扩展方面受到限制，而且扩展的费用很高。

RAID0+1 结合了 RAID0 的性能和 RAID1 的可靠性。它不是成对地组织磁盘，而是把按照 RAID0 方式产生的磁盘组全部映像到另一备份磁盘组中。

2.3.5 并行海明纠错阵列（**RAID2**）

RAID2 是早期为了能进行即时的数据校验而采用海明码研制的一种技术（这在当时的 RAID0、RAID1 等级中是无法做到的），由于海明码是以位为基础进行校验的，那么在 RAID2 中，一个硬盘在一个时间只存取一位的信息。如图 2-6 所示，左边为数据阵列，阵列中的每个硬盘一次只存储一个位的数据。同理，右边的校验阵列则是存储相应的海明码，也是一位一个硬盘。所以 RAID2 中的硬盘数量取决于所设定的数据存储宽度。如果是 4 位的数据宽度（这由用户决定），那么就需要 4 个数据硬盘和 3 个海明码校验硬盘。

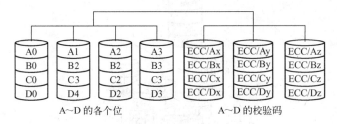

图 2-6 并行海明码纠错阵列（RAID2）

在写入时，RAID2 在写入数据位的同时还要计算出它们的海明码并写入校验阵列，读取时也要对数据即时地进行校验，最后再发向系统。由于海明码只能纠正一个位的错误，所以 RAID2 也只能允许一个硬盘出问题，如果两个或以上的硬盘出问题，RAID2 的数据就将受到破坏。但由于数据是以位为单位并行传输的，所以传输速率也相当快。

优点： 即时数据校验，容错性能较好，较高的读取传输速率。

缺点： 系统成本极高，校验占用较大的数据效率不高。

2.3.6 奇偶校验并行位交错阵列（**RAID3**）

RAID3 为单盘容错并行传输阵列盘。它的特性是将校验减小为一个（RAID2 校验盘为多个），数据以位或字节的行动存于各盘（分散在组内相同扇区号的各个磁盘机上）。例如，在一个由 5 块硬盘构成的 RAID3 系统中，4 块硬盘将被用来保存数据，第 5 块硬盘则专门用于校验。这种配置方式可以用 4+1 的形式表示，具体如图 2-7 所示。

在图 2-7 中，第 5 块硬盘中的每一个校验块所包含的都是其他 4 块硬盘中对应数据块的校验信息。RAID3 的成功之处就在于不仅可以像 RAID1 那样提供容错功能，而且整体开销从 RAID1 的 50% 下降为 20%（RAID4+1）。随着所使用磁盘数量的增多，成本开销会越来越小。举例来说，如果使用 7 块硬盘，那么总开销就会将到 12.5%（1/7）。

　　在不同情况下，RAID3 读写操作的复杂程度不同。最简单的情况就是从一个完好的 RAID3 系统中读取数据。这时，只需要在数据存储盘中找到相应的数据块进行读取操作即可，不会增加任何额外的系统开销。

　　当向 RAID3 写入数据时，情况会变得复杂一些。即使只是向一个磁盘写入一个数据块，也必须计算与该数据块同处一个带区的所有数据块的校验值，并将新值重新写入到校验块中。如图 2-7 所示，当向 B 写入数据块 F 时，必须重新计算所有 4 个同一行的数据块（E、F、G、H）的校验值，然后重写位于第 5 块硬盘的校验块 $P_{E,F,G,H}$。由此可以看出，一个写入操作事实上包含了数据读取（读取带区中的关联数据块），校验值计算，数据块写入和校验块写入四个过程。系统开销大大增加。

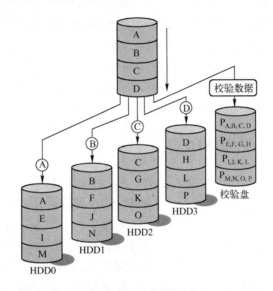

图 2-7　奇偶校验并行位交错阵列（RAID3）

　　可以通过适当设置带区的大小使 RAID 系统得到简化。如果某个写入操作的长度恰好等于一个完整带区的大小（全带区写入），那么就不必再读取带区中的关联数据块计算校验值。只需要计算整个带区的校验值，然后直接把数据和校验信息写入数据盘和校验盘即可。

　　到目前为止，我们所探讨的都是正常运行状况下的数据读写。下面，再来看一下当硬盘出现故障时，RAID3 系统在降级模式下的运行情况。

　　RAID3 虽然具有容错能力，但是系统会受到影响。当一块磁盘失效时，该磁盘上的所有数据块必须使用校验信息重新建立。如果是从好盘中读取数据块，不会有任何变化。但是如果所要读取的数据块正好位于已经损坏的磁盘，则必须同时读取同一带区中的所有其他数据块，并根据校验值重建丢失的数据。

　　当更换了损坏的磁盘之后，系统必须一个数据块一个数据块地重建坏盘中的数据。整个过程包括读取带区，计算丢失的数据块和向新盘写入新的数据块，都是在后台自动进行。重建活动最好是在 RAID 系统空闲时进行，否则整个系统的性能会受到严重的影响。

　　由于 RAID3 不管是向哪一个数据盘写入数据，都需要同时重写校验盘中的相关信息。

因此，校验盘的负载将会很大，很容易成为整个系统的瓶颈，从而导致整个 RAID 系统性能的下降，这也是导致 RAID3 很少被人们采用的原因。

优点：相对较高的读取传输速率，高效率的校验操作。

缺点：控制器设计复杂，写入传输速率低。

2.3.7 独立的数据硬盘与共享的校验硬盘（**RAID4**）

RAID4 和 RAID3 很相似，不同的是，RAID4 对数据的访问是按数据块进行的，也就是按磁盘进行的，每次是一个盘。RAID3 是一次一横条，而 RAID4 是一次一竖条。所以 RAID3 常需访问阵列中所有的硬盘驱动器，而 RAID4 只需访问有用的硬盘驱动器。这样读数据的速度大大提高了，但在写数据方面，需将从数据硬盘驱动器和校验硬盘驱动器中恢复出的旧数据与新数据通过异或运算，然后再将更新后的数据和检验位写入硬盘驱动器，所以处理时间较 RAID3 长。

优点：非常高的数据传输效率，磁盘损坏对传输影响较小，具有很高的校验效率。

缺点：控制器设计复杂，校验盘的负载大。

2.3.8 循环奇偶校验阵列（**RAID5**）

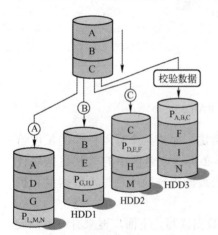

图 2-8　循环奇偶校验阵列（RAID5）

RAID5 是目前应用最广泛的 RAID 技术。各块独立硬盘进行条带化分割，相同的条带区进行奇偶校验（异或运算），校验数据平均分布在每块硬盘上（见图 2-8）。以 n 块硬盘构建的 RAID5 阵列可以有 $n-1$ 块硬盘的容量，存储空间利用率非常高。任何一块硬盘上的数据丢失，均可以通过校验数据推算出来。它和 RAID3 最大的区别在于校验数据是否平均分布到各块硬盘上。RAID5 具有数据安全、读写速度快，空间利用率高等优点，应用非常广泛，但不足之处是如果一块硬盘出现故障以后，整个系统的性能将大大降低。

优点：校验分布在多个磁盘中，写操作可以同时处理，为读操作提供了最优的性能。一个磁盘失效，分布在其他盘上的信息足够完成数据重建。

缺点：数据重建会降低读性能；每次计算校验信息，写操作开销会增大，是一般存储操作时间的 3 倍。

2.3.9 独立的数据硬盘与两个独立分布式校验方案（**RAID6**）

RAID6 的英文全称是 "independent data disks with two independent distributed parity schemes（带有两个独立分布式校验方案的独立数据磁盘）"。这种 RAID 级别是在 RAID5 的基础上发展而成的，因此它的工作模式与 RAID5 有异曲同工之妙。不同的是，RAID5 将校验码写入一个驱动器里面，而 RAID6 将校验码写入到两个驱动器里面，这样就增强了磁盘的容错能力，同时 RAID6 阵列中允许出现故障的磁盘也就达到了两个，但相应的阵列磁盘数量最少也要 4 个。从图 2-9 中可以看到，每个磁盘中都具有两个校验值，而 RAID5 里面只能为每一个磁盘提供一个校验值，由于校验值的使用可以达到恢复数据的目的，因此如果多增加一位校验位，数据恢复的能力就越强。不过在增加一位校验位后，就需要一个比较复杂的控制器来进行控制，同时也使磁盘的写能力降低，并且还需要占用一定的磁盘空间。因此，这种 RAID 级别应用还比较少，相信随着 RAID6 技术的不断完善，RAID6 将得到广泛应用。RAID6 的磁盘数量为 $N+2$ 个。

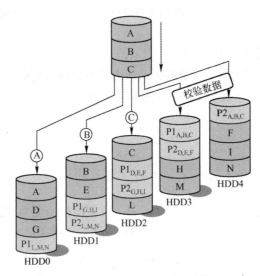

图 2-9　二维奇偶校验阵列结构

小结

本章主要介绍计算机实体安全与可靠性方面的相关的理论及实用技术。主要内容包括：计算机场地环境的安全防护、电磁防护、可靠性与容错性方面的知识，双机容错技术、磁盘阵列、存储备份和集群技术等。

1．实体安全

实体安全是保护计算机设施（含网络）以及其他媒体免遭地震、水灾、火灾、有害气体和其他环境事故（如电磁污染等）破坏的措施、过程。

实体安全包括：环境安全、设备安全和媒体安全。

2．计算机系统的可靠性与容错性

计算机系统的可靠性指在规定条件下和给定时间内计算机系统正确运行（计算）的概率。通常可靠性用平均无故障间隔时间（MTBF）来表示，即系统能正确运行时间的平均值。

容错是指系统运行出现错误时依靠内部容错机制仍能继续保持正常工作。容错主要依靠冗余设计来实现，它以增加资源的办法换取可靠性。由于资源的不同，冗余技术分为硬件冗余、软件冗余、信息冗余和时间冗余。

3．数据备份

数据备份是指将计算机系统中，硬盘上的一部分数据通过恰当的形式转录到可脱机保存的介质（如磁带库、光盘库）上，以便需要时输入计算机系统使用。

按备份的策略可分为完全备份、差分备份和增量备份。

4．双机容错

双机容错系统通过软硬件的紧密配合，将两台独立服务器在网络中表现为单一的系统，提供给客户一套具有单点故障容错能力且性价比优越的用户应用系统运行平台。

5．集群系统

集群是一种由互相连接的计算机组成的并行或分布式系统，可以作为单独、统一的计算资源来使用。采用集群系统通常是为了提高系统的稳定性和网络中心的数据处理能力及服务能力。

6．廉价冗余磁盘阵列 RAID

廉价冗余磁盘阵列 RAID 将一组磁盘驱动器用某种逻辑方式联系起来，组成一个超大容量、响应速度快、可靠性高的逻辑上的一个磁盘驱动器来使用。

习题

一、选择题

1．环境的安全主要包括_____的能力。

    A．防火防盗　　　　　　　　　　　B．受灾防护的能力和区域防护

    C．灾难防护　　　　　　　　　　　D．抵御自然灾害

2．下面不属于区域防护的内容是_____。

    A．实施边界控制

    B．对出入机房的人员进行访问控制

    C．对主机房及重要信息存储、收发部门进行屏蔽处理

    D．消防措施

3．下面不属于设备安全防护的内容是_____。

    A．设备防盗　　　　B．设备防毁　　　　C．设备访问控制　　　　D．防止线路截获

4．TEMPEST 技术的主要目的是_____。

    A．减少计算机中信息的外泄

    B．保护计算机网络设备

    C．保护计算机信息系统免雷击和静电的危害

    D．防盗和防毁

5．媒体安全是指_____。

    A．媒体数据的安全　　　　　　　　B．媒体本身的安全

    C．外部存储器的安全　　　　　　　D．媒体数据和媒体本身的安全

6．可用性是指系统在规定条件下，完成规定功能的能力。系统可用性用_____来度量。

    A．可用度　　　　B．可靠性　　　　C．平均无故障时间　　　　D．可维修性

7．提高计算机的可靠性一般采取的措施是_____。

    A．提高系统的可维修性　　　　　　B．提供良好的维修保障

　　C．提高软硬件的质量　　　　　　　D．避错、容错

　　8．容错是用_____使计算机具有容忍故障的能力，即在产生故障的情况下，仍有能力将指定的算法继续完成。

　　A．精选器件　　　　B．冗余的资源　　C．严格的工艺　　　　D．精心的设计

　　9．容错系统工作过程中不包括_____。

　　A．自动侦测　　　　B．自动切换　　　　C．自动恢复　　　　　D．故障修复

　　10．完全备份、差分备份和增量备份三种备份中，备份恢复时间最短的是_____。

　　A．完全备份　　　　　　　　　　　B．差分备份

　　C．增量备份　　　　　　　　　　　D．差分备份与增量备份

　　11．采用异地备份的目的是_____。

　　A．防盗　　　　　　　　　　　　　B．灾难恢复

　　C．提高恢复速度　　　　　　　　　D．防止硬盘故障导致数据丢失

　　12．双机容错技术是通过_____冗余的方法提高系统的可靠性。

　　A．主机系统　　　　B．器件　　　　　C．软件　　　　　　　D．主板

　　13．将多个服务器连接到一起，使它们像一台机器那样工作，当某一台服务器出现任何故障，运行在这台服务器上的应用就会切换到其他的服务器上。这种技术称为_____。

　　A．双机容错　　　　B．系统备份　　　　C．集群技术　　　　　D．克隆技术

　　14．_____采用旋转奇偶校验独立存取的阵列方式，把奇偶校验信息均匀地分布在阵列所属的硬盘上，在每块硬盘上，既有数据信息也有校验信息。

　　A．RAID2　　　　　B．RAID3　　　　　C．RAID4　　　　　　D．RAID5

　　15．下面不是 RAID 的优点的是_____。

　　A．成本低，功耗小，传输速率高

　　B．提高了单块磁盘的可靠性

　　C．在同样的容量下，RAID 比起传统的大直径磁盘驱动器来，价格要低许多

　　D．可以提供容错功能

　　16．计算机信息系统的安全保护，应当保障_____，运行环境的安全，保障信息的安全，保障计算机功能的正常发挥，以维护计算机信息系统的安全运行。

　　A．计算机及其相关的和配套的设备、设施（含网络）的安全

　　B．计算机的安全

　　C．计算机硬件的系统安全

　　D．计算机操作人员的安全

　　17．由于资源的不同，冗余技术分为_____。

　　A．硬件冗余、软件冗余、时间冗余和信息冗余

　　B．硬件冗余、软件冗余

　　C．时间冗余和信息冗余

　　D．硬件冗余、软件冗余和信息冗余

　　18．实体安全又叫作物理安全，是保护计算机设备、设施（含网络）以及其他媒体免遭_____和其他环境事故（如电磁污染等）破坏的措施、过程。

　　A．地震、水灾、火灾、有害气体

　　　B．计算机病毒

　　　C．黑客攻击

　　　D．人为的错误操作

　19．根据国家计算机安全规范，可把计算机的安全大致分为三类，下面列出的不属于此三类_____。

　　　A．实体安全　　　　　　　　　B．网络与信息安全

　　　C．应用安全　　　　　　　　　D．软件安全

　20．下面不是硬件容错所采用的方法的是_____。

　　　A．硬件备份　　　B．数据备份　　　C．软件备份　　　D．双机热备份

　21．下面能有效地消除磁盘信息的方法是_____。

　　　A．交流消磁法　　B．用删除命令　　C．格式化磁盘　　D．低级格式化磁盘

　22．数据备份系统的基本构成中不包括_____。

　　　A．存储介质　　　B．备份策略　　　C．备份硬件　　　D．备份软件

　23．_____是计算机应用系统稳定、可靠、有效、持续运行的重要保证，它通过系统冗余的方法解决计算机应用系统的可靠性问题。当一台主机出现故障，软件可及时启动另一台主机接替原主机任务，保证了用户数据的可靠性和系统的持续运行。

　　　A．双机容错　　　B．系统备份　　　C．集群技术　　　D．克隆技术

二、填空题

　1．容错是指当系统出现_____时，系统仍能执行规定的一组程序。

　2．RAID 将一组_____用某种逻辑方式联系起来，作为_____上的一个磁盘驱动器来使用。

　3．物理安全主要包括三个方面：_____、_____和_____。

　4．电磁波给计算机信息系统造成威胁有_____和_____两个方面。TEMPEST 技术主要研究的问题是_____。

　5．容错计算机系统工作过程中需要实现_____、_____和_____。

　6．恢复技术大致分为：纯以备份为基础的恢复技术，_____和基于多备份的恢复术3种。

　7．完全备份、增量备份、差分备份三种备份策略中，备份数据量最小的是_____备份，备份速度较快且便于数据恢复的是_____策略。

三、简答题

　1．什么是实体（物理）安全？它包括哪些内容？

　2．电磁泄露的技术途径有哪些？

　3．物理隔离技术有哪些？

　4．异地备份对于计算机信息系统安全的重要意义是什么？

　5．什么是容错？容错技术主要有哪些？

　6．移动存储介质的安全隐患有哪些？

　7．简述 RAID1+0 和 RAID5 的概念。

第 3 章　密码学基础

密码学（cryptology）是研究数据的加密、解密及其变换的科学，它是数学和计算机科学交叉的学科。过去，只有情报、外交和军事人员对加密技术感兴趣，并投入大量的人力和资金进行秘密研究。如今，随着计算机及网络应用的普及，出现了电子政务、电子商务、电子金融等必须确保信息安全的系统，使得民间和商业界对信息安全的需求大大增加，密码学的应用已经渗透到各行各业，受到社会各界前所未有的广泛重视。密码学是信息安全的核心技术，是计算机安全应用领域所有人员必须了解的基础知识。本章主要内容包括：密码学基本概念、对称密码学、公钥密码学、消息认证和 Hash 函数、数字签名等内容。

3.1　密码学概述

密码学是一门古老的学科，是研究如何隐密地传递信息的学科。在现代特别指对信息及其传输的数学性研究，常被认为是数学和计算机科学的分支，与信息论也密切相关。著名的密码学者 Ron Rivest 解释道："密码学是关于如何在敌人存在的环境中通信。"自工程学的角度，这相当于密码学与纯数学的异同。密码学是信息安全等相关议题（如认证、访问控制）的核心。密码学的首要目的是隐藏信息的含义，并不是隐藏信息的存在。

大概自人类社会出现战争时便产生了密码，以后逐渐形成一门独立的学科。在密码学形成和发展的历程中，科学技术的发展和战争的刺激都起了积极的推动作用。电子计算机一出现便被用于密码破译，使密码进入电子时代。1949 年香农（C. D. Shannon）发表了《保密系统的通信理论》的著名论文，把密码学置于坚实的数学基础之上，标志着密码学作为一门科学的形成；1976 年 W. Diffie 和 M. Hellman 提出公开密钥密码，从此开创了一个密码新时代；1977 年美国联邦政府颁布数据加密标准（DES），这是密码史上的一个创举；1994 年美国联邦政府颁布密钥托管加密标准（EES）；1994 年美国联邦政府颁布数字签名标准（DSS）；2001 年美国联邦政府颁布高级加密标准（AES）……这些都是密码发展史上重要的里程碑。

在计算机出现之前，密码学只考虑到信息的机密性（confidentiality），即如何将可理解的信息转换成难以理解的信息，并且使得有秘密信息的人能够逆向恢复，但缺乏秘密信息的拦截者或窃听者则无法解读。近数十年来，这个领域已经扩展到涵盖身份认证（或称鉴别）、信息完整性检查、数字签名、互动证明、安全多方计算等各类技术。

3.1.1　密码学基本概念

密码学（cryptology）是研究编制密码和破译密码的技术科学。研究密码变化的客观规律，应用于编制密码以保守通信秘密的，称为编码学；应用于破译密码以获取通信情报的，称为破译学，二者总称密码学。

采用密码方法可以隐蔽和保护需要保密的消息，使未授权者不能提取信息，被隐蔽的消息称作明文（plaintext），密码可将明文变换成另一种隐蔽形式，称为密文（ciphertext）。这种变换称为加密（encryption）。其逆过程，从密文恢复出明文的过程称为解密（decryption）。对明文进行加密时采用的一组规则称为加密算法，对密文解密时采用的一组规则称为解密算法。加密算法和解密算法通常都是在一组密钥（key）控制下进行的，分别称为加密密钥和解密密钥。若采用的加密密钥和解密密钥相同，或者实际上等同，即从一个易于得出另一个，称为单钥或对称密码体制。若加密密钥和解密密钥不相同，从一个难以推出另一个，则称双钥或公开密码体制。密钥是密码体制安全保密的关键，它的产生和管理是密码学中重要的研究课题。

一个密码通信系统可以用图 3-1 表示。

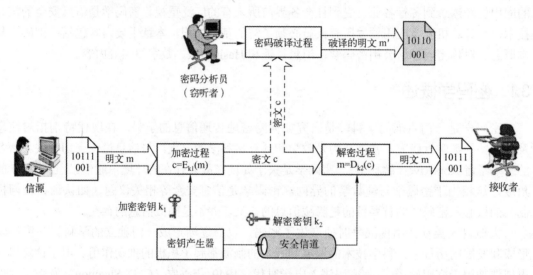

图 3-1　密码系统模型

它由几部分组成：明文消息空间 M；密文消息空间 E；密钥空间 K_1 和 K_2，单钥体制下 $K_1=K_2=K$，此时密钥 K 需经过安全的密钥信道由发送方传给接收方。

对于给定明文消息 $m \in M$，密钥 $k_1 \in K$，加密变换将明文 m 变换为密文 c。

$$c=f(m, k_1)=E_k(m) \qquad m \in M,\ k_1 \in K_1$$

接收方通过利用安全信道送来的密钥 k（单钥体制下）或利用解密密钥（双钥体制下）控制解密操作 D，对收到的密文进行变换得到明文消息 m。

$$m==D_{k2}(c) \qquad m \in M,\ k_2 \in K_2$$

而密码分析者，则利用其选定的变换函数 h，对截获的密文 c 进行变换，得到的明文是明文空间的某个元素 m'。

$$m'=h(c) \qquad m' \in M,\ 一般\ m' \neq m$$

为了维护信息的保密性，抗击密码分析，保密系统应当满足下述要求。

① 系统即使达不到理论上的不可破译，也应当达到在实际上的不可破译。也就是说，从截获的密文或某些已知明文密文对，来获取密钥或任意明文在计算上是不可行的。

② 系统的保密性不依赖于对加密体制或算法的保密，而依赖于密钥。

③ 加密算法和解密算法适用于所有密钥空间中的元素。

④ 系统便于实现和使用方便。

3.1.2　密码体制和密码协议

密码体制就是完成加密和解密的算法。通常，数据的加密和解密过程是通过密码体制和密钥来控制的。密码体制必须易于使用，密码体制的安全性依赖于密钥的安全性，现代密码学不追求加密算法的保密性，而是追求加密算法的完备，即攻击者在不知道密钥的情况下，没有办法通过算法找到突破口。

密码协议是建立在密码体制基础上的一种交互通信协议，它运行在计算机通信网或分布式系统中，借助于密码算法来达到密钥分配、身份认证等目的。目前密码协议已广泛应用于计算机通信网与分布式系统中。

1．密码体制的组成

密码体制就是完成加密和解密的算法。通常，数据的加密和解密过程是通过密码体制和密钥来控制的。密码体制必须易于使用，密码体制的安全性依赖于密钥的安全性，系统的保密性不依赖于对加密算法的保密，而依赖于密钥。密码体制由明文信源、密文、密钥、加密算法、解密算法五个基本要素构成，一个完善的密码体制必须遵循以下原则。

（1）安全性原则

密码体制的安全性原则也称为不可破译原则，它包含理论上不可破译和实际上不可破译两重含义。所谓理论上不可破译，就是指密钥的变化量是一个无穷大量，无论用任何算法均无法破译。这样的密码体制实际上是一种理想的密码体制，在实际应用中往往是无法实现的。因此实际使用的都是"实际上不可破译"的密码体制，它提供计算上的安全性。比如，这样的密码体制须保证：

① 破译该体制所需要的实际计算量（时间和费用）远远超出了现有的资源和能力，以至于实际上不可行；

② 破译该体制所需要的时间超过了体制所保护的信息的有效时间；

③ 破译该体制所需要的费用超过了体制所保护的信息的价值。

（2）协议匹配原则

密码体制所对应的密码协议必须与计算机和通信系统的通信协议相匹配，也就是说密码体制不可能孤立存在，它总是要嵌入到具体的通信系统或应用系统中。

（3）实用性原则

密码设备或密码系统总是依附于通信系统或保密系统的，所以为其所付出的费用应当与整个保密系统的总费用比例适当，一般不超过设备总费用的 10%。此外，密码设备应当是轻便的，比如插于计算机内的一个加密板或芯片。

（4）简单性原则

密码设备中的加密、解密和生成密钥的操作不应当过于复杂，一般要求非专业密码人员经过简单训练即可熟练掌握。

2．密码体制数据变换的基本模式

通常的密码体制采用置换法、替代法和代数方法来进行加密和解密的变换，可以采用一种或几种方法结合的方式作为数据变换的基本模式，下面举例说明。

置换法（换位密码）是将明文字母互相换位，明文的字母保持相同，但顺序被打乱了。例如"help me"变成"ehpl em"（以两个字母为单位，从后向前倒写一遍）。

替代法（代换密码）就是明文中每一个字符被替换成密文中的另一个字符，代替后的各字母保持原来位置。对密文进行逆替换就可恢复出明文。例如"fly at once"变成"gmz bu podf"（每个字母用下一个字母取代）。

3. 密码体制的技术分类

密码体制分为对称密码体制（传统密码技术）和非对称密码体制（公开密钥加密技术）。

（1）对称密码体制

对称密码体制是一种传统密码体制。在对称加密系统中，加密和解密采用相同的密钥。因为加解密密钥相同，需要通信的双方必须选择和保存他们共同的密钥，各方必须信任对方不会将密钥泄密出去，这样就可以实现数据的机密性和完整性。对于具有 n 个用户的网络，需要 $n(n-1)/2$ 个密钥，在用户群不是很大的情况下，对称加密系统是有效的。但是对于大型网络，当用户群很大、分布很广时，密钥的分配和保存就成了问题。对称密码算法的优点是计算开销小，加密速度快，是目前用于信息加密的主要算法。它的局限性在于存在通信的双方之间确保密钥安全交换的问题。此外，若与 n 个对象进行通信，它就要维护 n 个专用密钥。

（2）非对称密码体制

非对称密码体制也叫作公钥加密技术，该技术是针对私钥密码体制的缺陷而提出来的。在公钥加密系统中，加密和解密是相对独立的，加密和解密会使用两把不同的密钥，加密密钥（公开密钥）向公众公开，谁都可以使用，解密密钥（秘密密钥）只有解密人自己知道，非法使用者根据公开的加密密钥无法推算出解密密钥，故其可称为公钥密码体制。如果一个人选择并公布了他的公钥，另外任何人都可以用这一公钥来加密传送消息给那个知道解密密钥的人。私钥是秘密保存的，只有私钥的所有者才能利用私钥对密文进行解密。公钥密码体制的算法中最著名的代表是 RSA 系统。公钥密钥的密钥管理比较简单，并且可以方便地实现数字签名和验证，但算法复杂，加密数据的速率较低。公钥加密系统不存在对称加密系统中密钥的分配和保存问题，对于具有 n 个用户的网络，仅需要 $2n$ 个密钥。公钥加密系统除了用于数据加密外，还可用于数字签名。

4. 密码分析与密码攻击

密码分析（cryptanalysis）是指虽然不知道系统所用的密钥，但通过分析可能从截获的密文推断出原来的明文的过程。从事这一工作的人称作密码分析员或密码分析者（cryptanalyst）。密码攻击可分为被动攻击和主动攻击。

被动攻击（passive attack）：对一个密码系统采取截获密文进行分析。

主动攻击（active attack）：非法入侵者（tamper）主动向系统窜扰，采用删除、更改、增添、重放、伪造等手段向系统注入假消息，以达到损人利己的目的。

根据密码分析者破译时已具备的前提条件，通常人们将攻击类型分为四种，攻击类型的强度由低到高依次为：唯密文攻击、已知明文攻击、选择明文攻击、选择密文攻击。如果一个密码系统能抵抗选择明文攻击，那么它当然能够抵抗唯密文攻击和已知明文攻击。

唯密文攻击（ciphertext-only attack）：密码分析者有一个或多个用同一密钥加密的密文，通过对这些截获的密文进行分析得出明文或密钥。

已知明文攻击（known plaintext attack）：除待解的密文外，密码分析者还知道密文对应的部分明文。

选择明文攻击（chosen plaintext attack）：密码分析者可以得到所需要的任何明文所对应的密文，这些密文与待解的密文是用同一密钥加密得来的。

选择密文攻击（chosen ciphertext attack）：密码分析者可得到所需要的任何密文所对应的明文（这些明文可能是不大明了的），解密这些密文所使用的密钥与解密待解的密文的密钥是一样的。

5. 密码体制的安全性

评价密码体制的安全性有不同的途径，包括无条件安全（unconditionally secure）、可证明安全性（provable security）、计算上安全（computationally secure）。

无条件安全：无论破译者有多少密文，他也无法解出对应的明文。即使他解出了，也无法验证结果的正确性。

可证明安全性：如果能证明挫败一个密码学方法与某个著名的困难问题（如整数素因子分解、计算机离散对数）的困难程度相同，则称这个密码学方法是可证明安全的。

计算上安全：破译的代价超出信息本身的价值或者破译的时间超出了信息的有效期。

3.1.3　密码学发展历史

密码学是一个既古老又新兴的学科。1967 年，美国学者戴维·卡恩（David Kahn）出版了他的名著《破译者》。书中提到："人类使用密码的历史几乎与使用文字的时间一样长。"说到老，古代交战双方就发展了密码学；说到新，直到 1976 年，美国密码学家迪菲（Diffie）和赫尔曼（Hellman）发表了文章"密码学的新方向"，才标志着现代密码学的开始。我们通常把密码学的发展划分为三个阶段。

1. 第一阶段为从古代到 1949 年

大约在公元前 700 年，古希腊军队用一种叫作 Scytale 的圆木棍来进行保密通信。其使用方法是：把长带子状羊皮纸缠绕在圆木棍上，然后在上面写字；解下羊皮纸后，上面只有杂乱无章的字符，只有再次以同样的方式缠绕到同样粗细的棍子上，才能看出所写的内容，见图 3-2。这种 Scytale 圆木棍也许是人类最早使用的文字加密解密工具，据说主要是古希腊城邦中的斯巴达人（Sparta）在使用它，所以又被叫作"斯巴达棒"。

图 3-2　斯巴达棒密码

斯巴达棒的加密原理属于密码学中的"换位法"（Transition）加密，因为它通过改变文本中字母的阅读顺序来达到加密的目的。

公元前 1 世纪，古罗马皇帝恺撒曾使用有序的单表代替密码；之后逐步发展为密本、多表代替及加乱等各种密码体制。

1834 年，伦敦大学的实验物理学教授惠斯顿发明了电动机，这是通信向机械化、电气化跃进的开始，也为密码通信能够采用在线加密技术提供了前提条件。

1920 年，美国电报电话公司的弗纳姆发明了弗纳姆密码。其原理是利用电传打字机的五单位码与密钥字母进行模 2 相加。例如，若信息码（明文）为 11010，密钥码为 11101，则模 2 相加得 00111 即为密文码。接收时，将密文码再与密钥码模 2 相加得信息码（明文）11010。这种密码结构在今天看起来非常简单，但由于这种密码体制第一次使加密由原来的手工操作变为由电子电路来实现，而且加密和解密可以直接由机器来实现，因而在近代密码学发展史上占有重要地位。随后，美国人摩波卡金在这种密码基础上设计出一种一次一密体制。

2. 第二阶段为从 1949 年到 1975 年

1949 年出版的香农的著作《保密系统的通信理论》，为近代密码学建立了理论基础。从 1949 年到 1967 年，密码学文献近乎空白。许多年，密码学是军队独家专有的领域。美国国家安全局以及苏联、英国、法国、以色列及其他国家的安全机构已将大量的财力投入到加密自己的通信、同时又千方百计地去破译别人的通信的残酷游戏之中，面对这些政府，个人既无专门知识又无足够财力保护自己的秘密。

1967 年，戴维·卡恩的《破译者》的出现，对以往的密码学历史作了相当完整的记述。《破译者》的意义不仅在于涉及相当广泛的领域，而且在于它使成千上万的人了解了密码学。

3. 第三阶段为从 1976 年至今

由于受历史的局限，20 世纪 70 年代中期以前的密码学研究基本上是秘密进行的，而且主要应用于军事和政府部门。密码学的真正蓬勃发展和广泛应用是从 20 世纪 70 年代中期开始的。1977 年美国国家标准局颁布了数据加密标准 DES 用于非国家保密机关。该系统完全公开了加密、解密算法。此举突破了早期密码学信息保密的单一目的，使得密码学在商业等民用领域内得到广泛应用，从而给这门学科以巨大的生命力。

1976 年，美国密码学家迪菲和赫尔曼在《密码学的新方向》一文中提出了一个崭新的思想，不仅加密算法本身可以公开，甚至加密用的密钥也可以公开，但这并不意味着保密程度的降低。因为如果加密密钥和解密密钥不一样，而将解密密钥保密就可以，这就是著名的公钥密码体制。若存在这样的公钥体制，就可以将加密密钥像电话簿一样公开。任何用户若想给其他用户传送一加密信息时，就可以从这本密钥簿中查到该用户的公开密钥，用它来加密，而接收者能用只有他才有的解密密钥得到明文，任何第三者不能获得明文。

1978 年，由美国麻省理工学院的里维斯特、沙米尔和阿德曼提出了 RSA 公钥密码体制，它是第一个成熟的、迄今为止理论上最成功的公钥密码体制。

3.2　对称密码体制

对称密码算法有时又叫作传统密码算法，就是加密密钥能够从解密密钥中推算出来，反过来也成立。在大多数对称算法中，加密解密密钥是相同的。这些算法也叫作秘密密钥算法或单密钥算法，它要求发送者和接收者在安全通信之前，商定一个密钥。对称算法的安全性依赖于密钥，泄露密钥就意味着任何人都能对消息进行加密解密。只要通信需要保密，密钥就必须保密。

对称密码的类型可分为分组密码或序列密码，分组密码将定长的明文块转换成等长的密文。这一过程在密钥的控制之下，使用逆向变换和同一密钥来实现解密。对于当前的许多分组密码，分组大小是 64 位或 128 位。明文消息通常要比特定的分组大小长得多，而且使用不同的技术或操作方式。分组密码包括 DES、IDEA、3DES、AES、SAFER、Blowfish 等。

对称密码术的优点在于效率高（加、解密速度能达到数十 Mbps 或更多），算法简单，系统开销小，适合加密大量数据。

尽管对称密码术有一些很好的特性，但它也存在以下明显的缺陷。

① 进行安全通信前，需要以安全方式进行密钥交换。这一步骤在某种情况下是可行的，但在某些情况下会非常困难，甚至无法实现。

② 规模复杂。举例来说，A 与 B 两人之间的密钥必须不同于 A 和 C 两人之间的密钥，否则给 B 的消息的安全性就会受到威胁。在有 1 000 个用户的团体中，A 需要保持至少 999 个密钥（更确切地说是 1000 个，如果他需要留一个密钥给他自己加密数据）。对于该团体中的其他用户，此种情况同样存在。这样，这个团体一共需要将近 50 万个不同的密钥！因此，n 个用户的团体至少需要 $n×n/2$ 个不同的密钥。

3.2.1　序列密码

序列密码每次加密一位或一个字节的明文。具体而言，首先选择一个随机位串作为密钥，然后将明文转变成一个位串，比如使用明文的 ASCII 表示法。最后，逐位计算这两个串的异或值，结果得到的密文不可能被破解，因为即使有了足够数量的密文样本，每个字符出现的概率都是相等的，每任意个字母组合出现的概率也是相等的。这种方法被称为"一次一密"，信息论的创始人香农论证了只有这一种密码算法是理论上不可解的。序列密码通过伪随机序列加密信息流（逐比特加密）得到密文序列（见图 3-3），所以，序列密码算法的安全强度的大小完全决定于它所产生的伪随机序列的好坏。

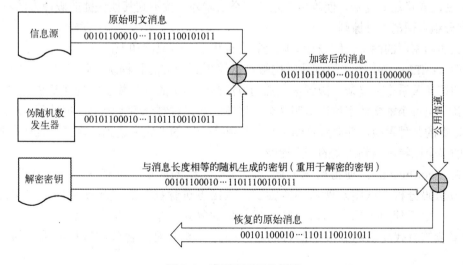

图 3-3　序列密码工作原理

与分组密码相比，序列密码可以非常快速，但是某些时候分组密码（如 CFB 或 OFB 中的 DES）也可以像序列密码一样有效地运作。序列密码应用于由若干位组成的一些小型组，通常把称为密钥流的一个位序列作为密钥，并对它们进行逐位进行"异或"运算。

3.2.2　分组密码设计的一般原理

1．分组密码简介

分组密码是将明文消息编码而成的数字（简称明文数字）序列，划分成长度为 n 的组（可看成长度为 n 的矢量），每组分别在密钥的控制下变换成等长的输出数字（简称密文数字）序列。分组密码的模型如图 3-4 所示。

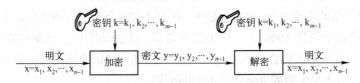

图 3-4　分组密码的模型

分组密码算法实际上就是在密钥控制下，通过某个置换来实现对明文分组的加密变换。为了保证密码算法的安全强度，对密码算法的要求如下。

① 分组长度足够大。当分组长度较小时，分组密码类似于古典的代替密码，它仍然保留了明文的统计信息，这种统计信息将给攻击者留下可乘之机，攻击者可以有效地穷举明文空间，得到密码变换本身。

② 密钥量足够大。分组密码的密钥所确定密码变换只是所有置换中极小一部分。如果这一部分足够小，攻击者可以有效地由穷举明文空间确定的所有置换。这时，攻击者就可以对密文进行解密，以得到有意义的明文。

③ 密码变换足够复杂。使攻击者除了穷举法以外，找不到其他快捷的破译方法。

2．分组密码的设计原则

有关实用密码的两个一般设计原则是香农提出的扩散原则和混乱原则。

扩散（diffusion）：明文的统计结构被扩散消失到密文的长程统计特性，使得明文和密文之间的统计关系尽量复杂，做到这一点的方法是让明文的每个数字影响许多密文数字的取值，也就是说每个密文数字被许多明文数字影响。在二进制分组密码中，扩散可以通过重复使用对数据的某种置换，并对置换结果再应用某个函数的方式来达到，这样做就使得明文不同位置的多个比特影响到密文的一个比特。

混乱（confusion）：使得密文的统计特性与密钥的取值之间的关系尽量复杂。它是为了挫败密码分析者试图发现密钥的尝试。攻击者进行扰乱后，即使掌握了密文的某些统计特性，由于使用密钥产生密文的方式是如此复杂，也很难从中推测出密钥。可以采用一个复杂的替代算法达到混乱的目的。Feistel 结构就是用替代和置换的乘积的方式构造密码。

3. 分组密码整体结构

目前分组密码所采用的整体结构可分为 Feistel 结构（如 CAST—256、DEAL、DFC、E2 等）、SP 网络（如 Safer+、Serpent 等）及其他密码结构（如 Frog 和 HPC）。

Feistel 结构如图 3-5 所示，Feistel 的解密过程与其加密过程实质是相同的。解密的规则如下：以密文作为算法的输入，以相反的次序使用了密钥 K_i，即第　轮使用 K_n，最后　轮使用 K_i。加解密相似是 Feistel 型密码的一个实现优点，但它在密码的扩散方面似乎有些慢，例如需要两轮才能改变输入的每一个比特。

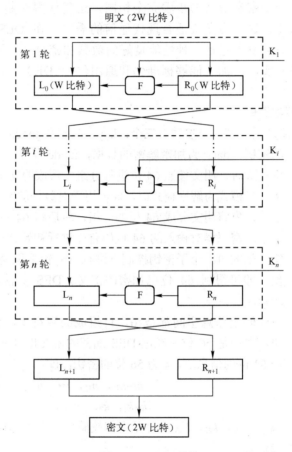

图 3-5　Feistel 结构

SP 的网络结构非常清晰，S 一般被称为混乱层，主要起混乱作用；P 一般被称为扩散层，主要起扩散作用。在明确 S 和 P 的某些密码指标后，设计者能估计 SP 型密码抵抗差分密码分析和线性密码分析的能力。SP 网络和 Feistel 网络相比，可以得到更快速的扩散，但是 SP 密码的加/解密通常不相似。

3.2.3　数据加密标准

1. 数据加密标准简介

1973 年，美国国家标准局意识到迫切需要建立数据保护的标准，于是开始征集联邦数据加密标准的方案。1975 年 3 月 17 日，美国国家标准局公布了 IBM 公司提供的密码算法，以标准建议的形式在全国范围内征求意见。经过两年多的公开讨论之后，1977 年 7 月 15 日，美国国家标准局宣布接受这个密码算法，作为联邦信息处理数据加密标准（data encryption standard，DES），正式颁布，供商业界和非国防性政府部门使用。

DES 是一种对称密码体制，它所使用的加密和解密密钥是相同的，是一种典型的按分组方式工作的密码。其基本思想是将二进制序列的明文分成每 64 位一组，用长为 64 位的密钥对其进行 16 轮代换和换位加密，最后形成密文。DES 的巧妙之处在于，除了密钥输入顺序之外，其加密和解密的步骤完全相同，这就使得在制作 DES 芯片时，易于做到标准化和通用化，这一点尤其适合现代通信的需要。在 DES 出现以后，经过许多专家学者的分析论证，发现它是一种性能良好的数据加密算法，不仅随机特性好，线性复杂度高，而且易于实现，加上能够标准化和通用化，DES 在国际上得到了广泛的应用。

2．DES 加密、解密原理

DES 工作的基本原理是，其入口参数有三个：key、data 和 mode。key 为加密解密使用的密钥，data 为加密解密的数据，mode 为其工作模式。当模式为加密模式时，明文按照 64 位进行分组，形成明文组，key 用于对数据加密，当模式为解密模式时，key 用于对数据解密。DES 的过程是：加密前，先将明文分成 64 位的分组，然后将 64 位二进制码输入到密码器中。密码器对输入的 64 位码首先进行初始置换，然后在 64 位主密钥产生的 16 个子密钥控制下进行 16 轮乘积变换，接着再进行末置换，即可得到 64 位已加密的密文。DES 算法的主要步骤如图 3-6 所示。

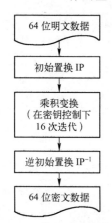

图 3-6　DES 算法框图

假定信息空间都是 {0，1} 组成的字符串，信息被分成 64 位的块，密钥是 56 位。经过 DES 加密的密文也是 64 位的块。设 m 是一个 64 位的信息块，k 为 56 位的密钥，即

$$m=m_1, m_2, \cdots, m_{64}$$
$$k=k_1, k_2, \cdots, k_{64}$$

其中 k_8，k_{16}，k_{24}，k_{32}，k_{40}，k_{48}，k_{56}，k_{64} 是奇偶校验位。真正起作用的密钥仅 56 位。下面介绍 DES 各部分的细节。

（1）初始置换 IP

将 64 个明文比特的位置进行置换，得到一个乱序的 64 位明文组，然后分成左右两段，每段为 32 位，以 L_0 和 R_0 表示，如图 3-7 所示。

由图可知，IP 中各列元素位置号数相差为 8，相当于将原明文各字节按列写出，各列比特经过偶采样和奇采样置换后，再对各行进行逆序，然后将阵中元素按行读出。

例如，输入：

$m=m_1, m_2, \cdots, m_{64}$

输出：

$IP(m)= m_{58}, m_{50}, m_{42}, \cdots, m_{15}, m_7$

（2）逆初始置换 IP^{-1}

将 16 轮迭代后给出的 64 位组进行置换，得到输出的密文组，如图 3-8 所示。输出结果为阵中元素按行读的结果。注意到 IP 中的第 58 位正好是 1，也就是说在 IP 的置换下第 58 位换为第 1 位，同样，在 IP 的置换下，应将第 1 位换回第 58 位，依次类推。由此可见，输入组 m 和 IP（IP(m)）是一样的。IP 和 IP^{-1} 在密码上的意义不大，它的作用在于打乱原来输入 m 的 ASCII 码字划分关系。

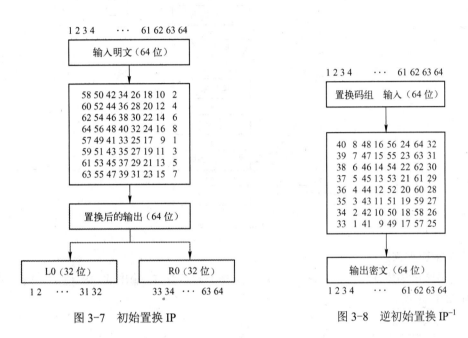

图 3-7　初始置换 IP　　　　　　　图 3-8　逆初始置换 IP^{-1}

（3）乘积变换 T

乘积变换 T 是 DES 算法的核心部分。如图 3-9 所示，将经过 IP 置换后的数据分成 32 位左右两组，在迭代过程中彼此左右交换位置。每次迭代只对右边的 32 位进行一系列的加密变换，在次轮迭代即将结束时，把左边的 32 位与右边的 32 位诸位模 2 相加，作为下一轮迭代时右边的段，并将原来右边的未经变换的段直接送到左边的寄存器中作为下一轮迭代时左边的段。在每一轮迭代时，右边的段要经过选择扩展运算 E，密钥加密运算，选择压缩运算 S，置换运算 P 和左右混合运算。

（4）选择扩展运算 E

这个运算将数据的右半部分 R_i 从 32 位扩展到了 48 位。由于这个运算改变了位的次序，重复了某些位，故被称为扩展置换。其变换表在图 3-10 中给出。令 s 表示 E 输入的下标，则 E 的输出将是对原下标 $s \equiv 0$ 或 $1 \pmod 4$ 的各比特重复一次得到的。即对原第 32，1，4，5，8，9，12，13，16，17，20，21，24，25，28，29 各位重复一次得到的数据扩展。将表中数据按行读出即得到 48 位输出。

这个操作有两个目的：产生了与密钥同长度的数据以进行异或运算；提供了更长的结果，使得在替代运算时能进行压缩。

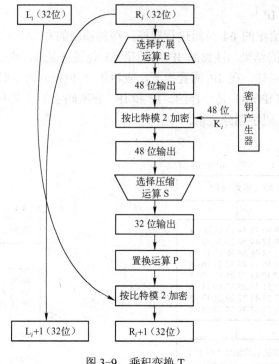

图 3-9　乘积变换 T

（5）密钥加密运算

将子密钥产生器输出的 48 位子密钥与选择扩展运算 E 输出的 48 位数据按位模 2 相加，如图 3-11 所示。

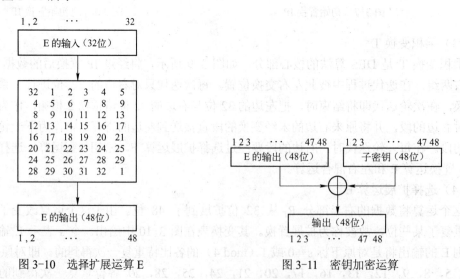

图 3-10　选择扩展运算 E　　　　　图 3-11　密钥加密运算

（6）选择压缩运算 S

将前面送来的 48 位数据自左至右分成 8 组，每组 6 位。然后并行送入 8 个 S 盒，每个 S 盒为一非线性代换网络，有 4 个输出。盒 S_1 至 S_8 的选择函数关系如表 3-1 所示。运算 S 的框图在图 3-12 中给出。

表 3-1 DES 的选择压缩函数表

列\行	0	1	2	3	4	5	6	7	8	9	10	11	12	13	14	15	
0	14	4	13	1	2	15	11	8	3	10	6	12	5	9	0	7	
1	0	15	7	4	14	2	13	1	10	6	12	11	9	5	3	8	S_1
2	4	1	14	8	13	6	2	11	15	12	9	7	3	10	5	0	
3	15	12	8	2	4	9	1	7	5	11	3	14	10	0	6	13	
0	15	1	8	14	6	11	3	4	9	7	2	13	12	0	5	10	
1	3	13	4	7	15	2	8	14	12	0	1	10	6	9	11	5	S_2
2	0	14	7	11	10	4	13	1	5	8	12	6	9	3	2	15	
3	13	8	10	1	3	15	4	2	11	6	7	42	0	5	14	9	
0	10	0	9	14	6	3	15	5	1	13	12	7	11	4	2	8	
1	13	7	0	9	3	4	6	10	2	8	5	14	12	11	15	1	S_3
2	13	6	4	9	8	15	3	0	11	1	2	12	5	10	14	7	
3	1	10	13	0	6	9	8	7	4	15	14	3	11	5	2	12	
0	7	13	14	3	0	6	9	10	1	2	8	5	11	12	4	15	
1	13	8	11	5	6	15	0	3	4	7	2	12	1	10	14	9	S_4
2	10	6	9	0	12	11	7	13	15	1	3	14	5	2	8	4	
3	3	15	0	6	10	1	13	8	9	4	5	11	12	7	2	14	
0	2	12	4	1	7	10	11	6	8	5	3	15	13	0	14	9	
1	14	11	2	12	4	7	13	1	5	0	15	10	3	9	8	6	S_5
2	4	2	1	11	10	13	7	8	15	9	12	5	6	3	0	14	
3	11	8	12	7	1	14	2	13	6	15	0	9	10	4	5	3	
0	12	1	10	15	9	2	6	8	0	13	3	4	14	7	5	11	
1	10	15	4	2	7	12	9	5	6	1	13	14	0	11	3	8	S_6
2	9	14	15	5	2	8	12	3	7	0	4	10	1	13	11	6	
3	4	3	2	12	9	5	15	10	11	14	1	7	6	0	8	13	
0	4	11	2	14	15	0	8	13	3	12	9	7	5	10	6	1	
1	13	0	11	7	4	9	1	10	14	3	5	12	2	15	8	6	S_7
2	1	4	11	13	12	3	7	14	10	15	6	8	0	5	9	2	
3	6	11	13	8	1	4	10	7	9	5	0	15	14	2	3	12	
0	13	2	8	4	6	15	11	1	10	9	3	14	5	0	12	7	
1	1	15	13	8	10	3	7	4	12	5	6	11	0	14	9	2	S_8
2	1	11	4	1	9	12	14	2	0	6	10	13	15	3	5	8	
3	2	1	14	7	1	10	7	13	15	12	9	0	3	5	6	11	

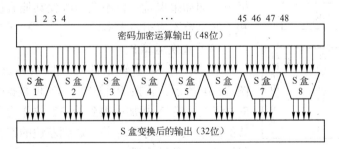

图 3-12 运算 S 的框图

8 个 S 盒用于将 6 位的输入映射为 4 位的输出。

下面以 S_1 盒为例说明具体变换过程。

若输入为 $b_1b_2b_3b_4b_5b_6$，其中 b_1b_6 两位二进制数表示 0～3 之间的某个数，$b_2b_3b_4b_5$ 四位二进制数表示 0～15 之间的某个数。在表 3-1 中，S_1 盒的 b_1b_6 行 $b_2b_3b_4b_5$ 列对应

一个数 m，0≤m≤15，若 m 用二进制表示为 $m_1m_2m_3m_4$，则 $m_1m_2m_3m_4$ 便是它的 4 位输出。

例如，输入为 101100，b_1b_6 =10=2，$b_2b_3b_4b_5$=0110=6，即在 S_1 盒中的第 2 行第 6 列求得数 2，所以它的 4 位输出为 0010，如图 3-13 所示。

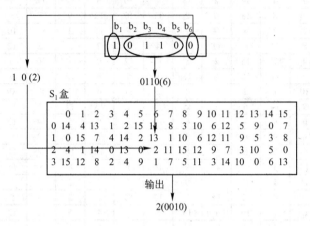

图 3-13　S 盒变换

S 盒是 DES 的核心，也是 DES 算法最敏感的部分，其设计原理至今仍讳莫如深，显得非常神秘——所有的替换都是固定的，但是又没有明显的理由说明为什么要这样。有许多密码学家担心美国国家安全局在设计 S 盒时隐藏了某些"陷门"，使得只有他们才可以破译算法，但在研究中并没有找到其弱点。

美国国家安全局曾透露了 S 盒的几条设计准则。

① 所有的 S 盒都不是它输入的线性函数。换句话说，就是没有一个线性方程能将四个输出比特表示成六个输入比特的函数。

② 改变 S 盒的 1 位输入，输出至少改变 2 位。这意味着 S 盒是经过精心设计的，它在最大程度上增大了扩散量。

③ S 盒的任意一位输出保持不变时，0 和 1 的个数之差极小。即如果保持一位不变而改变其他五位，那么其输出 0 和 1 的个数不应相差太多。

（7）置换运算 P

对 S_1 至 S_8 盒输出的 32 位数据进行坐标变换。如图 3-14 所示。置换 P 输出的 32 位数据与左边 32 位（即 R_{i-1} 诸位）模 2 相加所得到的 32 位作为下一轮迭代用的右边的数字段，并将 R_{i-1} 并行送到左边的寄存器作为下一轮迭代用的左边的数字段。

（8）子密钥产生器

将 64 位初始密钥经过置换选择 PC-1、循环移位置换、置换选择 PC-2，产生 16 次迭代所需的子密钥 K_i，参看图 3-15。

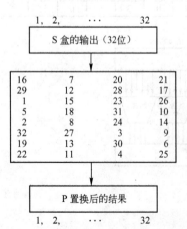

图 3-14　置换运算 P

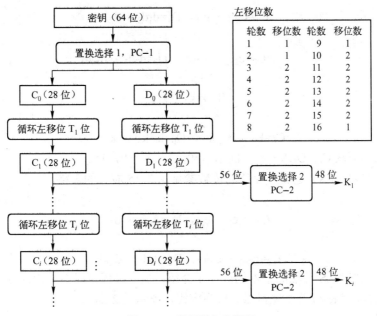

图 3-15　子密钥产生框图

在 64 位初始密钥中有 8 位为校验位，其位置号为 8，16，24，32，48，56 和 64。其余 56 位为有效位，用于子密钥计算。将这 56 位送入置换选择 PC-1，参看图 3-16。经过坐标置换后分为两组，每组为 28 位，分别送入 C 寄存器和 D 寄存器中。在各次迭代中，C 和 D 寄存器分别将存数进行左循环移位置换。每次移位后，将 C 和 D 寄存器的存数送给置换选择 PC-2，参看图 3-17。置换选择 PC-2 将 C 中第 9，18，22，25 位和 D 中第 7，10，15，26 位删去，并将其余数字置换位置后送出 48 位数字作为第 i 次迭代时所用的子密钥。

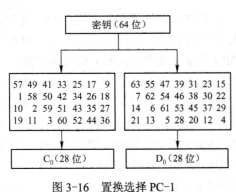

图 3-16　置换选择 PC-1

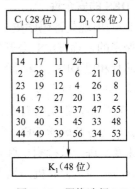

图 3-17　置换选择 PC-2

例如：

$$k=k_1k_2\cdots k_{64}$$

则

$$C_0=k_{57}k_{49}\cdots k_{36} \qquad D_0=k_{63}k_{55}\cdots k_{12}k_4$$

下面介绍如何从 C_i、D_i 求 C_{i+1}、D_{i+1}，$i=0$，1，2，…，15。

首先要作左移（LS）运算，左移的位数见图 3-15 右上的表格。

例如，设

$$C_1 = c_1 c_2 \cdots c_{28}, \quad D_1 = d_1 d_2 \cdots d_{28}$$

则

$$C_2 = c_2 c_3 \cdots c_{28} c_1, \quad D_2 = d_2 d_3 \cdots d_{28} d_1$$

例如：

$$k = k_1 k_2 \cdots k_{64}$$

则

$$C_0 = k_{57} k_{49} \cdots k_{36}, \quad D_0 = k_{63} k_{55} \cdots k_{12} k_4$$

下面介绍如何从 C_i、D_i 求 C_{i+1}、D_{i+1}，$i=0$，1，2，…，15。

首先要作左移（LS）运算，左移的位数参见图 3-15 右上的表格。

例如，设

$$C_1 = c_1 c_2 \cdots c_{28}, \quad D_1 = d_1 d_2 \cdots d_{28}$$

则

$$C_2 = c_2 c_3 \cdots c_{28} c_1, \quad D_2 = d_2 d_3 \cdots d_{28} d_1$$

至此，已经将 DES 算法的基本构成作了介绍，加密过程可以归纳为：令 IP 表示初始置换，i 为迭代次数变量，f 为加密函数，k_i 为密钥，表示模 2 加。

加密过程：

$$L_0 R_0 \leftarrow IP \text{（64 位输入码组）}$$
$$L_i \leftarrow R_{i-1} \qquad\qquad i=1,\ 2,\ \cdots,\ 16$$
$$R_i \leftarrow L_{i-1} \oplus f(R_{i-1},\ k_i) \qquad i=1,\ 2,\ \cdots,\ 16$$
$$\text{（64 位密文）} \leftarrow IP^{-1}(L_{16} R_{16})$$

DES 的解密过程和加密过程相似，区别仅仅在于第一次迭代时用子密钥 K_{16}，第二次用 K_{14}，……最后一次用 K_1，算法本身并没有任何变化。

3. DES 的安全性

DES 的出现是密码学史上的一个创举。以前任何设计者对于密码体制及其设计细节都是严加保密的，而 DES 公开发表，任何人都可以研究和分析，无须经过许可就可以制作 DES 的芯片和以 DES 为基础的保密设备。DES 的安全性完全依赖于所用的密钥。

自从 DES 问世至今，尽管一开始人们对它有很多的担心和争议，许多人对它进行各种各样的研究攻击，但仍没有人真正地破译它。从目前的成果来看，除了穷举搜索攻击之外，就没有更好的方法破译 DES 了。而 56 位长的密钥的穷举空间为 256，这意味着如果一台计算机的速度是每一秒检测一百万个密钥，则它搜索完全部密钥则需要将近 2285 年的时间。但对于目前超高速计算机，强力猜测 DES 密钥仅需几十分钟的时间，DES 的安全性已不能满足现代加密的需要。2000 年美国政府宣布用新的加密算法 AES 取代 DES。尽管 DES 已经从标准上被废除，但是依然很流行（其变形三重 DES 仍然相当安全）。

3.2.4 AES 加密算法

1997 年 4 月 15 日，（美国）国家标准技术研究所（NIST）发起征集高级加密标准（advanced encryption standard，AES）的活动，目的是确定一个非保密的、可以公开技术细节的、全球免费使用的分组密码算法，作为新的数据加密标准。1997 年 9 月 12 日，美国联邦登记处公布了正式征集 AES 候选算法的通告。对 AES 的基本要求是：

① 比三重 DES 快；

② 至少与三重 DES 一样安全；

③ 数据分组长度为 128 位；

④ 密钥长度为 128/192/256 位。

1998 年 8 月 12 日，在首届 AES 会议上指定了 15 个候选算法。 1999 年 3 月 22 日第二次 AES 会议上，将候选名单减少为 5 个。2000 年 10 月 2 日，NIST 宣布了获胜者为 Rijndael 算法，2001 年 11 月出版了最终标准 FIPS PUB197。

1．AES 算法的优点

Rijndael 不属于 Feistel 结构，它采用的是代替/置换网络，使用的密钥和分组长度可以是 32 位元的整数倍，以 128 位为下限，256 位为上限。支持 128/192/256 (/32=Nb)位数据块大小与 128/192/256 (/32=Nk)密钥长度，有较好的数学理论作为基础，结构简单、速度快，依赖于分组长度 Nb、密钥长度 Nk，Rijndael 的迭代次数 Nr 见表 3-2。相比较而言，AES 的 128 位密钥比 DES 的 56 位密钥多 1022 倍。

表 3-2　分组长度、密钥长度、迭代次数对照表

Nr	Nb=4	Nb=6	Nb=8
Nk=4	10	12	14
Nk=6	12	12	14
Nk=8	14	14	14

AES 算法安全、性能、效率、易用和灵活，有以下两个主要的优点。

① 即使是纯粹的软件实现，AES 也是很快的。例如，用 C++在奔腾 200 的计算机上实现 AES，加密速度可达到 70 Mbps。AES 对内存需求非常低，使它更适用于一些受限环境中。

② DES 的 S 盒的选择是人为的，从而可能包含后门；而 AES 的 S 盒具有一定的代数结构，并且能够抗击差分密码分析及线性密码分析。

2．AES 算法的加密过程

AES 算法的总体结构如图 3-18 所示。

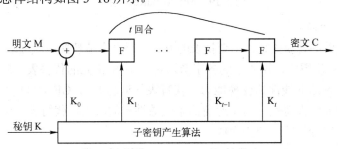

图 3-18　AES 算法的总体结构

AES 中的运算以字节为单位，把字节看作二元向量时，可以用 GF（2^8）中的多项式表示，一个字节 a=（a_7, a_6, a_6, a_5, a_4, a_3, a_2, a_1, a_0），$a_i \in \{0.1\}$，i=0,1,2,···,7，可以用 GF（2^8）中的多项式表示为：

$$a_7 x^7+a_6 x^6+a_5 x^5+a_4 x^4+a_3 x^3+a_2 x^2+a_1 x^1+a_0 x^0$$

AES 的加密过程是在一个 4×Nb（Nb 等于数据块长除以 32，标准 AES 为 4）的字节

矩阵上运作，这个矩阵又称为"状态（state）"，其初值就是一个明文区块（矩阵中一个元素大小就是明文区块中的一个 Byte）。加密时，各轮 AES 循环加密（除最后一轮外），其步骤包含：

① 子密钥加（AddRoundKey）：矩阵中的每一个字节都与该次循环的子密钥（round key）做 XOR 运算，每个子密钥由密钥生成方案产生。

② 字节代替（SubBytes）：透过一个非线性的替换函数，用查找表的方式把每个字节替换成对应的字节。

③ 行位移（ShiftRows）：将矩阵中的每个横列进行循环式移位。

④ 列混合（MixColumns）：使用线性转换来混合每行内的四个字节，目的是充分混合矩阵中的各个直行。

首先密钥 K_0 和待加密信息按位相与，然后所有要加密的分组都用一个轮函数 F 进行迭代计算，计算用的子密钥是由一个密钥扩展函数产生的，初始的密钥是主密钥。对于 AES 函数 F 要迭代 Nr 次。每轮包含以上 4 个步骤，最后一轮包含 3 个步骤。

（1）AddRoundKey 变换

矩阵中的每一个字节都与该次循环的子密钥（round key）做 XOR 运算，如图 3-19 所示。每个子密钥由 Rijndael 密钥生成方案产生。

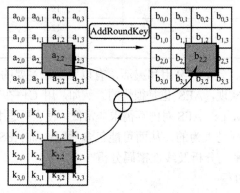

图 3-19　AddRoundKey 变换

（2）SubBytes 变换

透过一个非线性的替换函数，用查找表的方式把每个字节替换成对应的字节，如图 3-20 所示。在 SubBytes 步骤中，矩阵中的各字节透过一个 8 位元的代替表（S 盒）进行转换。这个步骤提供了加密法非线性的变换能力。代替表（S 盒）与 GF（28）上的乘法反元素有关，并具有良好的非线性特性。为了避免简单代数性质的攻击，代替表（S 盒）由乘法反元素和一个可逆的仿射变换矩阵建构而成。

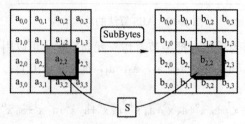

图 3-20　SubBytes 变换

（3）ShiftRows 变换

在 ShiftRows 变换中，矩阵中每一列的各个字节循环向左方位移，位移量则随着行数递增而递增。ShiftRows 是对矩阵的每一行就行操作（见图 3-21），在此步骤中，每一列都向左循环位移某个偏移量。在 AES 中（区块大小 128 位元），第一列维持不变，第二列里的每个字节都向左循环移动一格。同理，第三列及第四列向左循环位移的偏移量就分别是 2 和 3。128 位元和 192 位元的区块在此步骤的循环位移模式的模式相同。经过 ShiftRows 之后，矩阵中每一直行，都是由输入矩阵中的每个不同列中的元素组成。Rijndael 算法的版本中，偏移量和 AES 有少许不同；对于长度 256 位元的区块，第一列仍然维持不变，第二列、第三列、第四列的偏移量分别是 1 字节、2 字节、4 字节。除此之外，ShiftRows 操作步骤在 Rijndael 和 AES 中完全相同。

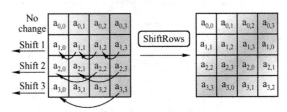

图 3-21　ShiftRows 变换

（4）MixColumns 变换

在 MixColumns 变换中，每个直行都在模 $M(x)=x^4+1$ 之下，和一个固定多项式 $c(x)$ 作乘法。在 MixColumns 步骤，每一直行的四个字节透过线性变换互相结合。每一直行的 4 个元素分别当作 1，x，x2，x3 的系数，合并即为 GF(28)中的一个多项式，接着将此多项式和一个固定的多项式 $c(x) = 3×3+x2+x+2$ 在模 $M(x)=x^4+1$ 下相乘，如图 3-22 所示。此步骤也可视为 Rijndael 有限域之下的矩阵乘法。MixColumns 函数接受 4 个字节的输入，输出 4 个字节，每一个输入的字节都会对输出的 4 个字节造成影响。因此 ShiftRows 和 MixColumns 两步骤为这个密码系统提供了扩散性。

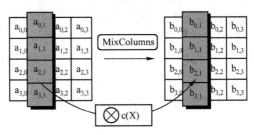

图 3-22　MixColumns 变换

MixColumns 为了充分混合矩阵中各个直行的操作，这个步骤使用线性转换来混合每行内的 4 个字节。

3.2.5　其他常用分组密码算法

1. 三重 DES

三重 DES 是 DES 向 AES 过渡的加密算法（1999 年，NIST 将三重 DES 指定为过渡的加密标准），是 DES 的一个更安全变形。它以 DES 为基本模块，通过组合分组方法设计出分组加密算法。其具体实现如下：设 $E_k()$ 和 $D_k()$ 代表 DES 算法的加密和解密过程，K 代表 DES 算法使用的密钥，P 代表明文，C 代表密文。

三重 DES 加密过程为：

$$C=E_{k1}(D_{k2}(E_{k1}(P)))$$

三重 DES 解密过程为：

$$P=D_{k1}((E_{k2}(D_{k1}(C)))$$

具体的加、解密过程如图 3-23 所示。

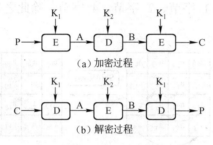

图 3-23　三重 DES

2. IDEA 加密算法

IDEA 是 international data encryption algorithm 的英文缩写，即国际数据加密算法，它的原型是 1990 年由瑞士联邦技术学院 X.J.Lai 和 Massey 提出的 PES。1992 年，Lai 和 Massey 对 PES 进行了改进和强化，产生了 IDEA。这是一个非常成功的分组密码，并且广泛地应用在安全电子邮件 PGP 中。

IDEA 加密算法是一个分组长度为 64 位的分组密码算法，密钥长度为 128 位，同一个算法既可用于加密，也可用于解密。这是基于"相异代数群上的混合运算"设计思想，算法运用硬件与软件实现都很容易，而且比 DES 算法在实现上快得多。

IDEA 自问世以来，已经经历了大量的详细审查，对密码分析具有很强的抵抗能力，在多种商业产品中被使用。密钥长度是 128 位，比 DES 长了两倍多，所以如果用穷举强行攻击，需要 2^{128} 次搜索才能获得密钥。如果可以设计一种每秒能搜索十亿次的芯片，并且采用十亿个芯片来并行处理，也要用上 10^{13} 年——比宇宙的年龄还要长。而对于其他攻击方式来说，由于此算法比较新，并且在设计时已经考虑到了如差分攻击等威胁，所以至今还未发现成功攻击 IDEA 的方法。从这点来看，IDEA 还是很安全的。

3.2.6　分组密码的运行模式

分组密码在加密时，明文分组的长度是固定的，而实际应用中待加密消息的数据量是不定的，数据格式可能是多种多样的。为了能在各种应用场合使用 DES，美国在 FIPS PUS 74 和 81 中定义了 DES 的 4 种运行模式：ECB、CBC、CFB 和 OFB。这些模式也可用于其他分组密码，下面以 DES 为例来介绍这 4 种模式。

1. 电子密码本模式 ECB

在电子密码本模式 ECB 中，一个明文分组加密成一个密文分组，相同的明文分组被加密成相同的密文分组。由于大多数消息并不是刚好分成 64 位（或者任意分组长）的加密分组，通常需要填充最后一个分组，为了在解密后将填充位去掉，需要在最后一分组的最后一字节中填上填充长度，如图 3-24 所示。

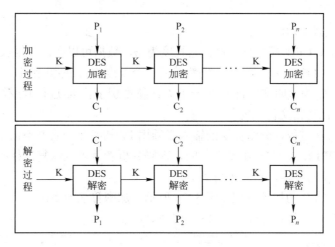

图 3-24 电子密码本模式

ECB 模式的缺点是：如果密码分析者有很多消息的明密文对，那就可能在不知道密钥的情况下恢复出明文；更严重的问题是敌手通过重放，可以在不知道密钥情况下修改被加密过的消息，用这种办法欺骗接收者。例如在实际应用中，不同的消息可能会有一些比特序列是相同的（消息头），敌手重放消息头，修改消息体欺骗接收者。

2. 密码分组链模式 CBC

在密码分组链模式 CBC（见图 3-25）中，明文要与前面的密文进行异或运算然后被加密，从而形成密文链。每一分组的加密都依赖于所有前面的分组。在处理第一个明文分组时，与一个初始向量（IV）组进行异或运算。IV 不需要保密，它可以明文形式与密文一起传送。密文分组的计算为：

$$C_i = E_k(P_i \oplus C_{i-1})$$

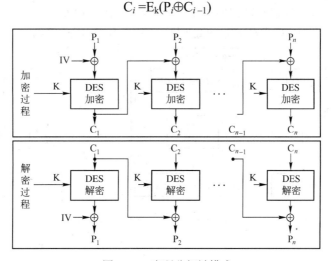

图 3-25 密码分组链模式

接收方明文分组的计算为：

$$P_i = C_{i-1} \oplus Dk(C_i)$$

使用初始向量 IV 后，完全相同的明文被加密成不同的密文。敌手再用分组重放进行攻击是完全不可能的了。

3. 密码反馈模式 CFB

在密码反馈模式 CFB 模式下，设分组长度为 n，数据可以在比分组长度小得多的 k 比特字符里进行加密（$1 \leq k \leq n$）。开始，仍然使用一个长度为 n 的初始向量（IV）。每个 k 比特字符对应的密文 C_i 为该明文字符 P_i 与一个 k 比特密钥字符 K_i 进行异或得到的。该密钥字符是通过加密前 n 比特密文得到的。

为了初始化 CFB 过程，分组算法的输入必须用 IV 初始化，它并不需要保密，但必须是唯一的。如果在 CFB 模式下 IV 不是唯一的，密码分析者就可以恢复出相应的明文。

假定：S_i 为移位寄存器，传输单位为 j 位。

密码反馈模式 CFB 的加密过程如图 3-26 所示。加密算法如下：

$$C_i = P_i \oplus (E_K(S_i)\text{的高 } j \text{ 位}) \qquad S_i+1 = (S_i << j)|C_i$$

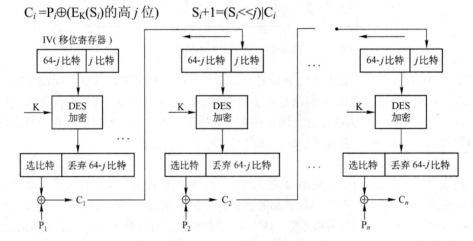

图 3-26　密码反馈模式 CFB 加密

密码反馈模式 CFB 的解密过程如图 3-27 所示。解密过程如下：

$$P_i = C_i \oplus (E_K(S_i)\text{的高 } j \text{ 位}) \qquad S_i+1 = (S_i << j)|C_i$$

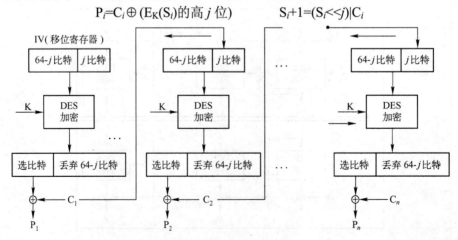

图 3-27　密码反馈模式 CFB 解密

4. 输出反馈模式 OFB

输出反馈模式 OFB 加密时，加密算法的输入是 64 比特移位寄存器内的数据，其初值为某个初始向量 IV。加密算法输出的最左（最高有效位）j 比特与明文的第一个单元 P_1 进行异或，产生出密文的第 1 个单元 C_1，并传送该单元。然后将移位寄存器的内容左移 j 位并将 C_1 送入移位寄存器最右边（最低有效位）j 位。这一过程重复至明文的所有单元都被加密为止。

输出反馈模式 OFB 加密过程如图 3-28 所示。加密算法如下：

$$C_i = P_i \oplus (E_K(S_i)\text{ 的高 } j \text{ 位}); \quad S_{i+1} = (S_i << j)|(E_K(S_i)\text{ 的高 } j \text{ 位})$$

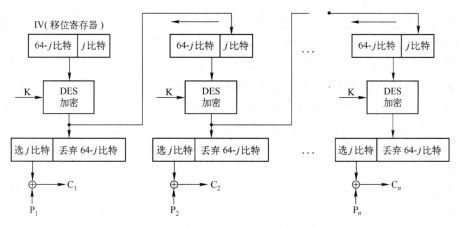

图 3-28　输出反馈模式 OFB 加密

输出反馈模式 OFB 的解密过程如图 3-29 所示。解密算法如下：

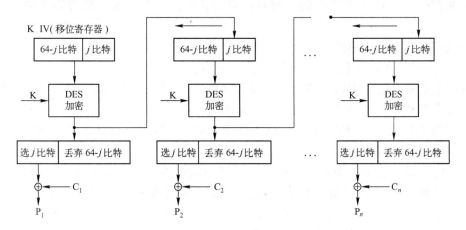

图 3-29　输出反馈模式 OFB 解密

$$P_i = C_i \oplus (E_K(S_i)\text{ 的高 } j \text{ 位}); \quad S_{i+1} = (S_i << j)|(E_K(S_i)\text{ 的高 } j \text{ 位})$$

3.3　公开密钥密码体制

公开密钥密码体制也叫作非对称密码体制、双密钥密码体制。公钥密码体制的发展是整个密码学发展史上最伟大的一次革命，它与以前的密码体制完全不同。这是因为：公钥密码算法基于数学问题求解的困难性，而不再是基于代替和换位方法；另外，公钥密码体制是非对称的，它使用两个独立的密钥，一个可以公开，称为公钥，另一个不能公开，称为私钥。公开密钥密码体制的产生主要基于以下两个原因：一是为了解决常规密钥密码体制的密钥管理与分配的问题；二是为了满足对数字签名的需求。因此，公钥密码体制在消息的保密性、密钥分配和认证领域有着重要的意义。

3.3.1 公开密钥密码体制概述

1. 公钥密码体制的产生

1976 年，Diffie 和 Hellman 在《密码学的新方向》一文中提出了公钥密码的概念。该体制与单钥密码最大的不同是：在公钥密码系统中，加密和解密使用的是不同的密钥（相对于对称密钥，人们把它叫作非对称密钥），这两个密钥之间存在相互依存关系，即用其中任一个密钥加密的信息只能用另一个密钥进行解密。这使得通信双方无须事先交换密钥就可进行保密通信。其中加密密钥和算法是对外公开的，人人都可以通过这个密钥加密文件然后发给接收者，这个加密密钥又称为公钥；而接收者收到加密文件后，它可以使用他的解密密钥解密，这个密钥是由他自己私人掌管的，并不需要分发，因此又称为私钥，这就解决了密钥分发的问题。

公钥密码体制是现代密码学的最重要的发明和进展。一般的理解，密码学的目的就是保护信息传递的机密性，但这仅仅是当今密码学主题的一个方面。对信息发送方与接收方的真实身份的验证、对所发出/接收信息在事后的不可抵赖性以及保障数据的完整性是现代密码学主题的另一方面。公开密钥密码体制对这两方面的问题都给出了出色的解答，它突破了传统密码体制对称密钥的概念，树立了近代密码学的又一大里程碑。

2. 公钥密码体制的思想

为了说明公钥密码体制的思想可以考虑如下类比。

两个在不安全信道中通信的人，假设为 Alice（接收方）和 Bob（发送方），他们希望能够安全的通信而不被他们的敌手 Oscar 破坏。Alice 想到了一种办法，她使用了一种锁（相当于公钥），这种锁任何人只要轻轻一按就可以锁上，但是只有 Alice 的钥匙（相当于私钥）才能够打开。然后 Alice 对外发送无数把这样的锁，任何人比如 Bob 想给她寄信时，只需找到一个箱子，然后用一把 Alice 的锁将其锁上再寄给 Alice，这时任何人（包括 Bob 自己）除了拥有钥匙的 Alice，都不能再打开箱子，这样即使 Oscar 能找到 Alice 的锁，即使 Oscar 能在通信过程中截获这个箱子，没有 Alice 的钥匙他也不可能打开箱子，而 Alice 的钥匙并不需要分发，这样 Oscar 也就无法得到这把"私人密钥"。

从以上的介绍可以看出，公钥密码体制的思想并不复杂，而实现它的关键问题是如何确定公钥和私钥及加/解密的算法，也就是说如何找到"Alice 的锁和钥匙"的问题。我们假设在这种体制中，加密密钥 PK 是公开信息，而解密密钥 SK 需要由用户自己保密。加密算法 E 和解密算法 D 也都是公开的。虽然 SK 与 PK 是成对出现，但却不能根据 PK 计算出 SK。它们须满足以下条件。

① 加密密钥 PK 对明文 X 加密后，再用解密密钥 SK 解密，即可恢复出明文，或写为：DSK（EPK（X））=X。

② 加密密钥不能用来解密，即 DPK（EPK（X））≠X。

③ 在计算机上可以容易地产生成对的 PK 和 SK。

④ 从已知的 PK 实际上不可能推导出 SK。

⑤ 加密和解密的运算可以对调，即 EPK（DSK（X））=X。

从上述条件可看出，公开密钥密码体制下，加密密钥不等于解密密钥。加密密钥可对外公开，使任何用户都可将传送给此用户的信息用公开密钥加密发送，而该用户唯一保存的私人密钥是保密的，也只有他能将密文复原、解密。虽然解密密钥理论上可由加密密钥推算出来，但实际上却做不到的，或者即使能够推算出，但要花费的时间已超过信息保密的时间。所以将加密密钥公开也不会危害密钥的安全。

针对上面的例子，Alice 要与她的合作伙伴 Bob、Ted 等进行秘密通信，只需每个合作伙伴建立一对密钥，一个可以是公开的，以 PK 表示；另一个则是秘密的，以 SK 表示。一般的情况下，网络中的用户约定一个共同的公开密钥密码系统，每个用户都有自己的公钥和私钥，并且所有的公钥都保存在某个公开的数据库中，任何用户都可以访问此数据库。这样 Alice 要将信息秘密发送给某一合作伙伴，只要从数据库查找到对方的公钥，用对方的公钥加密信息，发送到对方即可，如 Alice 要发送信息给 Bob（如图 3-30 所示），其传送协议如下。

① Alice 从公开数据库中取出 Bob 的公开密钥。

② Alice 用 Bob 的公开密钥加密她的消息，然后传送给 Bob。

③ Bob 用他的私钥解密 Alice 的消息。

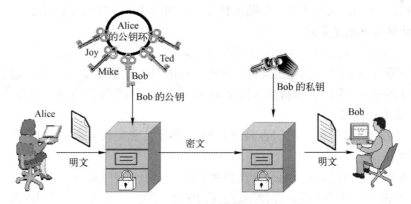

图 3-30　加密传送过程

公钥体制的主要特点是将加密和解密的能力分开，因而可以实现任何用户只要知道通信对方的公钥就可与对方发送秘密信息，可用于公共网络中实现保密通信。

在公钥系统中，若 Alice 用自己的私钥对信息加密，这样只要知道 Alice 公钥的任何人都可解开这个信息。但各个加密信息只有 Alice 能做到，其他人由于不知道 Alice 的私钥而不能仿造该信息，这样就可证明信息来自 Alice，公钥体制的这一特征可以用于认证系统中对消息进行数字签字，如图 3-31 所示。

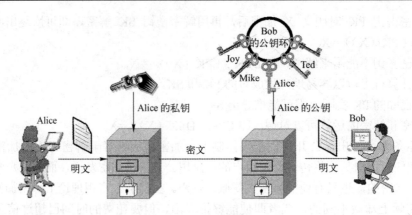

图 3-31　鉴别过程

从以上的介绍可以看出，与对称密码技术相比较，利用非对称密码技术进行安全通信，有以下优点。

① 通信双方事先不需要通过保密信道交换密钥。

② 密钥持有量大大减少。在 n 个用户的团体中进行通信，每一用户只需要持有自己的私钥，而公钥可放置在公共数据库上，供其他用户取用。这样，整个团体仅需拥有 n 对密钥，就可以满足相互之间进行安全通信的需求。（实际中，因安全方面的考虑，每一用户可能持有多个密钥，分别用于数字签名、加密等用途。此种情况下，整个团体拥有的密钥对数为 n 的倍数。但即使如此，与使用对称密码技术时需要 $n^2/2$ 个不同的密钥相比，需要管理的密钥数量仍显著减少。）

③ 非对称密码技术还提供了对称密码技术无法或很难提供的服务，如与哈希函数联合运用可生成数字签名，可用于安全伪随机数发生器的构造，零知识的证明等。

3．公钥体制的理论基础

一个公开密钥密码系统必须满足的条件如下。

① 通信双方 A 和 B 容易通过计算产生出一对密钥（公开密钥 PK，私钥密钥 SK）。

② 在知道公开密钥 PK 和待加密报文 M 的情况下，对于发送方 A，很容易通过计算产生对应的密文 C = EPK（M）。

③ 接收方 B 使用私有密钥容易通过解密所得的密文恢复原来的报文 M=DSK(C)=DSK(EPK(M))。

④ 除 A 和 B 以外的其他人即使知道公钥 PK，要确定私钥 SK 在计算上也是不可行的。

⑤ 除 A 和 B 以外的其他人即使知道公钥 PK 和密文 C，要想恢复原来的明文 C 在计算上也是不可行的。

这些要求最终可以归结到设计一个单向陷门函数。

4．单向陷门函数

单向和单向陷门函数的概念是公钥密码学的核心，可以说公钥密码体制的设计就是单向陷门函数的设计。单向陷门函数就是满足下列条件的函数 f：

① 给定 x，计算 $y=f(x)$ 是容易的；

② 给定 y，计算 x 使 $y=f(x)$ 是困难的；

③ 存在 z，已知 z 时，对任何给定的 y，若相应的 x 存在，则计算 x 使 $y=f(x)$ 是容易的。

所谓计算 $x=f^{-1}(y)$ 困难是指计算上相当复杂, 无实际意义。

仅满足①、②两条的称为单向函数; 第③条称为陷门性, z 称为陷门信息。

当用陷门函数 f 作为加密函数时, 可将 f 公开, 这相当于公开加密密钥, 此时加密密钥便称为公开密钥, 记为 PK。

f 函数的设计者将 z 保密, 用作解密密钥, 此时 z 称为秘密钥匙, 记为 SK。由于设计者拥有 SK, 他自然可以解出 $x=f^{-1}(y)$。

单向陷门函数的第②条性质表明窃听者由截获的密文 $y=f(x)$ 推测 x 是不可行的。

3.3.2　RSA 公开密钥体制

在 Diffie 和 Hellman 提出公钥设想两年后, 首先由 Merkle 和 Hellman 提出了第一个公钥算法 Merkle-Hellman（MH）背包公钥体制, 接着由美国 MIT 的三位学者 Rivest、Shamir 和 Adleman 提出了 RSA 公开密钥体制。MH 背包公钥体制将在随后介绍, 现在先讨论 RSA 公开密钥体制。RSA 体制的名称正是由三位发明者 Rivest、Shamir 和 Adleman 的第一个字母拼合而成的。RSA 的基础是数论中的下述论断: 求两个大素数（如大于十进制 100 位）的乘积, 在计算机上很容易实现, 但是要将这样一个大合数分解成两个大素数之积, 在计算机上很难实现。RSA 公钥密码体制的核心是大数幂剩余计算。至今为止, RSA 公钥密码体制被认为是少数几个比较理想的公钥密码体制之一。

1. 与 RSA 算法相关数学概念简介

素数: 整数 $p>0$, 如果除了 1 和其本身外, p 没有其他因数, 则称其为素数。

最大公因数: 设 a, b 是两个整数, 既是 a 又是 b 的因数称为 a, b 的公因数。其中最大者称为 a, b 的最大公因数, 记作 $\gcd(a,b)$。

互素: 若 $\gcd(a,b)=1$, 则整数 a 和 b 互素。

逆元: 若 $a \times x \bmod n =1$, 则称 a 与 x 对于模 n 互为逆元; 若 a 和 n 互素, 则 a 在模 n 下有逆元。

Euler 函数: $\phi(n)=$ 与 n 互素的、小于 n 的正整数的个数, $n>1$。例如: $\phi(3)=2$, $\phi(4) = \phi(6) =2$, $\phi(5)=4$, $\phi(7)=6$ 　 $\phi(12)=6$。

当 n 为数素数时: $\phi(n)=n-1$。

若 $n=p \times q$, p、q 是素数, 则 $\phi(n)=(p-1) \times (q-1)$。

同与: 设 a, b, m 都是整数, 若 $a (\bmod m)= b (\bmod m)$, 则称 a 与 b 对模 m 同与, 也称模相等, 记作 $a \equiv b (\bmod m)$。

2. RSA 算法的工作原理

① 取两个随机大素数 p 和 q（保密）;

② 计算公开的模数 $n=p \times q$（公开）;

③ 计算秘密的欧拉函数 $\phi(n)=(p-1) \times (q-1)$（保密）, 丢弃 p 和 q, 不要让任何人知道。

④ 随机选取整数 e, 满足 $\gcd(e,(n))=1$（公开 e 加密密钥）。

⑤ 计算 d 满足 $d \times e \equiv 1 (\bmod \phi(n))$（保密 d 解密密钥）。

⑥ 将明文 x 按模为 r 自乘 e 次幂以完成加密操作, 从而产生密文 y。x、y 值在 0 到 $n-1$

范围内，$y=x_e \bmod n$。

⑦ 解密：将密文 y 按模为 n 自乘 d 次幂。$x=y_d \bmod n$ 然而只根据 n 和 e（不是 p 和 q）要计算出 d 是不可能的。因此，任何人都可对明文进行加密，但只有授权用户（知道 d）才可对密文解密。

3．简单实例

为了说明该算法的工作过程，下面给出一个简单例子，显然在这只能取很小的数字，但是如上所述，为了保证安全，在实际应用上所用的数字要大得多得多。

【例 3-1】选取 $p=3$，$q=5$，则 $n=15$，$\phi(n)=(p-1)\times(q-1)=8$。选取 $e=11$（大于 p 和 q 的质数），通过 $d\times 11 = 1 \bmod 8$，计算出 $d=3$。

假定明文为整数 13，则密文 C 为：

$$C = P^e \bmod n$$
$$= 13^{11} \bmod 15$$
$$= 1792160394037 \bmod 15$$
$$= 7$$

回复原明文 P 为：

$$P = C^d \bmod n$$
$$= 7^3 \text{ modulo } 15$$
$$= 343 \text{ modulo } 15$$
$$= 13$$

4．RSA 算法总结

RSA 体制不仅能实现保密通信，还能实现数字签名，因而特别适用于现代密码通信的要求。在众多的公钥密码体制中，RSA 公钥密码体制被认为是比较完善的一个，自从它问世至今，尽管有许多密码学家对它进行了长期而深入的分析，但是一直没有发现它有明显的脆弱性。

RSA 公钥密码体制至少有以下一些优点。

① 数学表达式简单，在公钥密码体制中是最容易理解和实现的一个。这个体制也是目前国际上比较流行的公钥密码体制之一。

② RSA 的安全性基于大数分解的困难性。到目前为止，除了大数分解之外人们还没有发现一种其他的方法能够对 RSA 进行有效的密码分析。虽然 RSA 也有一些弱点，但是只要设计密码参数时仔细一点，这些弱点是可以避免的。RSA 公钥密码体制的安全性比较高。

③ RSA 公钥密码体制具有传统密码体制不能实现的一些功能，如认证、鉴别和数字签名等，特别适合于现代密码通信。

在实际应用中，RSA 公钥密码体制的公开和秘密密钥参数是一对 100～200 位的大素数的函数，其本身的数值也很大。因此，这种体制的加、解密速度很慢，这是它广泛应用的最大障碍。虽然有很多人致力于 RSA 运算速度的研究，并且在这方面不断取得进展，利用一些 RSA 快速算法，可以减少 30%左右的求模运算量；但即使如此，到目前为止，RSA 芯片的速度仍比 DES 芯片的速度慢至少两个数量级。

3.3.3　其他公钥算法简介

1. 背包算法

MH 背包体制是第一个公钥密码体制，设计者选择组合数学中背包问题作为设计该体制的理论基础。

所谓背包问题是这样的：已知一可装最大重量为 b 的背包，以及重量分别 x 的 n 个物品，要求从这比物品中选取若干个正好装满这背包。这问题导致求是否存在长度为 n 的 0-1 向量 $x=(x_1, x_2, \cdots, x_n)$ 使满足：

$$\sum_{i=1}^{n} a_i x_i = b$$

其中 a_1，a_2，$\cdots$，a_n 和 b 都是正整数。

背包问题是著名的难题，至今还没有好的求解方法。若对 2^n 种所有可能性进行穷举搜索，当 n 较大，比如 $n=100$，$2^{100} \approx 1.27 \times 10^{30}$，对其穷举实际是不可能的。算法的复杂性理论已经证明，并非所有背包问题都没有有效算法。若序列 a_1，a_2，$\cdots$，a 满足以下条件：

$$a_{k+1} > \sum_{i=1}^{k} a_i，\ 1 \leqslant k < n$$

时，称为简单背包或超递增背包。例如，{1，3，6，13，27，52}是超递增背包，而{1，3，4，9，15，25}则不是。

超递增背包问题很容易解决。计算其中重量与序列中的最大数比较，如果总重量小于这个数，则它不在背包中。如果总重量大于等于这个数，则它在背包中，背包重量减去这个数，进而考察序列下一个最大数，重复直到结束。如果总重量减为零，那么有一个解，否则无解。

例如，考察总重量为 70 的一个背包，超递增序列为{2，3，6，13，27，52}。最大重量为 52，小于 70，所以 52 在包中。70 减 52 等于 18，下一个重量 27 比 18 大，所以 27 不在背包中。再下一 13 小于 18，所以 13 在包中。18 减 13 等于 5，再下一个重量 6 比 5 大，所以 6 不在背包中。继续这一过程得出 2 和 3 都在背包中。

MH 背包体制的基本思路是：从易解的超递增背包问题出发，经过某种数学变换，将简单背包问题转换成极难求解的复杂背包问题。对于使用秘密密钥的合法接收者来说，面对的是求解简单背包的问题；而对不掌握秘密密钥的非法用户来说，则是面对复杂的背包问题。背包体制的基本过程如下。

① 构造一超递增序列（简单背包）：

$d=(d_1, d_2, d_3, \cdots, d_n)$　d_i 为正整数，且 $\sum d_i < d_{i+1}$。

即私有密钥 $d=(d_1, d_2, d_3, \cdots, d_n)$。

② 选取一对大的且互素的数 w，N，并把背包序列 $d=(d_1, d_2, d_3, \cdots, d_n)$ 变为复杂背包：$e_i = d_i \times w \pmod{N}$。

即公开密钥 $e=(e_1, e_2, e_3, \cdots, e_n)$。

③ 加密过程：

将明文（二进制）按 n 位分组 $x=x_1 x_2 x_3 \cdots x_n$。

对应密文 $y = \sum x_i\, e_i = x_1 \times e_1 + x_2 \times e_2 + \cdots + x_n \times e_n$。

④ 解密过程:

计算 $y_i' = (w^{-1} \times y) \bmod N$。

按照超递增序列 $(d_1, d_2, d_3, \cdots, d_n)$,从 y' 还原 x。

【例 3-2】 构造超递增背包 d 为(1,3,7,13,26,65,119,267),取 $N=523$,$w=467$,$w^{-1}=28$,转换 d 为难背包 e。

$$e_1 = (1 \times 467) \bmod 523 = 467$$
$$e_2 = (3 \times 467) \bmod 523 = 355$$
$$e_3 = (7 \times 467) \bmod 523 = 131$$
$$\vdots$$
$$e_8 = (267 \times 467) \bmod 523 = 215$$
$$e = (467, 355, 131, 318, 113, 21, 135, 215)$$

对明文 $m=10101100$ 加密得密文 Y:

$$467 \times 1 + 355 \times 0 + 131 \times 1 + 318 \times 0 + 113 \times 1 + 21 \times 1 + 135 \times 0 + 215 \times 0$$
$$= 467 + 131 + 113 + 21 = 732$$

用户解密时,先计算出:

$$y_i' = (w^{-1} \times y) \bmod N = (732 \times 28) \bmod 523 = 99$$

再解超递增背包问题:

$$(1 \times 1, 3 \times 0, 7 \times 1, 13 \times 0, 26 \times 1, 65 \times 1, 119 \times 0, 267 \times 0)$$

易求得:

$$m = 10101100$$

2. Diffie-Hellman 算法

首次发表的公开密钥算法出现在 Diffie 和 Hellman 的论文中,这篇影响深远的论文奠定了公开密钥密码编码学。由于该算法本身限于密钥交换的用途,被许多商用产品用作密钥交换技术,因此该算法通常称为 Diffie-Hellman 密钥交换。这种密钥交换技术的目的在于使得两个用户安全地交换一个秘密密钥以便用于以后的报文加密。

Diffie-Hellman 密钥交换算法的有效性依赖于计算离散对数的难度。简言之,可以如下定义离散对数:首先定义一个素数 p 的原根,为其各次幂产生从 1 到 $p-1$ 的所有整数根,也就是说,如果 a 是素数 p 的一个原根,那么数值 $a \bmod p$,$a_2 \bmod p$,$\cdots$,$a_{p-1} \bmod p$ 是各不相同的整数,并且以某种排列方式组成了从 1 到 $p-1$ 的所有整数。

对于一个整数 b 和素数 p 的一个原根 a,可以找到唯一的指数 i,使得

$$b = a^i \bmod p, \quad 1 \leqslant i \leqslant (p-1)$$

指数 i 称为:b 的以 a 为基数的模 p 的离散对数或指数。

基于此背景知识,可以定义 Diffie-Hellman 密钥交换算法。该算法描述如下。

有两个全局公开的参数,一个素数 q 和一个整数 a,a 是 q 的一个原根。

假设用户 A 和 B 希望交换一个密钥,用户 A 选择一个作为私有密钥的随机数 $XA < q$,并计算公开密钥 $YA = a^{XA} \bmod q$。A 对 XA 的值保密存放而使 YA 能被 B 公开获得。类似地,用户 B 选择一个私有的随机数 $XB < q$,并计算公开密钥 $YB = a^{XB} \bmod q$。B 对 XB 的值保密存放而使 YB 能被 A 公开获得。

用户 A 产生共享秘密密钥的计算方式是 $K = (YB)^{XA} \bmod q$。同样,用户 B 产生共享

秘密密钥的计算是 $K = (YA)^{XB} \bmod q$。这两个计算产生相同的结果：

$$K = (YB)^{XA} \bmod q = (a^{XB} \bmod q)^{XA} \bmod q$$
$$= (a^{XB})^{XA} \bmod q \text{（根据取模运算规则得到）}$$
$$= a^{XBXA} \bmod q$$
$$= (a^{XA})^{XB} \bmod q$$
$$= (a^{XA} \bmod q)^{XB} \bmod q$$
$$= (YA)^{XB} \bmod q$$

因此相当于双方已经交换了一个相同的秘密密钥。

因为 XA 和 XB 是保密的，不安全线路上的窃听者只能得到 q、a、YA 和 YB，除非能计算离散对数 XA 和 XB，否则将无法得到密钥 K。

Diffie-Hellman 密钥交换算法的安全性依赖于这样一个事实：虽然计算以一个素数为模的指数相对容易，但计算离散对数却很困难。对于大的素数，计算出离散对数几乎是不可能的。

3. ElGamal 体制

ElGamal 体制也是当前国际上流行的公钥密码体制。它是 Diffie-Hellman 体制的变形，不仅可以用于加密过程，而且可以用于数字签名，其安全性基于计算离散对数的难度。

ElGamal 算法既能用于数据加密，也能用于数字签名，其安全性依赖于计算有限域上离散对数这一难题。

密钥对产生办法。首先选择一个素数 p，两个随机数，g 和 x，g, $x < p$, 计算 $y = g^x (\bmod p)$，则其公钥为 y, g 和 p。私钥是 x。g 和 p 可由一组用户共享。

ElGamal 用于数字签名，被签信息为 M。

首先选择一个随机数 k，k 与 $p-1$ 互质，计算：

$$a = g^k (\bmod p)$$

再用扩展 Euclidean 算法对下面方程求解 b：

$$M = xa + kb (\bmod p - 1)$$

签名就是 (a, b)。随机数 k 须丢弃。

验证时要验证下式：

$$y^a * a^b (\bmod p) = g^M (\bmod p)$$

同时一定要检验是否满足 $1 \le a < p$，否则签名容易伪造。

ElGamal 用于加密，被加密信息为 M。

首先选择一个随机数 k，k 与 $p-1$ 互质，计算：

$$a = g^k (\bmod p)$$
$$b = y^k M (\bmod p)$$

(a, b) 为密文，是明文的两倍长。解密时计算

$$M = b / a^x (\bmod p)$$

ElGamal 签名的安全性依赖于乘法群（IFp）*上的离散对数计算。素数 p 必须足够大，且 $p-1$ 至少包含一个大素数。

4. 椭圆曲线密码体制

椭圆加密算法（ECC）最初由 Koblitz 和 Miller 两人于 1985 年提出，其数学基础是利用

椭圆曲线上的有理点构成 Abel 加法群上椭圆离散对数的计算困难性。

与经典的 RSA，DSA 等公钥密码体制相比，椭圆密码体制有以下优点。

↶　安全性高。有研究显示 160 位的椭圆密钥与 1024 位的 RSA 密钥安全性相同。

↶　处理速度快。在私钥的加密解密速度上，ECC 算法比 RSA、DSA 速度更快。

↶　存储空间占用小。

↶　带宽要求低。

（1）韦尔斯特拉斯方程

椭圆曲线密码体制来源于对椭圆曲线的研究，所谓椭圆曲线指的是由韦尔斯特拉斯（Weierstrass）方程 $y^2+a_1xy+a_3y=x^3+a_2x^2+a_4x+a_6$ 所确定的平面曲线。

其中，系数 a_i =1，2，…，6，定义在基域 K 上（K 可以是有理数域、实数域、复数域，还可以是有限域，椭圆曲线密码体制中用到的椭圆曲线都定义在有限域上）。

（2）有限域上椭圆曲线

满足下面算式的椭圆曲线称为有限域上椭圆曲线：

$$y^2 \equiv x^3+ax+b \bmod p$$

p 是奇素数，且 $4a^3+27b^2 \neq 0 \bmod p$。

针对所有的 $0 \leqslant x < p$，可以求出有效的 y，得到曲线上的点 (x,y)，其中 $x,y < p$。记为 Ep (a,b)

（3）椭圆曲线进行加密通信的过程

① Alice 选定一条椭圆曲线 Ep (a,b)，并取椭圆曲线上一点，作为基点 G。

② Alice 选择一个私有密钥 k，并生成公开密钥 $K=kG$。

③ Alice 将 Ep (a,b) 和点 K，G 传给 Bob。

④ Bob 接到信息后，将待传输的明文编码到 Ep (a,b) 上一点 M（编码方法很多，这里不作讨论），并产生一个随机整数 r $(r<n)$。

⑤ Bob 计算点 $C1=M+rK$；$C2=rG$。

⑥ Bob 将 $C1$、$C2$ 传给 Alice。

⑦ Alice 接到信息后，计算 $C1-kC2$，结果就是点 M。因为，

$$C1-kC2=M+rK-k(rG)=M+rK-r(kG)=M$$

再对点 M 进行解码就可以得到明文。

在这个加密通信中，如果有一个偷窥者 H，他只能看到 Ep (a,b)、K、G、$C1$、$C2$，而通过 K、G 求 k 或通过 $C2$、G 求 r 都是相对困难的。因此，H 无法得到 Alice、Bob 间传送的明文信息。

离散对数求解是非常困难的，椭圆曲线离散对数问题比有限域上的离散对数问题更难求解。对于有理数有大素数因子的椭圆离散对数问题，目前还没有有效的攻击方法。基于 ECC 的数学难题是比因子分解问题更难的问题，从目前已知的最好求解算法来看，160 比特的椭圆曲线密码算法的安全性相当于 1024 比特的 RSA 算法。

3.3.4　数字信封技术

在数字信封技术中，信息发送方采用对称密钥来加密信息内容，然后将此对称密钥用接收方的公开密钥来加密（这部分称数字信封）之后，将它和加密后的信息一起发送给接收方；接收方先用相应的私有密钥打开数字信封，得到对称密钥，然后使用对称密钥解开加密

信息，如图 3-32 所示。这种技术的安全性相当高。数字信封主要包括数字信封打包和数字信封拆解，数字信封打包是使用对方的公钥将加密密钥进行加密的过程，只有对方的私钥才能将加密后的数据（通信密钥）还原；数字信封拆解是使用私钥将加密过的数据解密的过程。

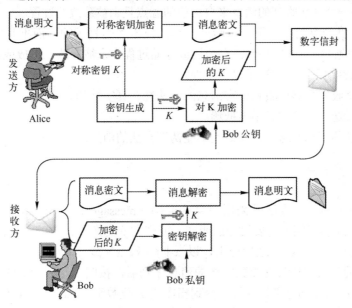

图 3-32　数字信封技术

数字信封的功能类似于普通信封，普通信封在法律的约束下保证只有收信人才能阅读信的内容；数字信封则采用密码技术保证了只有规定的接收方才能阅读信息的内容。数字信封中采用了对称密码体制和公钥密码体制。信息发送方首先利用随机产生的对称密码加密信息，再利用接收方的公钥加密对称密码，被公钥加密后的对称密码被称为数字信封。在传递信息时，信息接收方若要解密信息，必须先用自己的私钥解密数字信封，得到对称密码，才能利用对称密码解密所得到的信息。这样就保证了数据传输的真实性和完整性。

在一些重要的电子商务交易中密钥必须经常更换，为了解决每次更换密钥的问题，数字信封技术结合对称加密技术和公开密钥技术的优点，克服了秘密密钥加密中秘密密钥分发困难和公开密钥加密中加密时间长的问题，使用两个层次的加密来获得公开密钥技术的灵活性和秘密密钥技术高效性。信息发送方使用密码对信息进行加密，从而保证只有规定的收信人才能阅读信的内容。采用数字信封技术后，即使加密文件被他人非法截获，因为截获者无法得到发送方的通信密钥，故不可能对文件进行解密。

3.4　消息认证和 Hash 函数

在计算机网络中，用户 A 将消息送给用户 B，这里的用户可能是个人、机关团体、处理机，等等。用户 B 需要确定收到的消息是否来自 A，而且还要确定来自 A 的消息有没有被别人修改过，有时 A 也要需要知道送出的消息是否正确地到达了目的地。

消息认证就是意定的接收者能够检验收到的消息是否真实的方法。消息认证又称为完整性校验，它在银行业称为消息认证，在 OSI 安全模式中称为封装。消息认证的内容包括：证实消息的信源和信宿；消息内容是否曾受到偶然或有意的篡改；消息的序号和时间性是否正确。

总之消息认证是接收者能识别信息源，内容真伪，时间性和意定的信宿。

消息认证是一个证实收到的消息来自可信的源点且未被篡改的过程。

认证的主要目的有两个，第一，验证信息的发送者是真正的，而不是冒充的，此为信源识别；第二，验证信息的完整性，在传送或存储过程中未被篡改，重放或延迟等。

一个安全的鉴别系统，需满足以下条件：

① 意定的接收者能够检验和证实消息的合法性、真实性和完整性；

② 消息的发送者和接收者不能抵赖；

③ 除了合法的消息发送者，其他人不能伪造合法的消息。

3.4.1 消息认证方式

消息内容认证的基本方法是采用消息认证码（message authentication code，MAC）。MAC 法利用函数 f 和密钥 k 将要发送的明文 x 或密文 y 变换成 r 位的消息认证码 $f(k, x)$ 或称为认证符附加在 x 或 y 之后送出，以 $x \| f(k, x)$ 或 $y \| f(y, x)$ 表示，其中符号"$\|$"表示数字的链接。接收方收到发送的消息序列后，按照发送方同样的方法对接收的数据或解密后数据的前面部分进行计算，得到相应的 r 位数字 $f'(k, x)$ 或 $f'(k, x)$，而后与接收恢复的 $f(k, x)$ 或 $f(k, x)$ 逐位进行比较，若全相同，就可认为收到的消息是合法的，否则就检出消息中有错或被篡改过。当主动攻击者在不知道密钥的条件下，随机选择 r 位碰运气，其成功地伪造消息的概率为 2^r。

图 3-33 是消息认证的原理框图。图中，函数 f 的作用是对整个消息进行交换，产生一个长度固定但较短的数据组，这一过程可看作是一种压缩编码。函数 f 又称为单项 Hash 函数，一般不要求 f 为可逆变换。

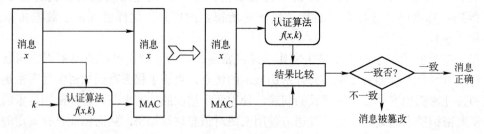

图 3-33　消息认证原理

对认证算法的要求与加密算法相近，但由于不需要可逆变换而比较容易满足。认证算法需要保密，而且要能经受住已知明文、选择明文攻击。

3.4.2 Hash 函数

1. Hash 函数简介

Hash 函数（也称 Hash 算法）就是把任意长的输入串变化成固定长的输出串的一种函数。因为 Hash 是多对一的函数，所以一定将某些不同的输入变化成相同的输入。这就要求给定一个 Hash 值，求其逆是比较难的，但对于给定的输入计算 Hash 值必须是很容易的。

一个安全的 Hash 函数 $H=H(m)$，应该至少满足以下几个条件：

① H 可以作用于一个任意长度的数据块；

② H 产生一个固定长度的输出；

③ 对任意给定的 x，$H(x)$ 计算相对容易，无论是软件还是硬件实现（快速性）；

④ 对任意给定码 h，找到 x 满足 $H(x)=h$ 具有计算不可行性（单向性）；

⑤ 对任意给定的数据块 x，找到满足 $H(y)=H(x)$ 的 $y \neq x$ 具有计算不可行性（弱无碰撞性）；

⑥ 找到任意数据对 (x,y)，满足 $H(x)=H(y)$ 是计算不可行性（强无碰撞性）。

前三条要求具有实用性，第 4 条是单向性质，即给定消息可以产生一个 Hash 码，而给定 Hash 码不可能产生对应的消息。第 5 条性质是保证一个给定的消息的 Hash 码不能找到与之相同的另外的消息，即防止伪造。第 6 条是对已知的生日攻击方法的防御能力。

攻击 Hash 函数的典型方法是生日攻击。一是给定消息的 Hash 函数 $H(x)$，破译者逐个生成其他文件 y，使得 $H(x)=H(y)$。二是攻击者寻找随机的两个消息 x 和 y，并使 $H(x)=H(y)$。生日攻击的基本观点来自于生日问题：一个教室中，最少应有多少学生，才使得找一个学生与某人生日（该人也在教室）相同的概率不小于 1/2？答案是 254 人；但是至少有两人的生日在同一天的概率不小于 1/2？答案是仅为 23 人。寻找特定生日的一个人类似于第一种攻击；而寻找两个随机的具有相同生日的两个人则是第二种攻击。第二种方法通常被称为生日攻击。

2．常用 Hash 函数

目前已研制出适合于各种用途的 Hash 算法，这些算法都是伪随机函数，任何 Hash 值都是等可能的。输出并不以可辨别的方式依赖于输入。任何输入串中单个比特的变化，将会导致输出比特串中很大的比特发生变化。

利用某些数学难题（比如因子分解问题和离散对数问题等）设计的 Hash 算法有 Davies-Price 平方 Hash 算法、CCITT 建议、Juene man Hash 算法、Damgard 平方 Hash 算法、Damgard 背包 Hash 算法、Schnorr 的 FFT Hash 算法等。这些算法中有的已不安全，而有的仍然是安全的。

利用某些私钥密码体制比如 DES 等设计的 Hash 算法有 Rabin Hash 算法、Winternitz Hash 算法、Quisquater-Girault Hash 算法、Merkle Hash 算法、N-Hash Hash 等，这种 Hash 算法的安全性与所使用的基础密码算法有关。

不基于任何假设和密码体制直接设计的 Hash 算法是当今比较流行的一种设计方法。美国的安全 Hash 算法（SHA）就是这类算法，另外还有 MD4、MD5、MD2、RIPE-MD、HAVAL 等算法。

MD5 由 Ron Rivest 提出，输入为任意长度的消息，输出为 128 位消息摘要，处理以 512 位输入数据块为单位。

SHA 输入为最大长度为 2^{64-1} 位的消息，输出为 160 位消息摘要，处理为输入以 512 位数据块为单位处理，由 NIST 开发，作为联邦信息处理标准于 1993 年发表（FIPS PUB 180），1995 年修订，作为 SHA-1（FIPS PUB 180-1），SHA-1 基于 MD4 设计。目前还没有针对 SHA 有效的攻击，其速度慢于 MD5，安全性优于 MD5。

RIPEMD 是 Hans Dobbertin 等三人在 MD4、MD5 的基础上，于 1996 年提出来的。算法共有 4 个标准：128、160、256 和 320，其对应输出长度分别为 16 字节、20 字节、32 字节和 40 字节。使用最广泛的是 IPEMD-160。RIPEMD 的速度略慢于 SHA-1，安全性优于 MD5，对密码分析的抵抗力好于 SHA-1。

3.5 数字签名

要理解什么是数字签名，需要从传统手工签名或盖印章谈起。在传统商务活动中，为了保证交易的安全与真实，一份书面合同或公文要由当事人或其负责人签字、盖章，以便让交易双方识别是谁签的合同，保证签字或盖章的人认可合同的内容，在法律上才能承认这份合同是有效的。而在电子商务的虚拟世界中，合同或文件是以电子文件的形式表现和传递的。在电子文件上，传统的手写签名和盖章是无法进行的，这就必须依靠技术手段来替代。能够在电子文件中识别交易人双方的真实身份，保证交易的安全性和真实性及不可抵赖性，起到与手写签名或者盖章同等作用的电子技术手段签名，称为数字签名。

从法律上讲，签名有两个功能，即标识签名人和表示签名人对文件内容的认可。联合国发布的《电子签名示范法》中对数字签名作如下定义："指在数据电文中以电子形式所含、所附或在逻辑上与数据电文有联系的数据，它可用于鉴别与数据电文相关的签名人和表明签名人认可数据电文所含信息。"

简单地说，所谓数字签名就是通过某种密码运算生成一系列符号及代码组成电子密码进行签名，来代替书写签名或印章，对于这种电子式的签名还可进行技术验证，其验证的准确度是一般手工签名和图章的验证无法比拟的。数字签名是目前电子商务、电子政务中应用最普遍、技术最成熟的、可操作性最强的一种电子签名方法。它采用了规范化的程序和科学化的方法，用于鉴定签名人的身份以及对一项电子数据内容的认可。它还能验证出文件的原文在传输过程中有无变动，确保传输电子文件的完整性、真实性和不可抵赖性。

3.5.1 数字签名技术

数字签名技术是公钥加密算法的典型应用。数字签名的应用过程是，数据源发送方使用自己的私钥对数据校验和/或其他与数据内容有关的变量进行加密处理，完成对数据的合法"签名"，数据接收方则利用对方的公钥来解读收到的"数字签名"，并将解读结果用于对数据完整性的检验，以确认签名的合法性。数字签名技术是在网络系统虚拟环境中确认身份的重要技术，完全可以代替现实过程中的"亲笔签字"，在技术和法律上有保证。在数字签名应用中，发送者的公钥可以很方便地得到，但他的私钥则需要严格保密。

数字签名具有以下特点：接收方能够确认或证实发送方的签字；任何人都不能仿造；如果发送方否认他所签名的消息，可以通过仲裁解决争议。

数字签名设计有以下要求。

① 可验证：签字是可以被确认的。

② 防抵赖：发送者事后不承认发送报文及签名。

③ 防假冒：攻击者冒充发送者向接收方发送文件。

④ 防篡改：接收方对收到的文件进行篡改。

⑤ 防伪造：接收方伪造对报文的签名。

数字签名与消息认证不同。消息认证能验证消息来源及完整性，防范第三者；数字签名则是在收发双方产生利害冲突时，解决纠纷，主要为保证信息完整性和提供信息发送者的身份认证。

3.5.2　数字签名的执行方式

数字签名的执行方式有两类：直接方式和仲裁数字签名。

1. 直接方式

直接方式是指数字签名的执行过程只有通信双方参与，并假定双方有共享的密钥或接收一方知道发送方的公开钥。

直接方式的数字签名有一公共弱点，即方案的有效性取决于发送方密钥的安全性。如果发送方想对已发出的消息予以否认，就可声称自己的密钥已丢失或被窃，因此自己的签名是他人伪造的。可采取某些行政手段，虽然不能完全避免但可在某种程度上减弱这种威胁。例如，要求每一被签名的消息都包含有一个时戳（日期和时间）并要求密钥丢失后立即向管理机构报告。这种方式的数字签名还存在发送方的密钥真的被偷的危险，例如敌手在时刻 T 偷得发送方的密钥，然后可伪造一消息，用偷得的密钥为其签名并加上 T 以前的时刻作为时戳。

2. 仲裁数字签名

上述直接方式的数字签名所具有的缺陷都可通过使用仲裁者得以解决。和直接方式的数字签名一样，具有仲裁方式的数字签名也有很多实现方案，这些方案都按以下方式运行：发送方 X 对发往接收方 Y 的消息签名后，将消息及其签名先发给仲裁者 A，A 对消息及其签名验证完后，再连同一个表示已通过验证的指令一起发往接收方 Y。此时由于 A 的存在，X 无法对自己发出的消息予以否认。在这种方式中，仲裁者起着重要的作用并应取得所有用户的信任。

3.5.3　普通数字签名算法

从使用目的划分，数字签名技术主要有：DSS/DSA、RSA、GOST 算法、ElGamal 等。

1. DSA 签名算法

DSA（digital signature algorithm）是 Schnorr 和 ElGamal 签名算法的变种，被 NIST 作为数字签名标准（digital signature standard，DSS）。DSS 最初于 1991 年公布，在考虑了公众对其安全性的反馈意见后，于 1993 年公布了其修改版。

DSA 算法中应用了下述参数。

p：L 比特长的素数。L 是 64 的倍数，范围是 512～1024。

q：$p-1$ 的 160 比特的素因子。

g：$g = h^{((p-1)/q)} \bmod p$，$h$ 满足 $h < p-1$，$h^{((p-1)/q)} \bmod p > 1$。

x：秘密密钥，正整数，$x < q$。

y：$y = g^x \bmod p$，(p, q, g, y) 为公钥。

k：为随机数，$0<k<q$。

$H(x)$：Hash 函数。

DSS 中选用 SHA 算法。p，q，g 可由一组用户共享，但在实际应用中，使用公共模数可能会带来一定的威胁。签名过程如下。

① p 产生随机数 k，$k<q$；

② p 计算：

$$r = (g^k \bmod p) \bmod q$$
$$s = (k^{(-1)}(H(m) + xr)) \bmod q$$

验证过程：　签名结果是(m, r, s)。

③ 验证时计算：

$$w = s^{(-1)} \bmod q$$
$$u1 = (H(m) * w) \bmod q$$
$$u2 = (r * w) \bmod q$$
$$v = ((g^{u1} * y^{u2}) \bmod p) \bmod q$$

若 $v = r$，则认为签名有效。

2．RSA 签名算法

RSA 加密解密是可交换的，可以用于数字签名方案，给定 RSA 方案 $\{(e,R), (d,p,q)\}$ 要签名消息 M，计算：

$$S = M^d (\bmod R)$$

要验证签名，计算：

$$M = S^e (\bmod R) = M^{e.d}(\bmod R) = M(\bmod R)$$

签名者使用自己的 RSA 私钥加密信息，验证这只需用签名者的公钥解密信息，与原信息比较，一致则认为签名有效。

DSS 与 RSA 的签名方式不同。RSA 算法既能用于加密和签名，又能用于密钥交换。与此不同，DSS 使用的算法只能提供数字签名功能。图 3-34 所示为用于比较 RSA 签名和 DSS 签名的不同方式。

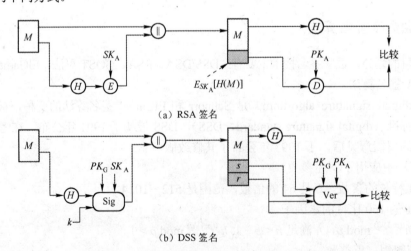

（a）RSA 签名

（b）DSS 签名

图 3-34　RSA 签名与 DSS 签名

采用 RSA 签名时，将消息输入到一个 Hash 函数以产生一个固定长度的安全 Hash 值，再用发送方的密钥加密 Hash 值就形成了对消息的签名。消息及其签名被一起发给接收方，接收方得到消息后再产生出消息的 Hash 值，且使用发送方的公钥对收到的签名解密。这样接收方就得了两个 Hash 值，如果两个 Hash 值是一样的，则认为收到的签名是有效的。

3.5.4　用于特殊目的的数字签名算法

应用比较多的特殊目的的数字签名有：盲签名、代理签名、群签名、不可否认签名等，它与具体应用环境密切相关。

1．盲签名

盲签名方案是发送者 A 送消息 M 给签名者 B，B 进行盲签名之后再发给 A，A 可以从 B 对 M 的盲签名计算出 B 对 M 的签名，但是 B 签名后，既不知道 M，也不知道对 M 的签名是什么；可防止签名者看到签名的消息及对消息的签名。1982 年，D. Chaum 首次提出应用于电子支付系统中、基于 RSA 的 Chaum 盲签协议、基于离散对数问题的盲签协议。

2．代理签名

代理签名是指具有签名权力的原始签名人在不泄露自己的签名私钥的前提下授权代理签名人，由代理签名人代表原始签名人生成一个有效的代理签名，代理签名接收方可以验证该签名是否有效。

3．群签名

群签名方案允许群中各成员以群的名义匿名地签发消息，只有群的成员能代表这个群签名，签名接收者能验证它是这个群的合法签名，但不知具体是哪个成员，在发生争端时，借助群成员或可信机构能识别出那个签名者。

4．不可否认签名

有时需要在签名者参加的情况下才能进行签名验证，满足这个要求的签名称为"不可否认签名"。例如：

① 实体 A 希望访问实体 B 控制的"安全区域"，实体 B 在授予实体 A 访问权之前，要求 A 对"访问时间、日期"进行签名。实体 A 不希望别人了解这个事实，即实体 B 没有 A 的参与不能通过出示 A 的签名及验证证明"实体 A 访问该区域"这一事实。

② 某公司 A 开发的一个软件包。A 将软件包和他对软件包的签名卖给用户 B，B 当场验证其签名，以便确认软件包的真实性。用户 B 决定把该软件包的拷贝卖给第三者由于没有公司 A 参与，则第三者不能验证软件包的真实性。

双重签名实现三方通信时的身份认证和信息完整性、防抵赖的保护。网上购物时，客户和商家之间要完成在线付款，在客户（甲）、商家（乙）和银行（丙）之间将面临以下问题：甲向乙发送订单和甲的付款信息；乙收到订单后，要同丙交互，以实现资金转账。但甲不愿让乙看到自己的账户信息，也不愿让丙看到订购信息。此时甲使用双重签名技术对两种信息进行数字签名，来完成以上功能。

小结

本章主要内容包括：密码学基本概念、对称密码学、公钥密码学、消息认证和 Hash 函数、数字签名等内容。

1．密码学

密码学是研究编制密码和破译密码的技术科学。主要包括两个分支，即密码学和密码分析学。密码学是对信息进行编码实现隐蔽信息的一门学问，密码分析学是研究分析破译密码的学问。两者相互对立，而又相互促进。

2．对称密码体制

在对称加密系统中，加密和解密采用相同的密钥。因为加/解密密钥相同，需要通信的双方必须选择和保存他们共同的密钥，各方必须信任对方不会将密钥泄密出去，这样就可以实现数据的机密性和完整性。对于具有 n 个用户的网络，需要 $n(n-1)/2$ 个密钥。

3．DES（数据加密标准）

DES 主要包含三个部分。一是密钥产生部分；二是换位操作部分，即初始置换和逆初始置换部分；三是复杂的、与密钥有关的乘积变换部分。加密前，先将明文分成 64 位的分组，然后将 64 位二进制码输入到密码器中。密码器对输入的 64 位码首先进行初始置换，然后在 64 位主密钥产生的 16 个子密钥控制下进行 16 轮乘积变换，接着再进行末置换，即可得到 64 位已加密的密文。

4．公钥密码

在公钥密码系统中，加密和解密使用的是不同的密钥，这两个密钥之间存在相互依存关系：用其中任一个密钥加密的信息只能用另一个密钥进行解密。这使得通信双方无须事先交换密钥就可进行保密通信。其中加密密钥（公钥）和算法是对外公开的，而接收者收到加密文件后，它可以使用他的解密密钥（私钥）解密。

5．RSA 公开密钥体制

RSA 算法是基于大整数分解的难题，至今没有有效的方法予以解决，也是目前使用最广泛的公钥算法，大多数使用公钥密码进行加密和数字签名的产品和标准使用的都是RSA 算法。

RSA 算法是既能用于数据加密也能用于数字签名的算法，它通常先生成一对 RSA 密钥，其中之一是保密密钥，由用户保存；另一个是公开密钥，可对外公开。

6．数字信封

数字信封是公钥密码体制在实际中的一个应用，是用加密技术来保证只有规定的特定收信人才能阅读通信的内容。在数字信封中，信息发送方采用对称密钥来加密信息内容，然后将此对称密钥用接收方的公开密钥来加密（这部分称数字信封）之后，将它和加密后的信息一起发送给接收方，接收方先用相应的私有密钥打开数字信封，得到对称密钥，然后使用对称密钥解开加密信息。

7．消息认证和 Hash 函数

消息认证就是意定的接收者能够接收到的消息是否真实的方法。消息认证的内容包括：证实消息的信源和信宿，消息内容是否曾收到偶然或有意的篡改，消息的序号和时间是否正确。

Hash 函数就是把任意长的输入串变化成固定长的输出串的一种函数。一个安全的 Hash 函数必要满足：快速性、单向性、无碰撞性等条件。

8．数字签名

数字签名就是通过某种密码运算生成一系列符号及代码组成电子密码进行签名，来代替书写签名或印章。数字签名技术是公钥加密算法的典型应用。

数字签名具有以下特点：接收方能够确认或证实发送方的签字；任何人都不能仿造；如果发送方否认他所签名的消息，可以通过仲裁解决争议。

习题

一、选择题

1．下列说法不正确的是_____。

　　A．密码学主要研究对信息进行编码，实现对信息的隐蔽

　　B．加密算法是对明文进行加密时采用的一组规则

　　C．解密算法是对密文进行解密时采用的一组规则

　　D．密钥是加密和解密时使用的一组秘密信息

2．下列说法不正确的是_____。

　　A．系统的安全性依赖于密钥和加密和解密算法的保密

　　B．密码系统由明文、密文、加密算法、解密算法、密钥组成

　　C．按照密钥的特点分为对称密码算法和非对称密码学，按照明文的处理方法分为分组密码和流密码

　　D．密码分析分为唯密文分析、已知明文分析、选择明文分析和选择密文分析

3．下列说法不是非对称密码学的特点的是_____。

　　A．加密密钥和解密密钥不同

　　B．系统的安全保障在于要从公开钥和密文推出明文或私钥在计算上是不可行的

　　C．分发密钥简单

　　D．系统的保密性取决于密钥的安全性

4．下列有关古典密码学的说法不正确的是_____。

　　A．密码学还不是科学，而是艺术，出现一些密码算法和加密设备

　　B．密码算法的基本手段（置换和代替）出现，针对的是字符

　　C．数据安全基于密钥的保密

　　D．密码分析方法基于明文的可读性以及字母和字母组合的频率特性

5．下列有关对称密码学的说法不正确的是_____。

　　A．加密密钥与解密密钥相同

　　B．可以提供保护信息机密性、认证发送方身份、确保信息完整性和不可否认性的功能

　　C．加密效率高、密钥相对比较短

　　D．密钥传输和密钥管理困难

6．下列说法不正确的是_____。

A. 明文的统计结构被扩散消失到密文的长程统计特性，使得明文和密文之间的统计关系尽量复杂

B. 在二进制分组密码中，扩散可以通过重复使用对数据的某种置换，并对置换结果再应用某个函数的方式来达到，这样做就使得原明文不同位置的多个比特影响到密文的一个比特

C. 混乱使得密文的统计特性与密钥的取值之间的关系尽量复杂，是为了挫败密码分析者试图发现密钥的尝试，可以使用一个复杂的置换算法达到这个目的

D. 目前，大部分常规分组对称密码算法是使用 Feistel 密码结构，用替代和置换的乘积的方式构造的

7. 下列有关 DES 说法不正确的是_____。

A. 设计 DES S 盒的目的是保证输入与输出之间的非线性变换

B. DES 算法设计中不存在弱密钥

C. 目前已经有针对 DES 的线性密码分析和差分密码分析方法

D. DES 是基于 Feistel 密码结构设计的

8. 下列有关 AES 说法不正确的是_____。

A. Rijndael 不属于 Feistel 结构，采用的是代替/置换网络，即 SP 结构

B. 加密与解密对称

C. 支持 128/32=Nb 数据块大小，支持 128/192/256(/32=Nk)密钥长度

D. 比三重 DES 快，至少与三重 DES 一样安全

9. 下列不是三重 DES 模型的是_____。

A. DES-EEE3 使用三个不同密钥顺序进行三次加密变换

B. DES-EDE3 使用三个不同密钥依次进行加密—解密—加密变换

C. DES-EEE2 其中密钥 $K1=K3$ 顺序进行三次加密变换

D. DES-EDE2 其中密钥 $K1=K2$ 依次进行加密—解密—加密变换

10. 下面可以用于认证的 DES 工作模式是_____。

A. 电子密码本 ECB   B. 密码分组链接 CBC

C. 密码反馈 CFB   D. 输出反馈 OFB

11. 下列有关公钥密码学的说法正确的是_____。

① 解决了密钥的发布和管理问题，任何一方可以公开其公开密钥，而保留私有密钥

② 发送方可以用人人皆知的接收方公开密钥对发送的信息进行加密，安全地传送给接收方，然后由接收方用自己的私有密钥进行解密

③ 可以应用于加密/解密、数字签名和密钥交换

④ 基础是单向陷门函数

⑤ 两个密钥中任何一个都可以用作加密而另一个用作解密

A. ①，②，③   B. ①，②，④

C. ①，②，③，④   D. 以上说法都正确

12. ElGamal 算法基于的数学难题是_____。

A. 背包问题   B. 大数分解问题

C. 有限域的乘法群上的离散对数问题   D. 椭圆曲线上的离散对数问题

13. 下列有关 RSA 算法的说法不正确的是_____。
    A. 基于大数分解问题设计
    B. 既可以用于加密，也可用于数字签名
    C. 是目前应用最广泛的公钥密码算法，已被许多标准化组织接纳
    D. 由于密钥短，速度快，可以用于智能卡等存储和运算能力有限的设备上

14. 下列有关电子信封说法不正确的是_____。
    A. 主要为解决对数据进行加密的密钥必须经常更换的问题
    B. 利用数据接收者的公钥来封装保护加密数据的密钥
    C. 结合了对称加密技术和非对称密钥加密技术的优点
    D. 发送者用自己的私钥封装密钥，接收者使用发送者的公钥解密

15. 下列可通过消息认证来防止的攻击是_____。
① 暴露：把报文内容发布给任何人（包括没有合法密钥的人）或其相关过程
② 流量分析：发现通信双方之间信息流的结构模式。在一个面向连接的应用中，可以用来确定连接的频率和持续时间长度
③ 伪装：从一个假冒信息源向网络中插入报文
④ 内容篡改：报文内容被插入、删除、变换、修改
⑤ 顺序篡改：插入、删除或重组报文序列
⑥ 时间篡改：报文延迟或重放
⑦ 否认：接收者否认收到报文；发送者否认发送过报文
    A. ③~⑥   B. ①~④   C. ②~⑥   D. 以上都可以

16. 下列不可以用于报文鉴别的方法是_____。
    A. 报文加密：整个加密的密文作为鉴别标识
    B. 报文鉴别码：公开函数+密钥生成一个固定长度的值作为鉴别标识
    C. Hash 函数：一个公开函数将任意长度的加密映射到一个固定长度的 Hash 值，作为鉴别标识
    D. 数字签名

17. 下列不是 Hash 函数 $h = H(x)$ 必须满足的特征是_____。
    A. H 可以作用于一个任意长度的数据块，产生一个固定长度的输出
    B. 对任意给定码 h，找到 x 满足 $H(x) = h$ 具有计算不可行性
    C. 对任意给定的数据块 x，找到满足 $H(y) = H(x)$ 的 $y \neq x$ 具有计算不可行性
    D. 找到任意数据对 (x, y)，满足 $H(x) = H(y)$ 是计算不可行性

18. 下列说法中不正确的是_____。
    A. 能验证消息来源及完整性，防范第三者
    B. 数字签名在收发双方产生利害冲突时，解决纠纷
    C. 可验证、防抵赖、防假冒、防篡改、防伪造
    D. 对安全、防伪、速度要求比加密更高

19. 下列不能用于数字签名算法的算法是_____。
    A. DSS/DSA   B. RSA   C. ElGamal   D. RC5

20. 应用于防止签名者看到签名的消息及对消息的签名的数字签名方法是_____。

    A．一次性签名   B．失败—停止数字签名

    C．盲签名   D．群签名

21．RSA 算法建立的理论基础是_____。

    A．DES   B．替代项组合   C．大数分解和素数检测

    D．Hash 函数

二、填空题

1．RSA 公开密钥密码体制的安全性取决于从公开密钥_____计算出秘密密钥_____的困难程度，其困难在于从 n 中找出它的两个_____。

2．单表密码替代法的主要缺点是英语字母的使用_____明显在密文中体现。

3．一般情况下，机密性机构的可见性要比公益性机构的可见性_____（填高或低）。

4．DES 算法可以分成 4 部分：初始置换、_____、逆置换和子密钥的生成。

5．RSA 是_____系统。

6．DES 的解密是将 16 轮的子密钥 $k1,k2,k3,\cdots,k16$ 的顺序_____使用。

7．DES 使用的密钥长度是_____位。

8．密码学主要包括两个分支，即密码学和_____学。两者相互对立，而又相互促进。

9．单表替代密码的一种典型方法是_____，又叫作循环移位密码。

10．RSA 与 DES 相比有不可替代的优点，但其运算量远_____后者。

11．对于巨大的质数 p 和 q，计算乘积 $n=p*q$ 非常简单，而逆运算却难而又难，这是一种_____运算。

12．如果对明文 attack 使用密钥为 5 的恺撒密码加密，那么密文是_____。

13．电子商务中的数字签名通常利用公开密钥加密方法实现，其中发送者签名使用的密钥为发送者的_____。

14．分组密码与序列密码的区别是_____。

三、简答题

1．简述密码系统的组成，并解释以下概念：密码算法、明文、密文、加密、解密、密钥。

2．对称密码技术中密钥有几个，能否通过一个密钥推导出另外一个密钥？

3．假设在某机构中有 100 个人，如果他们任意两人之间可以进行秘密对话，如果使用保密密钥，则共需要 4950 个密钥，而且每个人应记住 99 个密钥，如果机构人数更多，则保密密钥的分发就产生了问题。目前，哪能种方案可以解决这个问题？请简述其原理。

4．DES 算法中，如何生成密钥，其依据的数学原理是什么？

5．假设一个用户玛丽亚发现了她的私有 rsa 密钥($d1$, $n1$)与另一个用户弗朗西丝的公开 rsa 密钥($e2$, $n2$)相同。或者说，$d1 = e2$ 而 $n1 = n2$。那么，玛丽亚是否应该考虑改变她的公开密钥和私有密钥呢？请解释你的答案。

6．RSA 算法依据的数学原理是什么，RSA 与 DES 相比，有哪些不同？

7．加密在现实中的应用有哪些？请举例说明。

8．为什么需要消息认证？

9．Hash 函数和消息认证码有什么区别？各自可以提供什么功能？

10．数字签名需要满足哪些条件？写出数字签名的典型使用方案。

第4章　身份认证与访问控制

身份认证与访问控制是计算机安全保障机制的核心内容，本章内容包括身份认证的原理、协议，各种认证的分类及身份认证的应用与实现，介绍访问控制模型、自主访问控制、强制访问控制、基于角色的访问控制等。

4.1　身份认证

随着互联网的不断发展，越来越多的人开始尝试在线交易，然而病毒、黑客、网络钓鱼以及网页仿冒诈骗等恶意威胁，给在线交易的安全性带来了极大的挑战。近些年国内外网络诈骗事件层出不穷，给银行和消费者带来了巨大的经济损失。层出不穷的网络犯罪，引起了人们对网络身份的信任危机，如何证明"我是谁？"及如何防止身份冒用等问题是必须解决的问题。

身份认证是指计算机及网络系统确认操作者身份的过程。在数字世界中，一切信息包括用户的身份信息都是用一组特定的数据来表示的，计算机只能识别用户的数字身份，所有对用户的授权也是针对用户数字身份的授权。而我们生活的现实世界是一个真实的物理世界，每个人都拥有独一无二的物理身份。如何保证以数字身份进行操作的操作者就是这个数字身份的合法拥有者，也就是说，保证操作者的物理身份与数字身份相对应，成为一个很重要的问题。身份认证技术的诞生就是为了解决这个问题。因此，身份认证是计算机安全最基本的要素，也是整个信息安全体系的基础。

4.1.1　身份认证的概念

1．身份认证定义

身份认证可以定义为，为了使某些授予许可权限的权威机构、组织和个人满意，而提供所要求的证明自己身份的过程。

身份认证技术指通过网络对远端通信实体的身份进行确认的技术。在网络通信的各个层都具有同层通信实体，都需要身份确认。其中最为核心的是应用级用户的身份确认。

2．身份认证三要素

（1）用户知道什么（What you know？）

在互联网和计算机领域中最常用的认证方法是口令认证，当登录计算机网络时需要输入口令，计算机把它的认证建立在口令之上，如果用户把口令告诉了其他人，则计算机也将给予那个人访问权限，因此认证是建立在口令之上的，这并不是计算机的失误，而是用户本身造成的，当然仅属于一种模式的认证。

（2）用户拥有什么（What you have？）

这种方法稍好一些，因为用户需要一些物理原件。例如，一张楼宇通行卡只有扫描器上划过卡的人才能进入大楼，这里认证是建立在这张卡上，当然别人也可以拿着这张卡进入大楼，因此，如果希望能够创建一个更加精密的认证系统，可以要求不仅有通行证而且还要有口令认证。

（3）用户是谁（Something the user is）

这种过程通常需要一些物理因素，如基因或其他一些不能复制的个人特征，如指纹、面部扫描器，视网膜扫描器和语音分析等。这种方法也被认为是生物测定学。

3. 身份认证协议

身份认证协议涉及一个证明者 P 和验证者 V，P 要让验证者 V 相信"他是 P"。他们必须做到：

① P 和 V 在诚实的情况下，P 能让 V 成功地识别自己，即在协议完成时，V 接受了 P 的身份；

② V 不能重新使用自己与 P 识别过程中的信息伪装成 P，向第三者 B 证明自己是 P；

③ 除了 P 以外的第三者 C 以 P 的身份执行该协议，能让 V 相信 C 是 P 的概率可以忽略不计。

4.1.2　基于口令的身份认证

1. 用户名/口令方式

用户名/口令是最简单也是最常用的身份认证方法，是基于"What you know?"的验证手段。每个用户的口令是由用户自己设定的，只有用户自己才知道。只要能够正确输入口令，计算机就认为操作者就是合法用户。实际上，由于许多用户为了防止忘记口令，经常采用诸如生日、电话号码等容易被猜测的字符串作为口令，或者把口令抄在纸上放在一个自认为安全的地方，这样很容易造成口令泄露。即使能保证用户口令不被泄露，由于口令是静态的数据，在验证过程中需要在计算机内存中和网络中传输，而每次验证使用的验证信息都是相同的，很容易被驻留在计算机内存中的木马程序或网络中的监听设备截获。因此，从安全性上讲，用户名/口令方式是一种极不安全的身份认证方式。

用户名/口令认证方法的优点在于：一般的系统（如 UNIX，Windows 等）都提供了对口令认证的支持，对于封闭的小型系统来说不失为一种简单可行的方法。

用户名/口令认证方法存在下面几点不足。

① 用户每次访问系统时都要以明文方式输入口令，这时很容易泄密（如被"肩部冲浪者"即窥视者看见）。

② 口令在传输过程中可能被截获。

③ 系统中所有用户的口令以文件形式存储在认证方，攻击者可以利用系统中存在的漏洞获取系统的口令文件。

④ 在用户访问多个不同安全级别的系统时，都要求用户提供口令，用户为了记忆的方便，往往采用相同的口令。而低安全级别系统的口令容易被攻击者获得，从而用来对高安全级别系统进行攻击。

⑤ 只能进行单向认证，即系统可以认证用户，而用户无法对系统进行认证。攻击者可能伪装成系统骗取用户的口令。

对于第②点，系统可以对口令进行加密传输。对于第③点，系统可以对口令文件进行不可逆加密。尽管如此，攻击者还是可以利用一些工具很容易地将口令和口令文件解密。

2．动态口令认证

基于口令的认证方式是最常用的一种技术，但它存在严重的安全问题。安全性仅依赖于口令，口令一旦泄露，用户就可能被冒充。由于用户为了方便记忆往往选择简单、容易被猜测的口令，这个问题往往成为安全系统最薄弱的突破口。口令一般是经过加密后存放在口令文件中，如果口令文件被窃取，那么就可以进行离线的字典式攻击。于是就出现了动态口令认证技术。

为解决静态口令安全性的问题，在 20 世纪 90 年代出现了动态口令技术。动态口令技术也称为一次性口令技术，即用户每次登录系统时都使用不同的口令，这个口令用过后就立刻作废，不能再次使用。动态口令技术也就是业界广泛提到的多因素身份认证方式（或是双因素身份认证方式）的一种。它是动态口令牌、口令牌生成的口令和口令牌自身保护的 PIN 码（personal identification number，个人标识码）等多种因素的一种结合，用以判别用户的唯一身份。

使用动态口令认证时，需要用户持有"认证器"或者"口令牌"（见图 4-1），它们是用来生成动态口令的装置。动态口令技术即通过"口令牌"得到随时变化的、不可预知的、一次性有效的口令，客户在登录时用动态口令代替固定口令，通过认证后，该口令即失效，既有效地提高了身份认证的安全性，同时又免除了用户记忆口令和经常需要更换口令的麻烦。

图 4-1　口令牌

到目前为止，动态口令技术主要的应用发展分为三种：挑战/应答（异步）技术、时间同步技术和事件同步技术。

① 挑战/应答（异步）：也称为异步令牌，其令牌和服务器之间除相同的算法外不需要其他同步的条件，用户登录时每次由服务器传过来一个挑战值，用户将挑战值输入到口令牌中计算口令，并将计算的口令输入，再回传给服务器进行认证，就像两个人对暗号一样，暗号对上，认证就通过。

② 时间同步：基于令牌和服务器的时间同步，通过运算来生成一致的动态口令，基于时间同步的令牌，一般更新率为 60 秒，即每 60 秒产生一个新口令。

③ 事件同步：基于事件同步的令牌，其原理是通过某一特定的事件次序及相同的种子值作为输入，在算法中运算出一致的口令。用户每次登录时按一下口令牌生成一个口令，服务器在用户登录时每次生成一个口令与口令牌中的口令进行对比。

3．动态口令认证系统的组成

动态口令认证系统一般由以下三个部分组成。

① 动态口令牌：硬件设备，像一个小的计算器，用来生成口令，可以随身携带。

② 动态口令认证服务器：认证服务器端是动态口令认证系统的核心，负责响应认证系统客户端所发过来的用户认证请求（动态口令），完成用户的身份认证。

③ 代理软件（agent）：代理软件以及基于各种标准的访问协议（如 RADI US 协议）构成认证转发点，安装在受保护的系统上，负责将用户的认证请求转发到认证服务器端。

对于上述的这三种技术都需要用户持有一个"认证器"或是"口令牌"来生成动态口令。而为防止动态口令牌丢失时被别人盗用，一般口令牌使用 PIN 码保护，根据 PIN 码保护的形式不同，令牌又具有如下两种特征。

① 软 PIN 码保护：软 PIN 码是在口令输入窗口输入动态口令时，同时输入的个人记忆的静态口令，将其和令牌生成的动态口令一同输入弹出的用户名口令窗口，传送到服务器端实现认证。

② 硬 PIN 码保护：硬 PIN 码是在开启口令牌时要求输入记忆口令，不知道该口令的人员不能使用口令牌，即不能开机，类似于手机的 PIN 码，这个 PIN 码不会再输入到弹出的登录窗口。由于软 PIN 码每次用户登录时均在网络中传输，加上该口令的传输过程并不进行加密，易被窃听，故在安全级别要求较高的场合，建议使用有数字键盘的可以用硬 PIN 码进行保护的硬件口令牌，杜绝安全漏洞。

4．动态口令的保护对象

动态口令作为一种强制身份认证机制，更适用于对网络设备的认证。在当前越来越广泛使用数字证书或 USB Key 身份认证方式的情形下，动态口令在网络设备方面的认证不可取代。USB Key 对 Windows 服务器登录、Telnet 登录都有局限性，而动态口令则在这方面有很好的解决方案。动态口令可以保护以下的系统：

↺ 拨号服务器及路由器、交换机；

↺ 防火墙；

↺ VPN 系统；

↺ Citrix；

↺ MS Windows NT/2000 域和服务器；

↺ UNIX 系统（Solaris，HP-UX，AIX，Linux）；

↺ RADIUS 兼容设备。

除此之外，动态口令也提供 Authenticaton SDK 的二次开发，使用户能够更好地保护自己的应用系统。

4.1.3 基于 USB Key 的身份认证

基于 USB Key 的身份认证方式是近几年发展起来的一种方便、安全、可靠的身份认证技术。USB Key 是一种 USB 接口的、小巧的硬件设备（见图 4-2），形状与我们常见的 U 盘没有什么两样。但它的内部结构不简单，它内置了 CPU、存储器、芯片操作系统（COS），可以存储用户的密钥或数字证书，利用 USB Key 内置的口令算法实现对用户身份的认证。

USB Key 结合了现代口令学技术、智能卡技术和 USB 技术，是新一代身份认证产品，它具有以下特点。

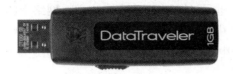

图 4-2　USB Key

1．双因子认证

每一个 USB Key 都具有硬件 PIN 码保护，PIN 码和硬件构成了用户使用 USB Key 的两个必要因素，即所谓"双因子认证"。用户只有同时取得了 USB Key 和用户 PIN 码，才可以登录系统。即使用户的 PIN 码被泄露，只要用户持有的 USB Key 不被盗取，合法用户的身份就不会被仿冒；如果用户的 USB Key 遗失，拾到者由于不知道用户 PIN 码，也无法仿冒合法用户的身份。

2．带有安全存储空间

USB Key 具有 8～128 KB 的安全数据存储空间，可以存储数字证书、用户密钥等秘密数据，对该存储空间的读写操作必须通过程序实现，用户无法直接读取，其中用户私钥是不可导出的，杜绝了复制用户数字证书或身份信息的可能性。

3．硬件实现加密算法

USB Key 内置 CPU 或智能卡芯片，可以实现 PKI（public key infrastructure，公共密钥体系）中使用的数据摘要、数据加解密和签名的各种算法，加解密运算在 USB Key 内进行，保证了用户密钥不会出现在计算机内存中，从而杜绝了用户密钥被黑客截取的可能性。支持 RSA，DES，SSF33 和 3DES 算法。

4．便于携带，安全可靠

如拇指般大的 USB Key 非常方便随身携带，并且密钥和证书不可导出，Key 的硬件不可复制，更显安全可靠。

USB Key 身份认证主要有基于冲击-响应认证模式和基于数字证书的认证方式的两种应用模式。

（1）基于冲击-响应认证模式

USB Key 内置单向 Hash 算法（MD5），预先在 USB Key 和服务器中存储一个证明用户身份的密钥，当需要在网络上验证用户身份时，先由客户端向服务器发出一个验证请求。服务器接到此请求后生成一个随机数回传给客户端上插着的 USB Key，此为"冲击"。USB Key 使用该随机数与存储在 USB Key 中的密钥进行 MD5 运算得到一个运算结果作为认证证据传送给服务器，此为"响应"。与此同时，服务器使用该随机数与存储在服务器数据库中的该客户密钥进行 MD5 运算，如果服务器的运算结果与客户端传回的响应结果相同，则认为客户端是一个合法用户。

密钥运算分别在 USB Key 硬件和服务器中运行，不出现在客户端内存中，也不在网络上传输，由于 MD5-Hash 算法是一个不可逆的算法，就是说，知道密钥和运算用随机数就可以得到运算结果，而知道随机数和运算结果却无法计算出密钥，从而保护了密钥的安全，也就保护了用户身份的安全。

图 4-3 中，"X"代表服务器提供的随机数，"Key"代表密钥，"Y"代表随机数和密钥经过 MD5 运算后的结果。通过网络传输的只有随机数"X"和运算结果"Y"，用户密钥

"Key"既不在网络上传输,也不在客户端内存中出现,网络上的黑客和客户端中的木马程序都无法得到用户的密钥。由于每次认证过程使用的随机数"X"和运算结果"Y"都不一样,即使在网络传输的过程中认证数据被黑客截获,也无法逆推获得密钥,因此从根本上保证了用户身份无法被仿冒。

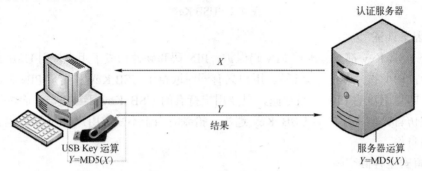

图 4-3　冲击-响应认证模式

（2）基于数字证书的认证方式

PKI 利用一对互相匹配的密钥进行加密、解密,即一个公共密钥（公钥）和一个私有密钥（私钥）。其基本原理是:由一个密钥进行加密的信息内容,只能由与之配对的另一个密钥才能进行解密。公钥可以广泛地发给与自己有关的通信者,私钥则需要十分安全地存放起来。

每个用户拥有一个仅为本人所掌握的私钥,用它进行解密和签名;同时拥有一个公钥用于文件发送时加密。当发送一份保密文件时,发送方使用接收方的公钥对数据加密,而接收方则使用自己的私钥解密,这样,信息就可以安全无误地到达目的地了,即使被第三方截获,由于没有相应的私钥,也无法进行解密。

冲击-响应模式可以保证用户身份不被仿冒,但无法保证认证过程中数据在网络传输过程中的安全。而基于 PKI 的"数字证书认证方式"则可以有效保证用户的身份安全和数据传输安全。数字证书是由可信任的第三方认证机构——数字证书认证中心（certficate authority,CA）颁发的一组包含用户身份信息（密钥）的数据结构,PKI 体系通过采用加密算法构建了一套完善的流程,保证数字证书持有人的身份安全。而使用 USB Key 可以保障数字证书无法被复制,所有密钥运算在 USB Key 中实现,用户密钥不在计算机内存出现也不在网络中传播,只有 USB Key 的持有人才能够对数字证书进行操作,安全性有了保障。基于数字证书的认证方式如图 4-4 所示。

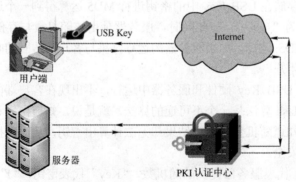

图 4-4　基于数字证书的认证方式

由于 USB Key 具有安全可靠、便于携带、使用方便、成本低廉的优点，加上 PKI 体系完善的数据保护机制，使用 USB Key 存储数字证书的认证方式已经成为目前主要的认证模式。

4.1.4　生物特征认证技术

在移动互联网时代的今天，网络信息安全面临着多方面的威胁，个人隐私保护也受到了越来越广泛的关注和重视。相比于传统的密码，生物特征识别技术作为一种更为安全可靠的身份认证技术，因此被广泛应用于维护公共安全、保护个人隐私等多个方面。

生物特征认证是指通过自动化技术利用人体的生理特征和（或）行为特征进行身份鉴定。目前利用生理特征进行生物识别的主要方法有指纹识别、虹膜识别、掌纹识别、视网膜识别和面部识别；利用行为特征进行识别的主要方法有语音识别、笔迹识别和击键识别等。除了这些比较成熟的生物识别技术之外，还有许多新兴的技术，如耳朵识别、人体气味识别、血管识别、步态识别等。随着现代生物技术的发展，尤其是人类基因组研究的重大突破，研究人员认为 DNA 识别技术或基因型识别技术将是未来生物识别技术的主流。

生物特征认证的核心在于如何获取这些生物特征，并将之转换为数字信息，存储于计算机中，利用可靠的匹配算法来完成验证与识别个人身份的过程。所有的生物识别系统都包括如下几个处理过程：采集、解码、比对和匹配。

并非所有的生物特征都可用于个人的身份鉴别。身份鉴别可利用的生物特征必须满足以下几个条件。

① 普遍性：即每个人都应该具有这一特征。

② 唯一性：即每个人在这一特征上有不同的表现。

③ 稳定性：即这一特征不会随着年龄的增长、时间的改变而改变。

④ 易采集性：即这一特征应该是容易测量的。

⑤ 可接受性：即人们是否接受这种生物识别方式。

当然，在应用过程中，还要考虑其他的实际因素，比如，识别精度、识别速度、对人体无伤害，等等。现在常用的生物特征有面部识别、虹膜识别、掌纹识别、指纹识别、签名识别、语音识别等。

1. 指纹识别技术

指纹人人皆有，却各不相同。由于指纹重复率极小，大约 150 亿分之一，故其称为"人体身份证"。很早以前人们就在纸上或木板上按手印来标识身份。随着科技的进步，指纹识别技术已进入计算机世界。由于具有采集设备价格低廉、稳定性强等优点，指纹识别技术目前已经成为应用最为广泛的生物特征识别技术。 现在指纹识别技术被广泛应用于在电子商务和电子政务的多个领域。

指纹具有"各不相同、终生不变"的特性。每个人包括指纹在内的皮肤纹路在图案、断点和交叉点上各不相同。据此，就可以把一个人同他的指纹对应起来，通过将他的指纹和预先保存的指纹数据进行比较，就可以验证他的真实身份，这就是指纹识别技术。

指纹识别技术主要涉及四个功能：读取指纹图像、提取特征、保存数据和比对。在一开始，通过指纹读取设备读取到人体指纹的图像，之后，要对原始图像进行初步的处理，使之更清晰。接下来，指纹辨识软件建立指纹的数字表示——特征数据，特征数据是根据指纹的特征点（如嵴、谷、终点、分叉点和分歧点等）的转换和提取，两枚不同的指纹不会产生相同的特征数据。通常将特征数据保存为 1 KB 大小的记录。最后，通过计算机模糊比较的方法，把两个指纹的特征数据进行比较，计算出它们的相似程度，最终得到两个指纹的匹配结果。

指纹的识别过程如图 4-5 所示，包括两个子过程各 4 个阶段点。两个子过程是指纹注册过程和指纹识别过程。指纹注册过程的 4 个阶段分别是指纹采集、指纹图像增强处理、指纹特征值提取及建立指纹模板库。指纹识别过程的 4 个阶段，分别是指纹采集、指纹图像增强处理、指纹特征值提取和指纹特征值匹配。指纹的识别是通过模糊比较的方法，把两个指纹的特征数据进行比较，计算出它们的相似程度，最终得到两个指纹的匹配结果。

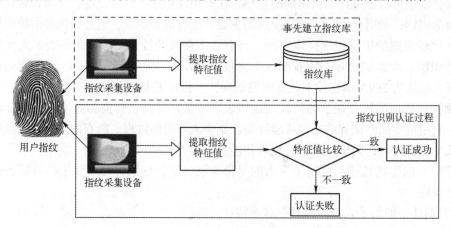

图 4-5   指纹识别系统的构成

指纹识别现在主要存在的安全隐患是人们不可避免地将指纹遗留在各种物体的表面，这些残留的指纹可能会被不法分子利用来制作假指纹，并对指纹识别系统进行攻击。现有的自动指纹识别系统大多不能正确区分真实指纹和假指纹。

2．掌纹识别

掌纹识别是指根据人手掌上的纹理来判断哪些掌纹图像是来自同一手掌，哪些掌纹图像是来自不同的手掌，从而达到身份识别的目的。人的掌纹千差万别，没有任何两个手掌是完全相同的，具有唯一性。由于掌纹具有唯一性和稳定性，而且人人拥有，因此可以用掌纹识别（验证）人的身份。

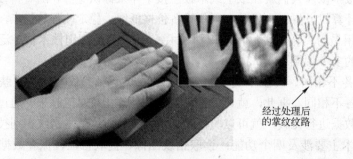

图 4-6   掌纹识别

掌纹识别和指纹识别等生物识别技术一样，分为注册过程和识别过程。其中，在注册过程中，采集用户的掌纹图像后，经过预处理和特征提取生成模板，放到模板库里面。掌纹图像的采集很方便，对采集设备的要求不高，一般的摄像头或者扫描仪都可以采集到很清晰的图像。算法相对来说比较简单，速度快，能满足掌纹识别系统低分辨率、实时性的要求。识别阶段，采集到用户的掌纹图像，经过预处理和特征提取后，与模板库里的模板进行匹配，按照匹配规则得到掌纹识别结果。

3. 面部识别

面部识别技术通过对面部特征和它们之间的关系（眼睛、鼻子和嘴的位置，以及它们之间的相对位置）来进行识别，如图 4-7 所示。用于捕捉面部图像的两项技术为标准视频和热成像技术。标准视频技术通过视频摄像头摄取面部的图像，热成像技术通过分析由面部的毛细血管的血液产生的热线来产生面部图像，与视频摄像头不同，热成像技术并不需要在较好的光源，即使在黑暗情况下也可以使用。

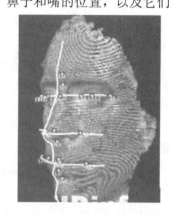

图 4-7　面部识别

面部识别的内容包括人脸检测与定位和特征提取与识别，主要的难点有两方面。一方面是由于人脸内在的变化所引起的：①人脸具有相当复杂的细节变化，不同的外貌如脸形、肤色等，不同的表情如眼、嘴的开与闭等；②人脸的遮挡，如眼镜、头发和头部饰物以及其他外部物体等。另一方面是由于外在条件变化所引起的：①由于成像角度的不同造成人脸的多姿态，如平面内旋转、深度旋转及上下旋转，其中深度旋转影响较大；②光照的影响，如图像中的亮度、对比度的变化和阴影等；③图像的成像条件，如摄像设备的焦距、成像距离，图像获得的途径，等等。这些困难都为解决人脸检测问题造成了难度。如果能够找到一些相关的算法并能在应用过程中达到实时，将为成功构造出具有实际应用价值的人脸检测与跟踪系统提供保证。

面部识别作为一种新兴的生物特征识别技术（biometrics），与虹膜识别、指纹扫描、掌形扫描等技术相比，面部识别技术在应用方面具有独到的优势。

① 使用方便，用户接受度高。面部识别技术使用通用的摄像机作为识别信息获取装置，以非接触的方式在识别对象未察觉的情况下完成识别过程。

② 直观性突出，面部识别技术所使用的依据是人的面部图像，而人脸无疑是肉眼能够判别的最直观的信息源，方便人工确认、审计，"以貌取人"符合人的认知规律。

③ 识别精确度高，速度快与其他生物识别技术相比，面部识别技术的识别精度处于较高的水平，误识率、拒认率较低。

④ 不易仿冒，在安全性要求高的应用场合，面部识别技术要求识别对象必须亲临识别现场，他人难以仿冒。面部识别技术所独具的活性判别能力保证了他人无法以非活性的照片、木偶、蜡像来欺骗识别系统。这是指纹等生物特征识别技术所很难做到的。举例来说，用合法用户的断指即可仿冒合法用户的身份而使识别系统无从觉察。

⑤ 使用通用性设备，面部识别技术所使用的设备为一般的 PC、摄像机等常规设备，由于计算机、闭路电视监控系统等已经得到了广泛的应用，因此对于多数用户而言，使用面部识别技术无须添置大量专用设备，从而既保护了用户的原有投资又扩展了用户已有设备的功能，满足了用户安全防范的需求。

⑥ 基础资料易于获得，面部识别技术所采用的依据是人脸照片或实时摄取的人脸图像，因而无疑是最容易获得的。

⑦ 成本较低，易于推广使用由于面部识别技术所使用的是常规通用设备，价格均在一般用户可接受的范围之内，与其他生物识别技术相比，面部识别产品具有很高的性能价格比。概括地说，面部识别技术是一种高精度、易于使用、稳定性高、难仿冒、性价比高的生物特征识别技术，具有极其广阔的市场应用前景。

面部识别也有以下缺点。

① 面部识别被认为是生物特征识别领域甚至人工智能领域最困难的研究课题之一。面部识别的困难主要是面部作为生物特征的特点所带来的。

② 相似性。不同个体之间的区别不大，所有的面部的结构都相似，甚至面部器官的结构外形都很相似。这样的特点对于利用面部进行定位是有利的，但是对于利用面部区分人类个体是不利的。

③ 易变性。面部的外形很不稳定，人可以通过脸部的变化产生很多表情，而在不同观察角度，面部的视觉图像也相差很大，另外，面部识别还受光照条件（例如白天和夜晚，室内和室外等）、面部的很多遮盖物（例如口罩、墨镜、头发、胡须等）、年龄等多方面因素的影响。在面部识别中，第一类的变化是应该放大而作为区分个体的标准的，而第二类的变化应该消除，因为它们可以代表同一个个体。通常称第一类变化为类间变化，而称第二类变化为类内变化。对于面部，类内变化往往大于类间变化，从而使在受类内变化干扰的情况下利用类间变化区分个体变得异常困难。

4. 虹膜识别

虹膜识别技术是利用虹膜终身不变性和差异性的特点来识别身份的（见图 4-8）。虹膜是一种在眼睛中瞳孔内织物状的各色环状物，每个虹膜都包含一个独一无二的、基于水晶体、细丝、斑点、凹点、皱纹和条纹等特征的结构。虹膜在眼睛的内部，用外科手术很难改变其结构；由于瞳孔随光线的强弱变化，想用伪造的虹膜代替活的虹膜是不可能的。目前世界上还没有发现虹膜特征重复的案例，就是同一个人的左右眼虹膜也有很大区别。除了白内障等原因外，即使是接受了角膜移植手术，虹膜也不会改变。虹膜识别技术与相应的算法结合后，可以到达十分优异的准确度，即使全人类的虹膜信息都录入到一个数据中，出现认假和拒假的可能性也相当小。

一个虹膜识别系统的组成包括虹膜图像的获取、虹膜定位、虹膜特征提取和模式匹配四个部分。目前几种较成熟的虹膜识别方法有 Daugman 虹膜识别方法、Wildes 虹膜识别方法、Boles 虹膜识别方法等。

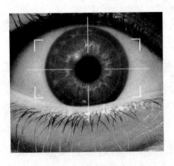

图 4-8　虹膜识别

在当今世界，虹膜识别仍被公认为是识别精度最高的生物识别系统。虹膜特征匹配的准确性甚至超过了 DNA 匹配。

这种技术在生物测定行业已经被广泛认为是目前精确度、稳定性、可升级性最高的身份识别系统。到目前为止，虹膜识别的错误率是各种生物特征识别中最低的，并且具有很强的实用性。

当然，虹膜识别也并不是没有缺点，目前，使用虹膜作为特征进行身份识别的主要难以解决的问题就是虹膜图像的获取。虹膜是一个很小的器官，直径约十几毫米，不同人种的虹膜颜色有着很大的差别。白种人的虹膜颜色浅，纹理显著；而黄种人的虹膜则多为深褐色，纹理非常不明显，这使得虹膜图像获取有很多困难。用普通的 CCD 摄像头和在正常的光照条件下很难获得清晰的虹膜图像。

5. 基于行为特征的生物识别技术

在基于行为特征的生物识别技术中，所选择的生物特征主要是由生物的行为产生的，这些行为具有唯一性和可识别性。

（1）语音识别

人类语言的产生是人体语言中枢与发音器官之间一个复杂的生理物理过程，人在讲话时使用的发声器官舌、牙齿、喉头、肺、鼻腔在尺寸和形态方面每个人的差异很大，所以任何两个人的声纹图谱都有差异。每个人的语音声学特征既有相对稳定性，又有变异性，不是绝对的、一成不变的。这种变异可来自生理、病理、心理、模拟、伪装，也与环境干扰有关。尽管如此，由于每个人的发音器官都不尽相同，因此在一般情况下，人们仍能区别不同人的声音或判断是否是同一人的声音。

语音的辨识不是对说出的词语本身进行辨识，而是通过分析语音的唯一特性，如发音的频率，来识别说话的人。语音识别也是一种行为识别技术，声音识别设备不断地测量、记录声音的波形和变化。

而语音识别基于将现场采集到的声音同登记过的声音模板进行精确的匹配。其优点是：它是一种非接触的识别技术，用户可以很自然地接受。其缺点是：声音因为变化的范围太大，故而很难进行一些精确的匹配，语音会随着音量、速度和音质的变化（例如当你感冒时）而影响到采集与比对的结果；容易用录在磁带上的声音来欺骗系统。随着技术的发展，也许语音识别系统可以觉察和拒绝录制虚假的声音。

与虹膜、指纹和面部识别相比，由于语音识别系统具有价格便宜、使用方便、可维护性强、卫生状况好等优点，使其在与同类型其他产品的竞争中更具有广阔的市场潜力。相信语音将成为未来生物识别的主流方向，将语音识别技术产业化，也给未来相关产业的发展带来了契机。

（2）签名识别

签名识别技术，是通过计算机识别算法把手写签名的图像、笔顺、速度和压力等信息与真实签名样本进行比对，以实时鉴别手写签名真伪的技术。签名识别易被大众接受，是一种公认的身份识别的技术。但事实表明，人们的签名在不同时期和不同精神状态下是不一样的，这就降低了签名识别系统的可靠性。

（3）步态识别

步态是指人们行走时的方式，这是一种复杂的行为特征。步态识别主要提取的特征是人体每个关节的运动。尽管步态不是每个人都不相同的，但是它也提供了充足的信息来识别人的身份。步态识别的输入是一段行走的视频图像序列，因此其数据采集与面部识别类似，具有非侵犯性和可接受性。但是，由于序列图像的数据量较大，因此步态识别的计算复杂性比较高，处理起来也比较困难。尽管生物力学中对步态进行了大量的研究工作，但基于步态的身份鉴别的研究工作却刚刚开始。到目前为止，还没有商业化的基于步态的身份鉴别系统。

4.2 访问控制

访问控制（access control）就是在身份认证的基础上，依据授权对提出的资源访问请求加以控制。访问控制是网络安全防范和保护的主要策略，它可以限制对关键资源的访问，防止非法用户的侵入或合法用户的不慎操作所造成的破坏。

4.2.1 访问控制的概念

访问控制系统一般包括：主体、客体、授权访问、安全访问策略。

主体是发出访问操作、存取要求的发起者，通常指用户或用户的某个进程。

客体是被调用的程序或欲存取的数据，即必须进行控制的资源或目标，如网络中的进程等活跃元素、数据与信息、各种网络服务和功能、网络设备与设施。

授权访问是指主体访问客体的允许，授权访问对每一对主体和客体来说是给定的。例如，授权访问有读写、执行，读写客体是直接进行的，而执行是搜索文件、执行文件。对用户的访问授权是由系统的安全策略决定的。在一个访问控制系统中，区别主体与客体很重要。首先由主体发起访问客体的操作，该操作根据系统的授权或被允许或被拒绝。另外，主体与客体的关系是相对的，当一个主体受到另一主体的访问，成为访问目标时，该主体便成为了客体。

安全访问策略是一套规则，用以确定一个主体是否对客体拥有访问能力，它定义了主体与客体可能的相互作用途径。

访问控制根据主体和客体之间的访问授权关系，对访问过程做出限制。从数学角度来看，访问控制本质上是一个矩阵，行表示资源，列表示用户，行和列的交叉点表示某个用户对某个资源的访问权限（读、写、执行、修改、删除等）。

访问控制主要分为网络访问控制和系统访问控制。网络访问控制限制外部对网络服务的访问和系统内部用户对外部的访问，通常由防火墙实现。系统访问控制为不同用户赋予不同的主机资源访问权限，操作系统提供一定的功能实现系统访问控制，如 UNIX 的文件系统。网络访问控制的属性有：源 IP 地址、源端口、目的 IP 地址、目的端口等。系统访问控制（以文件系统为例）的属性有：用户、组、资源（文件）、权限等。

4.2.2 访问控制的实现机制和控制原则

访问控制机制是为检测和防止系统中的未经授权访问、对资源予以保护所采取的软硬件措施和一系列管理措施等。访问控制一般是在操作系统的控制下，按照事先确定的规则决定是否允许主体访问客体，它贯穿于系统工作的全过程，是在文件系统中广泛应用的安全防护方法。

1. 访问控制矩阵

访问控制矩阵（access control matrix）是最初实现访问控制机制的概念模型，它利用二维矩阵规定了任意主体和任意客体间的访问权限，如图 4-9 所示。矩阵中的行代表主体的访问权限属性，矩阵中的列代表客体的访问权限属性，矩阵中的每一格表示所在行的主体对所在列的客体的访问授权。访问控制的任务就是确保系统的操作是按照访问控制矩阵授权的访问来执行的，它是通过引用监控器协调客体对主体的每次访问而实现的，这种方法清晰地实现了认证与访问控制的相互分离。在较大的系统中，访问控制矩阵将变得非常巨大，而且矩阵中的许多格可能都为空，造成很大的存储空间浪费，因此很少实际应用，访问控制很少利用矩阵方式实现。

客体 主体	目标 x	目标 y	目标 z
用户 a	R、W、Own		R、W、Own
用户 b		R、W、Own	
用户 c	R		R、W
用户 d	R		R、W

图 4-9　访问控制矩阵

2．访问控制表

访问控制表（access control lists，ACL）是以文件为中心建立的访问权限表，如图 4-10 所示。表中登记了该文件的访问用户名及访问权隶属关系。利用访问控制表，能够很容易地判断出对于特定客体的授权访问，哪些主体可以访问并有哪些访问权限，同样也可以很地容易地撤销特定客体的授权访问，只要把该客体的访问控制表置为空即可。

访问控制表简单、实用，查询特定主体能够访问的客体时，即使需要遍历查询所有客体的访问控制表，它仍然是一种成熟且有效的访问控制实现方法。许多通用的操作系统使用访问控制表来提供访问控制服务，例如 UNIX 系统利用访问控制表的简略方式，允许以少量工作组的形式实现访问控制表，而不允许单个的个体出现，这样可以使访问控制表很小，而且能够用几位就可以和文件存储在一起。另一种复杂的访问控制表应用是利用一些访问控制包，通过它制订复杂的访问规则限制何时进行访问以及如何进行访问，而且这些规则可根据用户名和其他用户属性的定义进行单个用户的匹配应用。

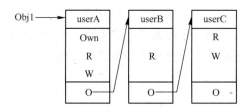

图 4-10　访问控制表

3．能力关系表

能力关系表（capabilities list）与访问控制列表相反，它是以用户为中心建立访问权限表，表中规定了该用户可访问的文件名及访问权限，如图 4-11 所示。利用能力关系表可以很方便地查询一个主体所有的授权访问；相反，检索具有授权访问特定客体的所有主体，则需要遍历所有主体的能力关系表。

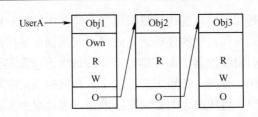

图 4-11　能力关系表

访问控制机制是用来实施对资源访问加以限制的机制，这种策略把对资源的访问只限于那些被授权用户。应该建立申请、建立、发出和关闭用户授权的严格制度，以及管理和监督用户操作责任的机制。

4．访问控制的三个基本原则

为了获取系统的安全授权，应该遵守访问控制的三个基本原则。

（1）最小特权原则

最小特权原则是系统安全中最基本的原则之一。所谓最小特权（least privilege），指的是"在完成某种操作时所赋予网络中每个主体（用户或进程）必不可少的特权"。最小特权原则则是指"应限定网络中每个主体所必需的最小特权，确保可能的事故、错误、网络部件的篡改等原因造成的损失最小"。

最小特权原则使得用户所拥有的权力不能超过他执行工作时所需的权限。最小特权原则一方面给予主体"必不可少"的特权，保证所有的主体都能在所赋予的特权之下完成所需要完成的任务或操作；另一方面，它不给予主体与其执行工作无关的多条的特权，这就限制了每个主体所能进行的操作。

（2）多人负责原则

多人负责原则即授权分散化，对于关键的任务必须在功能上进行划分，由多人来共同承担，保证没有任何个人具有完成任务的全部授权或信息。如将责任作分解，使得没有一个人具有重要密钥的完全拷贝。

（3）职责分离原则

职责分离是保障安全的一个基本原则。它是指将不同的责任分派给不同的人员以期达到互相牵制，消除一个人执行两项不相容工作的风险。例如收款员、出纳员、审计员应由不同的人担任。计算机环境下也要有职责分离，为避免安全上的漏洞，有些许可不能同时被同一用户获得。

4.2.3　自主访问控制

自主访问的是指有访问许可的主体能够直接或间接地向其他主体转让访问权。自主访问控制（discretionary access control，DAC）是在确认主体身份及（或）他们所属的组的基础上，控制主体的活动，实施用户权限管理、访问属性（读、写、执行）管理等，是一种最为普遍的访问控制手段。自主访问控制的主体可以按自己的意愿决定哪些用户可以访问他们的资源，即主体有自主的决定权，一个主体可以有选择地与其他主体共享他的资源。

通常 DAC 通过访问控制列表 ACL 来限定哪些主体针对哪些客体可以执行什么操作。ACL 是带有访问权限的矩阵，这些访问权是授予主体访问某一客体的。安全管理员通过维护 ACL 控制用户访问企业数据。对每一个受保护的资源，ACL 对应一个个人用户列表或由个人用户构成的组列表，表中规定了相应的访问模式。当用户数量多、管理数据量大时，由于访问控制的粒度是单个用户，ACL 会很庞大。当组织内的人员发生变化（升迁、换岗、招聘、离职）、工作职能发生变化（新增业务）时，ACL 的修改变得异常困难。

由于其易用性与可扩展性，自主访问控制机制经常被用于商业系统。目前的主流操作系统，如 UNIX、Linux 和 Windows 等操作系统都提供自主访问控制功能。自主访问控制的一个最大问题是主体的权限太大，无意间就可能泄露信息，而且不能防备特洛伊木马的攻击。

1．基于行的自主访问控制

所谓基于行的自主访问控制是在每个主体上都附加一个该主体可访问的客体的明细表。

（1）权限字（能力）

权限字是一个提供给主体访问客体的特定权限的不可伪造标志（能力）。只有当一个主体对某个客体拥有准许访问的能力时，它才能访问这个客体。

具有转移或传播权限的主体 A 可以将其权限字的副本传递给主体 B，B 也可将权限字传递给主体 C，但为了防止权限字的进一步扩散，B 在传递权限字副本给 C 时可移去其中的转移权限，于是 C 将不能继续传递权限字。

权限字必须存放在内存中不能被普通用户访问的地方，如系统保留区、专用区或者被保护区域内，一个进程必须不能直接改动它的权限字表，如果可以，则它可能给自己增加没有权利访问的资源权限。

（2）前缀表（prefixes）

前缀表包含受保护的文件名（客体名）及主体对它的访问权限。当系统中有某个主体欲访问某个客体时，访问控制机制将检查主体的前缀是否具有它所请求的访问权。这种方式的缺点是：当一个主体可以访问很多客体时，它的前缀也将是非常大的。创建、删除、修改被保护的客体时，需改动所有对这个客体有访问权限的用户的前缀表。

（3）口令字

每个客体或每个客体的不同访问方式都对应一个口令，用户只有知道口令才能访问。这种方法也有其内在的缺点：口令多，用户难以记忆；为保证安全，口令需经常更换，这都给用户的使用带来不便；此外，哪些用户享有口令很难受到控制。

2．基于列的自主访问控制

所谓基于列的访问控制是指给客体附加一份可访问它的主体的明细表。基于列的访问控制可以有以下两种方式。

（1）保护位方式

保护位方式不能完备地表达访问控制矩阵。保护位对所有的主体、主体组（用户、用户组）以及该客体（文件）的拥有者，规定了一个访问模式的集合。

用户组是具有相似特点的用户集合。生成客体的主体称为该客体的拥有者。它对客体的所有权仅能通过超级用户特权来改变。拥有者（超级用户除外）是唯一能够改变客体保护位的主体。一个用户可能不只属于一个用户组，但是在某个时刻，一个用户只能属于一个活动的用户组。用户组及拥有者名都体现在保护位中。

（2）ACL 方式

ACL 是目前采用最多的一种实现方式。ACL 可以对某个特定资源指定任意一个用户的访问权限，还可以将有相同权限的用户分组，并授权组的访问权限。ACL 利用在客体上附加一个主体明细表的方法来表示访问控制矩阵，表中的每一项包括主体的身份及对该客体的访问权。

ACL 需对每个资源指定可以访问的用户或组以及相应的权限。当用户与资源数量很多时，ACL 将变得非常庞大。当用户调进/调出（如招聘、解聘）、用户工作岗位变化（如任免、升迁、定期换岗等）、用户工作职能变化（如增加新业务）时，管理员需要修改用户对所有资源的访问权限，所有这些，使得访问控制的授权管理变得费力而烦琐，且容易出错。

4.2.4 强制访问控制

强制访问控制（mandatory access control，MAC）是"强加"给访问主体的，即系统强制主体服从访问控制政策。强制访问控制的主要特征是对所有主体及其所控制的客体（如进程、文件、段、设备）实施强制访问控制。为这些主体及客体指定敏感标记，这些标记是等级分类和非等级类别的组合，它们是实施强制访问控制的依据。系统通过比较主体和客体的敏感标记来决定一个主体是否能够访问某个客体。用户的程序不能改变他自己及任何其他客体的敏感标记，从而系统可以防止特洛伊木马的攻击。

强制访问控制一般与自主访问控制结合使用，并且实施一些附加的、更强的访问限制。一个主体只有通过了自主与强制性访问限制检查后，才能访问某个客体。用户可以利用自主访问控制来防范其他用户对自己客体的攻击，由于用户不能直接改变强制访问控制属性，所以强制访问控制提供了一个不可逾越的、更强的安全保护层以防止其他用户偶然或故意地滥用自主访问控制。

强制访问策略将每个用户及文件赋予一个访问级别，如最高秘密级（top secret，T），秘密级（secret，S），机密级（confidential，C）及无级别级（unclassified，U）。其级别高低为 T>S>C>U，系统根据主体和客体的敏感标记来决定访问模式。访问模式包括以下 4 种。

下读（read down）：用户级别大于文件级别的读操作。

上写（write up）：用户级别小于文件级别的写操作。

下写（write down）：用户级别大于文件级别的写操作。

上读（read up）：用户级别小于文件级别的读操作。

1. Bell-LaPadula 模型

Bell-LaPadula 模型是由 Bell 和 LaPadula 设计的一种典型的信息保密性多级安全模型，主要应用于军事系统。Bell-LaPadula 模型的出发点是维护系统的保密性，有效地防止信息泄露，这与后面讲的维护信息系统数据完整性的 Biba 模型正好相反。

Bell-LaPadula 模型可以有效防止低级用户和进程访问安全级别比他们高的信息资源。此外，安全级别高的用户和进程也不能向比他们安全级别低的用户和进程写入数据。

Bell-LaPadula 模型用偏序关系可以表示为：

① 无上读，当且仅当 SC(s)≥SC(o)时，允许读操作；

② 无下写，当且仅当 SC(s)<SC(o)时，允许写操作。该模型"只能从下读、向上写"的规则忽略了完整性的重要安全指标，使非法、越权篡改成为可能。

Bell-LaPadula 安全模型所制定的原则是利用不上读、不下写来保证数据的保密性，如

图 4-12 所示。既不允许低信任级别的用户读高敏感度的信息，也不允许高敏感度的信息写入低敏感度区域，禁止信息从高级别流向低级别。强制访问控制通过这种梯度安全标签实现信息的单向流通。

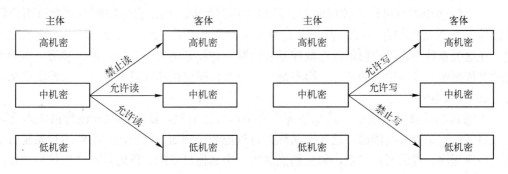

图 4-12　Bell-LaPadula 安全模型

2．Biba 模型

Bell-LaPadula 模型只解决了信息的保密问题，其在完整性定义存在方面有一定缺陷。Bell-LaPadula 模型没有采取有效的措施来制约对信息的非授权修改，因此使非法、越权篡改成为可能。考虑到上述因素，Biba 模型模仿 Bell-LaPadula 模型的信息保密性级别，定义了信息完整性级别，在信息流向的定义方面不允许从级别低的进程到级别高的进程，也就是说用户只能向比自己安全级别低的客体写入信息，从而防止非法用户创建安全级别高的客体信息，避免越权、篡改等行为的产生。Biba 模型可同时针对有层次的安全级别和无层次的安全种类，如图 4-13 所示。

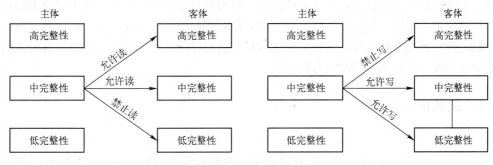

图 4-13　Biba 安全模型

Biba 模型的两个主要特征如下。

① 禁止向上写，当且仅当 SC(s)≥SC(o)时，允许写操作。这样使得完整性级别高的文件是一定由完整性高的进程所产生的，从而保证了完整性级别高的文件不会被完整性低的文件或完整性低的进程中的信息所覆盖。

② 不下读，当且仅当 SC(s)<SC(o)时，一个主体不能从较低的完整性级别读取数据。

依据 Biba 安全模型所制定的原则是利用不上写来保证数据的完整性，在实际应用中，完整性保护主要是为了避免应用程序修改某些重要的系统程序或系统数据库。

3．MAC 的应用

MAC 通常用于多级安全军事系统。

强制访问控制对专用的或简单的系统是有效的，但对通用的、大型系统并不那么有效。一般强制访问控制采用以下几种方法。

（1）限制访问控制

一个特洛伊木马可以攻破任何形式的自主访问控制，由于自主控制方式允许用户程序修改他拥有的文件的存取控制表，因而为非法者带来可乘之机。MAC 可以不提供这一方便，在这类系统中，用户要修改存取控制表的唯一途径是请求一个特权系统调用。该调用的功能是依据用户终端输入的信息，而不是靠另一个程序提供的信息来修改存取控制信息。

（2）过程控制

在通常的计算机系统中，只要系统允许用户自己编程，就没办法杜绝特洛伊木马，但可以对其过程采取某些措施，这种方法称为过程控制。例如，警告用户不要运行系统目录以外的任何程序；提醒用户注意，如果偶然调用一个其他目录的文件时，不要做任何动作，等等。需要说明的一点是，这些限制取决于用户本身执行与否。

（3）系统限制

要对系统的功能实施一些限制。比如，限制共享文件，但共享文件是计算机系统的优点，所以是不可能加以完全限制的；限制用户编程，不过这种做法只适用于某些专用系统，在大型的、通用系统中，编程能力是不可能去除的。

4.3 基于角色的访问控制

基于角色的访问控制（role based access control，RBAC）是目前国际上流行的先进的安全访问控制方法，它通过分配和取消角色来完成用户权限的授予和取消，并且提供角色分配规则。安全管理人员根据需要定义各种角色，并设置合适的访问权限，而用户根据其责任和资历再被指派为不同的角色。这样，整个访问控制过程就分成两个部分，即访问权限与角色相关联，角色再与用户关联，从而实现了用户与访问权限的逻辑分离。这是目前公认的解决大型企业的统一资源访问控制的有效方法。

4.3.1 关键词定义

（1）用户

用户就是一个可以独立访问计算机系统中的数据或者用数据表示的其他资源的主体，我们用 USERS 表示一个用户集合。用户在一般情况下是指人。

（2）角色

在现实生活中经常提到某人扮演了什么角色。在基于用户角色的用户权限管理中，角色与实际的角色概念有所不同。在这里，角色是指一个组织或任务中的工作或位置，它代表了一种资格、权利和责任。我们用 ROLES 表示一个角色集合。

（3）权限

权限是对计算机系统中的数据或者用数据表示的其他资源进行访问的许可。我们用 PERMISSION 表示一个权限集合。它可分为对象访问控制和数据访问控制两种。

（4）权限配置

权限配置是 ROLES 与 PERMISSION 之间的一个二元关系，我们用（r,p）来表示角色 r

拥有一个权限 p。

（5）用户的授权

用户的授权是 USERS 与 ROLES 之间的一个二元关系，我们用（u,r）来表示用户 u 被委派了一个角色 r。用户的授权是通过授予用户一个角色来实现的，即赋予用户一个角色，一个用户可以承担不同的角色，从而实现授权的灵活性。只要某用户属于某个角色那么他就具备这个角色的所有操作许可，即该角色所拥有的权限。用户与角色是多对多的关系，即一个用户可以属于多个角色之中，一个角色可以包括多个用户。

4.3.2　RBAC 模型

在 RBAC 模型中，用户就是一个可以独立访问计算机系统中的数据或者用数据表示的其他资源的主体。角色是指一个组织或任务中的工作或者位置，它代表了一种权利、资格和责任。权限（许可）就是允许对一个或多个客体执行的操作。一个用户可经授权而拥有多个角色，一个角色可由多个用户构成；每个角色可拥有多种许可，每个许可也可授权给多个不同的角色；每个操作可施加于多个客体（受控对象），每个客体也可以接受多个操作。

RBAC 模型由三个实体组成，分别是：用户（U）、角色（R）、权限（P）。其中：用户指自然人；角色就是组织内部一件工作的功能或工作的头衔，表示该角色成员所授予的职责的许可，系统中拥有权限的用户可以执行相应的操作。用户、角色、权限之间的关系如图 4-14 所示。

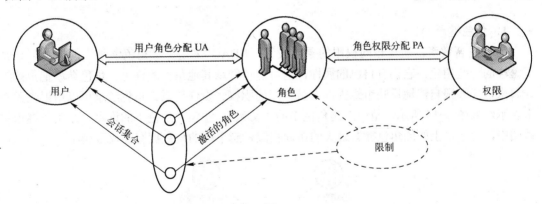

图 4-14　用户、角色、许可的关系

用户与角色之间，以及角色与权限之间用双箭头相连表示用户角色分配 UA 和角色权限分配 PA 关系都是多对多的关系，即一个用户可以拥有多个角色，一个角色也可被多个用户所拥有。同样的，一个角色拥有多个权限，一个权限能被多个角色所拥有。用户建立会话从而对资源进行存取，每个会话 S 将一个用户与他所对应的角色集中的一部分建立映射关系，这个角色会话子集称为会话激活的角色集。于是，在这次会话中，用户可以执行的操作就是该会话激活的角色集对应的权限所允许的操作。

RBAC 模型定义如下。

PA$\subseteq$P*R：权限分配，多对多的关系。

UA$\subseteq$U*R：用户分配，多对多关系。

User：S→U，每一个会话 S 对应单一用户 user(s)的映射。

Roles：会话 S 到角色集合 role(s) ⊆ {r|(user(s),r)∈PA}U，每一个会话 S 对应单一用户 user(s)的映射。

授权给用户的访问权限，通常由用户在一个组织中担当的角色来确定。在 RBAC 模型中，许可被授权给角色，角色被授权给用户，用户不直接与许可关联。RBAC 对访问权限的授权由管理员统一管理，RBAC 模型根据用户在组织内所处的角色做出访问授权与控制，授权规定是强加给用户的，用户不能自主地将访问权限传给他人，这是一种非自主型集中式访问控制方式。例如，在医院里，医生这个角色可以开处方，但他无权将开处方的权力传给护士。

在 RBAC 模型中，用户标识对于身份认证及审计记录是十分有用的；但真正决定访问权限的是用户对应的角色标识。用户能够对一客体执行访问操作的必要条件是，该用户被授权了一定的角色，其中有一个在当前时刻处于活跃状态，而且这个角色对客体拥有相应的访问权限，即 RBAC 模型以角色作为访问控制的主体，用户以什么样的角色对资源进行访问，决定了用户可执行何种操作。

ACL 直接将主体和受控客体相联系，而 RBAC 模型在中间加入了角色，通过角色沟通主体与客体。分层的优点是当主体发生变化时，只需修改主体与角色之间的关联而不必修改角色与客体的关联。

4.3.3　角色的管理

1. 角色继承

为了提高效率，避免相同权限的重复设置，RBAC 采用了"角色继承"的概念。定义了这样的一些角色，它们有自己的属性，但可能还继承其他角色的许可。角色继承把角色组织起来，能够很自然地反映组织内部人员之间的职权、责任关系。角色继承可以用祖先关系来表示。如图 4-15 所示，角色 2 是角色 1 的"父亲"，它包含角色 1 的许可。在角色继承关系图中，处于最上面的角色拥有最大的访问权限，越下端的角色拥有的权限越小。

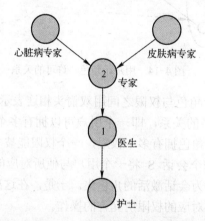

图 4-15　角色继承的实例

角色层次表包括上一级角色标识、下一级角色标识。上一级角色能够继承下一级角色的许可。

2．角色分配与授权

用户/角色分配表包括用户标识、角色标识。系统管理员通过为用户分配角色、取消用户的某个角色等操作管理用户/角色分配表。

用户/角色授权表包括用户标识、角色标识、可用性。我们称一个角色 r 授权给一个用户 u，要么是角色 r 分配给用户 u，要么是角色 r 通过一个分配给用户 u 的角色继承而来。用户/角色授权表记录了用户通过用户/角色分配表以及角色继承而取得的所有角色。可用性为真时，用户才真正可以使用该角色赋予的许可。

3．角色限制

角色限制包括角色互斥与角色基数限制。

对于某些特定的操作集，某一个用户不可能同时独立地完成所有这些操作。角色互斥可以有静态和动态两种实现方式。

静态角色互斥：只有当一个角色与用户所属的其他角色彼此不互斥时，这个角色才能授权给该用户。

动态角色互斥：只有当一个角色与一主体的任何一个当前活跃角色都不互斥时，该角色才能成为该主体的另一个活跃角色。

静态互斥角色表包括角色标识 1、角色标识 2。在系统管理员为用户添加角色时参考。

动态互斥角色表包括角色标识 1、角色标识 2。在用户创建会话选择活跃角色集时参考。

角色基数限制是指在创建角色时，要指定角色的基数。在一个特定的时间段内，有一些角色只能由一定人数的用户占用。

4．角色激活

用户是一个静态的概念，会话则是一个动态的概念。一次会话是用户的一个活跃进程，它代表用户与系统交互。用户与会话是一对多关系，一个用户可同时打开多个会话。一个会话构成一个用户到多个角色的映射，即会话激活了用户授权角色集的某个子集，这个子集称为活跃角色集。活跃角色集决定了本次会话的许可集。

4.3.4　RBAC 模型的特点及应用优势

1．RBAC 模型的几大特点

（1）易用性和高效的授权

在大型的企业和组织中，人员的流动、职务的变更较为频繁，而角色及某个角色应当具有的权限的变动相对要低得多，如果要修改使用者的权限，只需将不同的角色分配给用户就可以达到效果，根据用户的职能而非个人身份来授予访问权限，可以有效地降低维护成本，提高工作效率。

（2）具有较好的扩展性

可以根据实际工作的需要，在进行用户角色分配和角色权限分配时加入适当的限制，如可以对用户拥有某个角色的时间段进行限制，使之只有在特定的时间内才是合法的用户。

（3）支持最小权限的原则

将用户的权限限制在其完成某项任务的必须具有的权限范围之内，可有限减少越权操作的情况，管理的负担减轻，系统的安全性却随之提高。

RBAC 模型也存在一定的缺陷，有待进一步的改善和提高。例如，角色等级的存在，上级角色可拥有下级角色的权限，简化管理，本身可以有效地降低维护的难度，这主要通过树型结构来表示，但是这也使得在实施权限的验证时，要对角色层次结构进行遍历和查找，这就降低了模型的工作效率，尤其是在树型结构复杂时更为明显，造成对系统整体性能的影响。

2．RBAC 模型的应用优势

RBAC 最突出的优点在于系统管理员能够按照部门、学校、企业的安全政策划分不同的角色，执行特定的任务。一个系统建立起来后主要的管理工作即为授权或取消用户的角色。用户的职责变化时只需要改变角色即可改变其权限；当组织功能变化或演进时，则只需删除角色的旧功能，增加新功能，或定义新角色，而不必更新每一个用户的权限设置。这极大地简化了授权管理，使对信息资源的访问控制能更好地适应特定单位的安全策略。

RBAC 的另一优势体现在为系统管理员提供了一种比较抽象的、与企业通常业务管理性类似的访问控制层次。通过定义和建立不同的角色、角色的继承关系、角色之间的联系及相应的限制，管理员可动态或静态地规范用户的行为。

小结

身份认证与访问控制访问是计算机安全保障机制的核心内容。本章内容包括身份认证的原理、协议、各种分类的认证及身份认证的应用与实现；介绍访问控制模型、自主访问控制、强制访问控制、基于角色的访问控制等。

1．身份认证定义

身份认证可以定义为，为了使某些授予许可权限的权威机构、组织和个人满意，而提供所要求的证明自己身份的过程。

2．身份认证三要素

用户知道什么（What you know？）；

用户拥有什么（What you have？）；

用户是谁（Something the user is）。

3．身份认证实现

用户名/口令；

动态口令认证；

基于 USB Key 的身份认证；

生物特征身份认证技术。

4．访问控制

访问控制就是在身份认证的基础上，依据授权对提出的资源访问请求加以控制。访问控制是网络安全防范和保护的主要策略，它可以限制对关键资源的访问，防止非法用户的侵入或合法用户的不慎操作所造成的破坏。

访问控制系统一般包括：主体、客体、安全访问策略。

5. 访问控制的三个基本原则

最小特权原则；

多人负责原则；

职责分离原则。

6. 三种访问控制

自主访问；

强制访问控制；

基于角色的访问控制。

习题

一、选择题

1. 身份认证的目的是_____。
   - A. 证明用户的物理身份
   - B. 证明用户物理身份的真实性
   - C. 证明用户数字身份的完整性
   - D. 证明用户确实拥有数字身份

2. 在下述方法中，一般不会采用_____来加强口令的安全性。
   - A. 定期更换口令
   - B. 选择字母数字符号的混合口令
   - C. 选择较长的口令
   - D. 选择长的随机数作为口令

3. 人们设计了_____，以改善口令认证自身安全性不足的问题。
   - A. 统一身份管理
   - B. 指纹认证
   - C. 数字证书认证
   - D. 动态口令认证机制

4. 身份认证的含义是_____。
   - A. 注册一个用户
   - B. 标识一个用户
   - C. 验证一个用户
   - D. 授权一个用户

5. 下面不是身份认证时可以采用的鉴别方法是_____。
   - A. 采用用户本身特征进行鉴别
   - B. 采用用户所知道的事进行鉴别
   - C. 使用用户拥有的物品进行鉴别
   - D. 使用第三方拥有的物品进行鉴别

6. 关于强制访问控制的描述错误的是_____。
   - A. 强制访问控制作为基础的、常用的控制手段
   - B. 强制访问控制系统为所有的主体和客体指定安全级别
   - C. 在强制访问控制机制中将安全级别进行排序，访问可以是读，也可以是写或修改
   - D. 系统通过比较主体和客体的敏感标记来决定一个主体是否能够访问某个客体

7. 最常用的、用来决定用户是否有权访问一些特定客体的访问约束机制是_____。
   - A. 强制访问控制
   - B. 访问控制列表
   - C. 自主访问控制
   - D. 访问控制矩阵

8. 建立口令不正确的方法是_____。
   - A. 选择 5 个字符串长度的口令
   - B. 选择 7 个字符串长度的口令
   - C. 选择相同的口令访问不同的系统
   - D. 选择不同的口令访问不同的系统

9. 自主访问控制的主要安全问题是_____。

A. 不能防止用户宿主权的滥用　　　　　B. 无法防止用户的假冒

C. 无法防止文件的拷贝　　　　　D. 不能阻止对文件的非授权访问

10. 身份认证的目的是_____。

A. 证明用户的物理身份　　　　　B. 证明用户物理身份的真实性

C. 证明用户数字身份的完整性　　　　　D. 证明用户确实拥有数字身份

11. 利用强行搜索法搜索一个 8 位的口令要比搜索一个 6 位口令平均多用大约_____倍的时间，这里假设口令所选字库是常用的 95 个可打印字符。

A. 10　　　　　B. 100

C. 10 000　　　　　D. 100 000

12. 在建立口令时最好不要遵循的规则是_____。

A. 不要使用英文单词　　　　　B. 不要选择记不住的口令

C. 使用名字，自己的名字和家人的名字　　　　　D. 尽量选择长的口令

13. 口令管理过程中，应该_____。

A. 选用 5 个字母以下的口令

B. 设置口令有效期，以此来强迫用户更换口令

C. 把明口令直接存放在计算机的某个文件中

D. 利用容易记住的单词作为口令

14. 下面关于基于角色访问控制中角色的论述，错误的是_____。

A. 角色是权限的集合

B. 角色 a 继承另一个角色 b，那么 a 具有了 b 的权限

C. 角色只有激活才能被继承

D. 角色是用户的集合

15. 在下述方法中，一般不会采用_____来加强口令的安全性。

A. 定期更换口令　　　　　B. 选择字母数字符号的混合口令

C. 选择较长的口令　　　　　D. 选择长的随机数作为口令

16. 强制访问控制 Bell-LaPadula 模型中，机密级用户不可以_____。

A. 读绝密级的文件　　　　　B. 写绝密级的文件

C. 读公开的文件　　　　　D. 写机密级的文件

17. 访问控制的目的是_____。

A. 对用户进行认证　　　　　B. 对用户进行授权

C. 保护计算机资源不被非法使用和访问　　　　　D. 防止假冒攻击

18. UNIX 操作系统中，口令文件加密可以_____。

A. 防止在线字典攻击

B. 防止口令文件被窃取

C. 防止针对任意账户的离线字典攻击

D. 防止针对特定账户的离线字典攻击

19. 基于密钥的身份认证协议中，引入时间戳可以_____。

A. 实现时钟同步　　　　　B. 防止重放攻击

C. 防止中间人攻击　　　　　D. 防止窃听

20．RBAC 中，角色 a 继承另一个角色 b，那么_____。

    A．角色 a 的权限被角色 b 继承

    B．角色 a 的成员用户也是角色 b 的成员用户

    C．角色 a 和 b 不能同时激活

    D．角色 a 和 b 具有相同的权限

二、简答题

1．进行访问控制的基本原则是什么？什么是基于角色的访问控制？

2．基于角色访问控制是如何实现的？有什么优点？

3．进行访问控制的基本原则是什么？什么是基于角色的访问控制？

4．对一个用户的认证，其认证方式可分哪几类？各有什么特点？

5．有哪些生物特征可以作为身份认证的依据，这种认证的过程是怎样的？

6．验证用户身份的三种要素是什么？

第 5 章　公钥基础设施 PKI

本章的主要内容是公钥基础设施 PKI 技术和几个常用的基于 PKI 的安全协议。本章详细介绍了 PKI 的基本概念，PKI 的组成和功能，PKI 的信任模型，数字证书，CA 和 RA 等，并在此基础上介绍了安全套接层协议 SSL、安全电子交易协议 SET 和有关邮件安全的 S/MIME 与 PGP 协议的详细工作机理。

5.1　PKI 的基本概念

简单地说，PKI 技术就是利用公钥理论和技术建立的提供信息安全服务的基础设施。公钥体制是目前应用最广泛的一种加密体制。

PKI 可以解决绝大多数网络安全问题，并初步形成了一套完整的解决方案，它是基于公开密钥理论和技术建立起来的安全体系，是提供信息安全服务的具有普适性的安全基础设施。该体系在统一的安全认证标准和规范基础上提供在线身份认证，是 CA 认证、数字证书、数字签名及相关安全应用组件模块的集合。作为一种技术体系，PKI 可以作为支持认证、完整性、机密性和不可否认性的技术基础，从技术上解决网上身份认证、信息完整性和抗抵赖等安全问题，为网络应用提供可靠的安全保障。但 PKI 绝不仅涉及技术层面的问题，还涉及电子政务、电子商务，以及国家信息化的整体发展战略等多层面问题。PKI 作为国家信息化的基础设施，是相关技术、应用、组织、规范和法律法规的总和，是一个宏观体系，其本身就体现了强大的国家实力。PKI 的核心是要解决信息网络空间中的信任问题，确定信息网络空间中各种经济、军事和管理行为主体（包括组织和个人）身份的唯一性、真实性和合法性，保护信息网络空间中各种主体的安全利益。

5.1.1　PKI 的含义

我们应该从两个层次上理解 PKI。

从狭义上讲，PKI 可理解为证书的管理工具，包括创建、管理、存储、分配、撤销公钥证书（public key certificate，PKC）的所有硬件、软件、人、政策法规和操作规程。利用证书可将用户的公钥与身份信息绑定在一起，然而如何保证公钥和身份信息的真实性，则需要一定的管理措施。PKI 正是结合了技术和管理两方面因素，保证了证书中信息的真实性，并对证书提供全程管理。PKI 为应用提供了可信的证书，因而也可将 PKI 认为是信任管理设施。

从广义上讲，PKI 是在开放的网络上（如 Internet）提供和支持安全电子交易的所有产品、服务、工具、政策法规、操作规程、协定和人的结合。从这个意义上讲，PKI 不仅提供了可信的证书，还包括建立在密码学基础之上的安全服务，如实体鉴别服务、消息的保密性服务、消息的完整性服务和抗抵赖服务等。这些安全服务的实现需要通过相关的协议，可信的证书只是使这些安全服务的基础。例如，消息的保密性服务，需要保密通信协议，如 SSL、TSL、S/MIME 等。当然一个通信协议也可能会同时实现多种安全服务，如 SSL 既可实现服务器端鉴别，也可实现消息的保密传输。

1. PKI 的主要特点

① 节省费用。在一个大型组织中，实施统一的安全解决方案，比起实施多个有限的解决方案，费用要节省得多。

② 互操作性。安全基础设施具有很好的互操作性，因为每个应用程序和设备以相同的方式访问和使用基础设施。

③ 开放性。国际标准公认的基础设施技术，比一个专有的、点对点的技术方案更可信和方便。点对点的技术方案不能处理多域间的复杂性，不具有开放性。

2. PKI 的发展现状

网络的发展为电子商务、电子政务等提供了广阔的发展空间，而作为信息安全关键技术的 PKI，自然受到各国政府的高度重视。从 20 世纪 90 年代初以来，美国、加拿大、澳大利亚、英国、德国、日本、新加坡等国相继开展了可信第三方认证体系的研究和建设工作。另外，业界主要的生产厂商和用户也联合起来组成 PKI 论坛，就 PKI 中的各种问题进行讨论，以达成共识，促进 PKI 的发展。

5.1.2　PKI 的组成

PKI 是一种遵循标准的密钥管理平台，它能够为所有网络应用透明地提供采用加密和数字签名等密码服务所必需的密钥和证书管理。它由公开密钥密码技术、数字证书、认证中心（CA）和关于公开密钥的安全策略等基本部分共同组成。一个完整的 PKI 产品通常应具备以下几个组成部分。

1. 最终实体和数字证书

最终实体（EE）也就是 PKI 中的用户。最终实体的公钥和其标识信息由可信机构安全地绑定在一起即成为数字证书，而最终实体是证书的主体。最终实体可分为两类：证书持有者和依赖方。证书持有者即为证书中所标明的用户，依赖方指的是依赖证书真实性的用户。在数字签名中，依赖方就是在相信证书真实性的基础上来验证签名的。

2. CA

CA 是可信权威机构，负责颁发、管理和吊销最终实体的证书。CA 最终负责它所有最终实体身份的真实性。

3. 注册中心

注册中心（RA）是可选的管理实体，主要负责对最终用户的注册管理，被 CA 所信任。

4. 证书库

证书库（repository）是证书的集中存放地，是网上的一种公共信息库，用户可以从此处获得其他用户的证书和公钥。

构造证书库的最佳方法是采用支持 LDAP 协议的目录系统，用户或相关的应用通过 LDAP 来访问证书库。系统必须确保证书库的完整性，防止伪造、篡改证书。

5. 证书作废处理系统

证书作废处理系统是 PKI 的一个重要组件。同日常生活中的各种证件一样，证书在 CA 为其签署的有效期以内也可能需要作废，例如，A 公司的职员 a 辞职离开公司，这就需要终止 a 证书的生命期。为实现这一目标，PKI 必须提供作废证书的一系列机制。作废证书有如下三种策略：

① 作废一个或多个主体的证书；

② 作废由某一对密钥签发的所有证书；

③ 作废由某 CA 签发的所有证书。

作废证书一般通过将证书列入作废证书表（certificate revocation list，CRL）来完成。通常，系统中由 CA 负责创建并维护一张及时更新的 CRL，而由用户在验证证书时负责检查该证书是否在 CRL 之列。CRL 一般存放在目录系统中。证书的作废处理必须在安全及可验证的情况下进行，系统还必须保证 CRL 的完整性。

各组成部件及其相互之间的关系如图 5-1 所示。

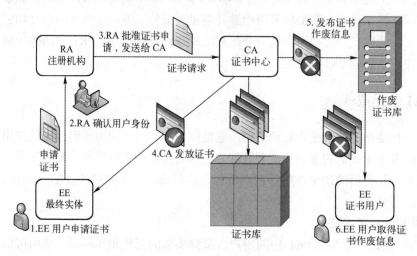

图 5-1　CA 组成及工作流程

5.1.3　信任模型

1. 信任模型的基本概念

（1）信任

实体 A 认定实体 B 将严格地按 A 所期望的那样行动，则 A 信任 B（ITU-T 推荐标准 X.509 的定义），称 A 是信任者，B 是被信任者。信任涉及对某种事件、情况的预测、期望和行为。信任是信任者对被信任者的一种态度，是对被信任者的一种预期，相信被信任者的行为能够符合自己的愿望。

（2）信任域

人所处的环境会影响对其他人的信任。例如在一个公司里，对公司同事很可能会比对外部人员有更高的信任水平。如果集体中所有的个体都遵循同样的规则，那么称集体在单信任域中运作。所以信任域就是在公共控制下服从一组公共策略的系统集。（策略可以明确地规定，也可以由操作过程指定。）

识别信任域及其边界对构建 PKI 很重要。使用其他信任域中的 CA 签发的证书通常比使用同信任域的 CA 签发的证书复杂得多。

（3）信任锚

在下面将要讨论的信任模型中，当可以确定一个身份或者有一个足够可信的身份签发者证明其签发的身份时，才能做出信任那个身份的决定。这个可信的实体称为信任锚（trust anchor）。

（4）信任关系

证书用户找到一条从证书颁发者到信任锚的路径，可能需要建立一系列的信任关系。在公钥基础设施中，当两个认证中心中的一方给对方的公钥或双方给对方的公钥颁发证书时，二者之间就建立了这种信任关系。用户在验证实体身份时，沿这条路径就可以追溯到其他信任关系的信任锚。

信任模型描述了建立信任关系的方法，寻找和遍历信任路径的规则。信任关系可以是双向的或单向的，多数情况下是双向的。信任关系只在一个方向上延续，会出现一些特殊情形。例如，从绝密信任域转到开放信任域时，恰当的做法是信任应该在绝密域内的认证中心范围里。

2．PKI 信任模型介绍

一个 PKI 内所有的实体即形成一个独立的信任域。在 PKI 内，CA 与 CA、CA 与用户实体之间组成的结构形成 PKI 体系，称为 PKI 的信任模型。选择信任模型（trust model）是构筑和运作 PKI 所必需的一个环节。选择正确的信任模型及与它相应的安全级别是非常重要的，同时也是部署 PKI 所要做的较早的、基本的决策之一。

信任模型主要阐述了以下几个问题：

① 一个 PKI 用户能够信任的证书是怎样确定的？

② 这种信任是怎样建立的？

③ 在一定的环境下，这种信任如何控制？

根据 CA 与 CA、实体之间的拓扑关系，PKI 的基本信任模型主要有四种：认证中心的严格层次结构模型（strict hierarchy of certification authorities model）、分布式信任结构模型（distributed trust architecture model）、Web 模型（Web model）和以用户为中心的信任模型（user-centric trust model）。

（1）严格层次结构模型

认证机构的严格层次结构为一棵倒转的树，根在顶上，树枝向下伸展，树叶在下面（见图 5-2）。在这棵倒转的树上，根代表对整个 PKI 系统的所有实体都有特别意义的 CA——通常叫作根 CA，它充当信任的根或信任锚——也就是认证的起点或终点。在根 CA 的下面是零层或多层中间 CA，也被称作子 CA，因为它们从属于根 CA。子 CA 用中间节点表示，从中间节点再伸出分支。与非 CA 的 PKI 实体相对应的树叶通常被称作终端实体或终端用户。在这个模型中，层次结构中的所有实体都信任唯一的根 CA。

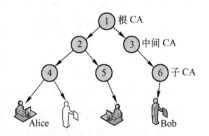

图 5-2　严格层次结构模型图

在该模型中，层次结构中的所有实体都信任唯一的根 CA，该层次结构按如下规则建立：

❖ 根 CA 认证（更准确地说是为其创建和签署证书）直接在它下面的 CA；

❖ 这些 CA 中的每个都认证零个或多个直接在它下面的 CA；

❖ 倒数第二层的 CA 认证用户实体。

而在层次结构中的每个实体（包括中间 CA 和用户实体）都必须拥有根 CA 的公钥。该公钥的安装是这个模型随后对所有通信进行证书处理的基础，因此，必须通过一种安全的方式来完成。例如，一个实体可以通过物理途径如（纸的）信件或电话来取得这个密钥，也可以选择电子方式取得，然后只是通过其他机制来确认它（例如，密钥的 Hash 结果可以由信件发送、公布在报纸上或者通过电话告之）。

【例 5-1】 各层次结构模型认证过程。

例如，持有根 CA 公钥的终端实体 Alice 通过下述方法检验另一个终端实体 Bob 的证书。假设 Bob 的证书是由 CA6 签发的，而 CA6 的证书是由 CA3 签发的，CA3 的证书又是由根 CA1 签发的。Alice 拥有根 CA1 的公钥 K1，能够验证 CA3 的公钥 K3，因此可提取出可信的 CA3 的公钥。然后，类似地就可以得到 CA6 的可信公钥 K6。公钥 K6 能够用来验证 Bob 的证书，从而得到 Bob 的可信公钥 KBob。现在 Alice 能根据密钥的类型来使用密钥 KBob，如对发给 Bob 的消息加密或者用来验证据称是 Bob 的数字签名，从而实现 A 和 B 之间的安全通信。

（2）分布式信任结构模型

与在 PKI 系统中的所有实体都信任唯一一个 CA 的严格层次结构相反，分布式信任结构把信任分散在两个或多个 CA 上（见图 5-3）。也就是说，A 把 CA1 作为它的信任锚，而 B 可以把 CA2 作为它的信任锚。因为这些 CA 都作为信任锚，因此相应的 CA 必须是整个 PKI 系统的一个子集所构成的严格层次结构的根 CA（CA1 是包括 A 在内的严格层次结构的根，CA2 是包括 B 在内的严格层次结构的根）。

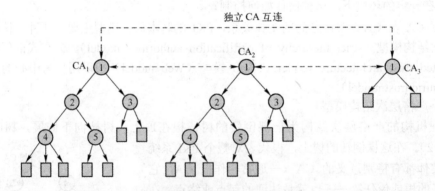

图 5-3　分布式信任结构模型图

如果这些严格层次结构都是可信颁发者层次结构，那么该总体结构被称作完全同位体结构，同位体根 CA 的互连过程通常被称为"交叉认证（cross certification）"。

交叉认证把以前无关的 CA 连在一起，使各自主体群之间的安全通信成为可能。它也扩展了信任概念。交叉认证要考虑以下问题：

① 名字约束，如限定某一特定公司的证书有效；

② 策略约束，如限制证书使用目的；

③ 路径长度约束，如限制交叉证书的数目。

（3）Web 模型

Web 模型是在 WWW 上诞生的，依赖于浏览器，如 Navigator 和 Internet Explorer。许多 CA 的公钥被预装在标准的浏览器上。这些公钥确定了一组浏览器用户最初信任的 CA。普通用户很难修改这组根密钥。

该模型似乎与分布式信任结构模型相似，但从根本上讲，它更类似于认证机构的严格层次结构模型。因为在实际上，浏览器厂商起到了根 CA 的作用，而与被嵌入的密钥相对应的 CA 就是它所认证的 CA，当然这种认证并不是通过颁发证书实现的，而只是物理地把 CA 的密钥嵌入浏览器。

Web 模型方便、简单、互操作性好，但存在安全隐患。例如，因为浏览器的用户自动信任预安装的所有公钥，所以即使这些根 CA 中有一个是"坏的"（例如，该 CA 从没有认真核实被认证的实体），安全性将被完全破坏。A 将相信任何声称是 B 的证书都是 B 的合法证书，即使它实际上只是由其公钥嵌入浏览器中的 CA_{bad} 签署的挂在 B 名下的 C 的公钥。所以，A 就可能无意间向 C 透露机密或接受 C 伪造的数字签名。这种假冒能够成功的原因是：A 一般不知道收到的证书是由哪一个根密钥验证的。在嵌入其浏览器中的多个根密钥中，A 可能只认可所给出的一些 CA，但并不了解其他 CA。然而在 Web 模型中，A 的软件平等而无任何疑问地信任这些 CA，并接受它们中任何一个签署的证书。

（4）以用户为中心的信任模型

每个用户自己决定信任哪些证书。通常，用户的最初信任对象包括用户的朋友、家人或同事，但是否信任某证书则被许多因素所左右。

在 PGP（pretty good privacy，完美隐私）中，当 CA 签署其他实体的公钥并使其公钥被其他人所认证来建立"信任网"，例如，当 A 收到一个据称属于 B 的证书时，A 发现这个证书是由他不认识的 D 签署的，但是 D 的证书是由 A 认识并且信任的 C 签署的，在这种情况下，A 可以决定信任 B 的密钥（即信任从 C 到 D 再到 B 的密钥链），也可能不信任 B 的密钥（认为"未知的" B 与"已知的"C 之间的"距离太远"）。此模型依赖于用户行为、决策，不适用于普通群体。

5.2　数字证书、CA 和 RA

数字证书就是标志网络用户身份信息的一系列数据，用来在网络通信中识别通信各方的身份，即要在 Internet 上解决"我是"的问题，就如同现实中我们每一个人都要拥有一张证明个人身份的身份证或驾驶执照一样，以表明我们的身份或某种资格。

CA 是指发放、管理、废除数字证书的机构。CA 的作用是检查证书持有者身份的合法性，并签发证书（在证书上签字），以防证书被伪造或篡改，以及对证书和密钥进行管理。

数字证书是由权威机构——CA 发行的，审核授权部门 RA 负责对证书的申请者进行资格审查，并决定是否同意给申请者发放证书。

5.2.1 数字证书

1. 数字证书颁发过程

数字证书是一个经证书授权中心数字签名的包含公开密钥拥有者信息及公开密钥的文件，是网络通信中标识通信各方身份信息的一系列数据，它提供了一种在 Internet 上验证身份的方式，其作用类似于司机的驾驶执照或日常生活中的身份证，人们可以在交往中用它来识别对方的身份。

最简单的证书包含一个公开密钥、名称及证书授权中心的数字签名。一般情况下，证书中还包括密钥的有效时间、发证机关（证书授权中心）名称、该证书的序列号等信息。它是由 CA 发放的。CA 作为受信任的第三方，承担公钥体系中公钥合法性检验的责任。CA 为每个使用公开密钥的用户发放一个数字证书，数字证书的作用是证明证书中列出的用户合法拥有证书中列出的公开密钥。CA 的数字签名使得攻击者不能伪造和篡改证书，CA 是 PKI 的核心，负责管理 PKI 结构下的所有用户（包括各种应用程序）的证书，把用户的公钥和用户的其他信息捆绑在一起，在网上验证用户的身份。

因为数字证书是公开的，就像公开的电话簿一样，在实践中，发送者会将一份自己的数字证书的拷贝连同密文、摘要等放在一起发送给接收者，而接收者则通过验证证书上权威机构的签名来检查此证书的有效性（只需用那个可信的权威机构的公钥来验证该证书上的签名即可），如果证书检查一切正常，那么就可以相信包含在该证书中的公钥的确属于列在证书中的发送者。

数字证书的签发过程如图 5-4 所示。一般为：用户 A 首先产生自己的密钥对，并将公共密钥及部分个人身份信息传送给认证中心；认证中心在核实身份后，将执行一些必要的步骤，以确信请求确实由用户发送而来；然后，认证中心将发给用户一个数字证书，该证书内包含用户 A 的个人信息和他的公钥信息，同时还附有认证中心的签名信息；用户 A 就可以使用自己的数字证书进行相关的各种活动。数字证书由独立的证书发行机构发布，数字证书各不相同，每种证书可提供不同级别的可信度。可以从证书发行机构获得您自己的数字证书。

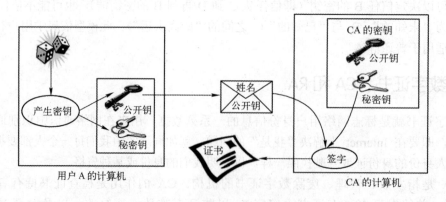

图 5-4　数字证书的签发过程

目前的数字证书类型主要包括：个人数字证书、单位数字证书、单位员工数字证书、服务器证书、VPN 证书、WAP 证书、代码签名证书和表单签名证书。

目前定义和使用的证书有很大的不同，如 X.509 证书、WTLS 证书（WAP）和 PGP 证书等。但是大多数使用的证书是 X.509 v3 公钥证书。

2．X.509 数字证书的格式

1988 年 ITU TX.509 和 ISO/IEC ITU 9594-8 定义了标准证书格式[X.509]（见图 5-5）。

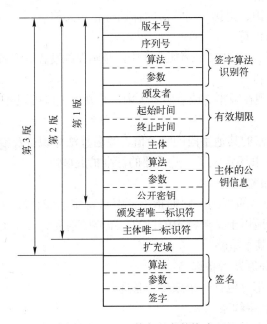

图 5-5 X.509 数字证书的格式

X.509 v3 证书主要包括如下内容。

（1）版本号

这个字段描绘编码证书的版本。当使用扩展项时，建议使用 X.509 版本 3（值是 2）。如果没有扩展项，存在唯一标识，这时使用版本 2（值是 1）。如果仅仅存在基本字段，使用版本 1（作为默认值，版本号将在证书中删掉）。

（2）序列号

序列号是 CA 给每一个证书分配的一个整数。它是特定 CA 签发的证书的唯一代码（即发行者名字和序列号唯一识别的一张证书）。对于 CA 签发的证书而言，序列号字段唯一标识了该份证书，这就类似于个人身份证中的身份证号码一样。因此 CA 一般是在永久存储区中保持一个计数器，它可能是 UNIX 系统的配置文件（config），也可能存储在 Windows 的注册表中，或者使用数据库中的序号发生器。

（3）签名算法标识

此字段含有算法标识符，这个算法是 CA 在证书上签名使用的算法。

（4）颁发者

颁发者字段用来标识在证书上签名和发行的实体。发行者字段含有一非空的、能辨别出的名字（DN）。

（5）有效期限

用一个起始时间和一个终止时间来表示的证书的有效周期。

（6）主体

主体（Subject）实际上是对证书申请者的直译。主体字段标识与存储在主体公开密钥字段中相关联的密钥实体。

（7）主体的公钥信息

包括主体的公开密钥、密钥使用算法的标识符和相关信息。

（8）颁发者唯一标识符

这个字段可能仅出现在版本 2 或者版本 3 中，是确保颁发者辨识名唯一性的一个比特串。

（9）主体唯一标识符

这个字段可能仅出现在版本 2 或者版本 3 中，是确保主体辨识名唯一性的一个比特串。

（10）签名

包括用 CA 私钥加密的其他字段的哈希值、签名算法标识符及参数。

此外，X.509 v3 证书还定义了一些重要的标准扩展域。

（11）证书策略和策略映射

证书策略是一组命名的规则，它们指出证书对特定的团体和应用的适用性，用来帮助用户确定一份证书是否适用于某个特定的目的。策略映射允许一个 CA 表示它的某个策略是否等同于另一个 CA 的某个策略。

（12）主题备选名和颁发者备选名

证书主题和颁发者都可包括一个或多个备选名。

（13）基本约束和名字约束

它们只出现在 CA 证书中。认证路径的基本约束限制了通过这个 CA 可以存在多深的认证路径。名字约束可以定位一个名字空间，用于约束认证路径上的证书必须位于某个名字空间内。

（14）密钥用途

定义了证书中的密钥的用途，如用于加密、签名或密钥管理。

更多关于 X.509 v3 证书的说明可参见 X.509 规范。

3．数字证书的分类

根据不同的分类方式，数字证书可以分为不同的类型。

（1）基于使用对象分类

从数字证书使用对象的角度分，目前的数字证书类型主要包括：个人身份证书、企业或机构身份证书、支付网关证书、服务器证书、企业或机构代码签名证书、安全电子邮件证书、个人代码签名证书。

① 个人身份证书：符合 X.509 标准的数字安全证书，证书中包含个人身份信息和个人的公钥，用于标识证书持有人的个人身份。数字安全证书和对应的私钥存储于 USB Key（一种存储数字证书的介质）中，用于个人在网上进行合同签订、订单、录入审核、操作权限、支付信息等活动中标明身份。

② 企业或机构身份证书：符合 X.509 标准的数字安全证书，证书中包含企业信息和企业的公钥，用于标识证书持有企业的身份。数字安全证书和对应的私钥存储于 USB Key 或 IC 卡中，可以用于企业在电子商务方面的对外活动，如合同签订、网上证券交易、交易支付信息等方面。

　　③ 支付网关证书：证书签发中心针对支付网关签发的数字证书，是支付网关实现数据加解密的主要工具，用于数字签名和信息加密。支付网关证书仅用于支付网关提供的服务（Internet 上各种安全协议与银行现有网络数据格式的转换）。支付网关证书只能在有效状态下使用。支付网关证书不可被申请者转让。

　　④ 服务器证书：符合 X.509 标准的数字安全证书，证书中包含服务器信息和服务器的公钥，在网络通信中用于标识和验证服务器的身份。数字安全证书和对应的私钥存储于 USB Key 中。服务器软件利用证书机制保证与其他服务器或客户端通信时双方身份的真实性、安全性、可信任度等。

　　⑤ 企业或机构代码签名证书：CA 中心签发给软件提供商的数字证书，包含软件提供商的身份信息、公钥及 CA 的签名。软件提供商使用代码签名证书对软件进行签名后放到互联网上，当用户在 Internet 上下载该软件时，将会得到提示，从而可以确信软件的来源，以及软件自签名后到下载前，没有遭到修改或破坏。代码签名证书可以对 32-bit.exe、.cab、.ocx、.class 等程序和文件进行签名。

　　⑥ 安全电子邮件证书：符合 X.509 标准的数字安全证书，通过 IE 或 Netscape 申请，用 IE 申请的证书存储于 Windows 的注册表中，用 Netscape 申请的存储于个人用户目录下的文件中。用于安全电子邮件或向需要客户验证的 Web 服务器（https 服务）表明身份。

　　⑦ 个人代码签名证书：CA 中心签发给软件提供人的数字证书，包含软件提供个人的身份信息、公钥及 CA 的签名。

　　代码签名证书可以对 32-bit .exe 、.cab、.ocx、.class 等程序和文件进行签名。

　　（2）基于证书文件存储格式分类

　　从数字证书文件的存储格式角度分类，目前的数字证书类型主要包括：DER 编码数字证书，Base 64 编码的数字证书，加密信息语法标准 PKCS#7 格式的数字证书和私人信息交换 PKCS#12 格式的数字证书。

　　① DER 编码数字证书：在 Windows 系统中的文件扩展名为.cer，数字证书的存储采用 DER 编码。

　　② Base 64 编码的数字证书：在 Windows 系统中的文件扩展名为.cer，数字证书的存储采用 Base 64 编码。

　　③ 加密信息语法标准 PKCS#7 格式的数字证书：在 Windows 系统中的文件扩展名为.p7b，数字证书的存储采用加密信息语法标准 PKCS#7 格式。

　　④ 私人信息交换 PKCS#12 格式的数字证书：在 Windows 系统中的文件扩展名为.pfx，数字证书的存储采用私人信息交换 PKCS#12 格式，此类证书文件中包含用户的私钥并采用口令保护。

4．数字证书的存储载体

　　CA 颁发的上述证书与对应的私钥存放在一个保密文件里，最好的办法是存放在 IC 卡和 USB Key 介质中，可以保证私钥不出卡，证书不能被拷贝，安全性高，携带方便，便于管理。这就是《电子签名法》中所说的"电子签名生成数，属于电子签名人所有并由电子签名人控制……"的具体做法。

　　（1）磁盘方式

　　智能卡同普通信用卡的大小差不多，并提供了抗修改能力，用于保护其中的用户证书和私钥。利用智能卡来存储用户私钥是最理想、最安全的，但是需要为每个用户终端设备添置读卡设备。

（2）USB Key 方式

USB Key 是具有安全运算和处理功能的 USB 设备，也被称为"电子钥匙"。其内部内置智能卡芯片，可产生用户的公私钥对、完成数字签名和加解密运算。由于用户私钥保存在 USB Key 中，理论上使用任何方式都无法读取，因此保证了用户认证的安全性。用户的个人证书也存储在 Key 中，非常便于携带，只要设备有 USB 接口就可使用，因此也被称为"移动证书"。

5．证书撤销列表

一个证书被签发后，最好能在整个有效期内均可用。但在某些情况下，比如证书主体属性的改变、私钥的泄露或丢失等，需要撤销该证书。CA 会将撤销的证书放入证书撤销列表（CRL）中。CRL 是一种包含撤销的证书列表的签名数据结构。CRL 是证书注销状态的公布形式，就像信用卡的黑名单，它通知大家某些数字证书不再有效。

CRL 包含以下内容。

（1）版本

这个可选字段描述 CRL 的版本。当扩展使用时，如同 PKIX 规范需要的那样，这个字段必须存在并必须指定版本值。

（2）签名

这个字段含有使用在 CRL 上的签名算法的算法标识符。

（3）发行者名字

发行者名字标识在 CRL 上签名和发行的实体。发行者名字字段必须含有一个 X.500 唯一标志名字（DN）。

（4）更新

这个字段指示 CRL 的发布日期。

（5）下次更新

这个字段指示下一个 CRL 生成时的日期。CA 能在指示日期以前签发下一个 CRL，但是它不能在指示日期或者之后生成。

（6）撤销证书

撤销证书是撤销证书的列表。通过证书序列号唯一标识被撤销的证书。

（7）扩展

这个字段仅出现在版本 2（或者更高版本）中。如果存在，这个字段是一个序列（SEQUENCE）的一个或更多 CRL 扩展。

6．利用数字证书认证过程

利用数字证书完成身份认证，被认证方（甲）必须先到相关数字证书运营机构申请数字证书，然后才能向应用系统认证方（乙）提交证书，完成身份认证。认证分单向认证和双向认证。

（1）单向认证

单向认证是甲乙双方在网上通信时，甲只需要认证乙的身份即可。这时甲需要获取乙的证书，获取的方式有两种，一种是在通信时乙直接将证书传送给甲，另一种是甲向 CA 的目录服务器查询索取。甲获得乙的证书后，首先用 CA 的根证书公钥验证该证书的签名，验证通过说明该证书是第三方 CA 签发的有效证书。然后检查证书的有效期及检查该证书是否已被作废（LRC 检查）而进入黑名单。

（2）双向认证

双向认证是甲乙双方在网上通信时，甲不但要认证乙的身份，乙也要认证甲的身份。其认证过程与单向认证过程相同。

7. 数字证书的用途

（1）网上办公

网上办公系统综合国内政府、企事业单位的办公特点，提供了一个虚拟的办公环境，并在该系统中嵌入数字认证技术，展开网上证文的上传下达，通过网络连接各个岗位的工作人员，通过数字安全证书进行数字加密和数字签名，实行跨部门运作，实现安全便捷的网上办公。网上办公主要涉及的问题是安全传输、身份识别和权限管理。数字证书的使用可以完美地解决这些问题，使网上办公顺畅实现。

（2）电子政务

随着网上政务各类应用的增多，原来必须指定人员到政府各部门窗口办理的手续都可以在网上实现，如网上注册申请、申报、注册、网上纳税、网上社保、网上审批、指派任务等。数字证书可以保证网上政务应用中身份识别和文档安全传输的实现。

（3）网上交易

网上交易主要包括网上谈判、网上采购、网上销售、网上支付等方面。网上交易极大地提高了交易效率，降低了交易成本，但也受到了网上身份无法识别、网上信用难以保证等难题的困扰。数字证书的出现可以解决网上交易的这些难题。利用数字安全证书的认证技术，对交易双方进行身份确认及资质的审核，确保交易者身份信息的唯一性和不可抵赖性，保护了交易各方的利益，实现安全交易。

（4）安全电子邮件

邮件的发送方利用接收方的公开密钥对邮件进行加密，邮件接收方用自己的私有密钥解密，确保了邮件在传输过程中信息的安全性、完整性和唯一性。

（5）网上招标

利用数字安全证书对招投标企业进行身份确认，从而确保了招投标企业的安全性和合法性，双方企业通过安全网络通道了解和确认对方的信息，选择符合自己条件的合作伙伴，确保网上的招投标在一种安全、透明、信任、合法、高效的环境下进行。

（6）其他应用

各软件开发商根据自己或者软件使用者的实际情况，探索数字证书的其他网上应用，保证用户网上操作的安全性。

5.2.2　CA 和 RA

1. 什么是 CA

CA 是认证机构的国际通称，是指对数字证书的申请者发放、管理、取消数字证书的机构。CA 的作用是检查证书持有者身份的合法性，并签发证书（在证书上签字），以防证书被伪造或篡改。

综上所述，CA 是 PKI 的核心执行机构，是 PKI 的主要组成部分。

2．CA 的总体结构

一般来讲，CA 主要由以下几个部分组成。

（1）注册服务器

通过 Web 服务器建立的站点，可为客户提供每日 24 小时的服务。因此客户可在自己方便时在网上提出证书申请和填写相应的证书申请表，免去了排队等候的烦恼。

（2）证书申请受理和审核机构

负责证书的申请和审核，其主要功能是接受客户证书申请并进行审核。

（3）CA 服务器

CA 服务器是数字证书生成、发放的运行实体，同时提供发放证书的管理、证书撤销列表（CRL）的生成和处理等服务。

3．CA 的主要功能

一般来讲，CA 的功能有证书发放、证书更新、证书注销和证书验证。CA 的核心功能就是发放和管理数字证书，具体描述如下：

① 接收验证最终用户数字证书的申请；

② 确定是否接受最终用户数字证书的申请——证书的审批；

③ 向申请者颁发、拒绝颁发数字证书——证书的发放；

④ 接收、处理最终用户的数字证书更新请求——证书的更新；

⑤ 接收最终用户数字证书的查询、撤销；

⑥ 产生和发布证书撤销列表（CRL）；

⑦ 数字证书的归档；

⑧ 密钥归档；

⑨ 历史数据归档。

4．什么是 RA

注册中心（RA）即数字证书注册审批机构，是 CA 系统的一个功能组件。它负责对证书申请者进行资格审查，决定是否同意给该申请者发放证书，并承担因审核错误引起的、为不满足资格的证书申请者发放证书所引起的一切后果，因此它应由能够承担这些责任的机构担任。

5．RA 的逻辑结构

RA 包括证书注册模块、自动管理模块、证书撤销列表模块、本地目录服务模块和 RA 数据库等。其中证书注册模块是必需的模块，后面四个模块根据客户的实际需求可以选择配置。

6．RA 的主要功能

RA 面向终端用户和注册中心操作员，它在整个 PKI 体系结构中起承上启下的作用。用户可以使用浏览器与注册服务器通信，用户首先得到注册服务器的证书，然后，用户与服务器之间的所有通信，包括用户填写的申请信息均以服务器的公钥加密，只有服务器利用自己的私钥解密才能得到明文。RA 服务器要向 CA 服务器转发证书申请、撤销、更新等请求。

如果把 CA 比作制证机关，那么为用户发放这些证书的发证机关即是 RA，它必须能够保证：

① 自身密钥的管理，包括加密密钥及签名密钥的保存、使用、更新和销毁。

② 审核用户信息，对申请注册的用户证书信息进行审核、审计，保证相应的人员授权于相应权限。

③ 登记黑名单，对过期的证书及因各种原因而撤销的证书及时登记并向 CA 中心发送，以确保 CRL 的及时更新，并对 CRL 进行管理。

RA 是直接面向于用户的；CA 负责审核证书申请者的真实身份，审核通过后，由 CA 完成认证过程。所以 RA 具有发证授权的权威性，而 CA 则相当于提供技术支持、维护整个制证加工厂的厂商。

5.3　PKI 所提供的服务

PKI 安全平台能够提供智能化的信任与有效授权服务。其中，信任服务主要是解决在茫茫网海中如何确认"你是你、我是我、他是他"的问题，PKI 是在网络上建立信任体系最行之有效的技术。授权服务主要是解决在网络中"每个实体能干什么"的问题。在虚拟的网络中要想把现实模拟上去，必须建立这样一个适合网络环境的有效授权体系，而通过 PKI 建立授权管理基础设施 PMI 是在网络上建立有效授权的最佳选择。

到目前为止，完善并正确实施的 PKI 系统是全面解决所有网络交易和通信安全问题的最佳途径。根据美国国家标准技术局的描述，在网络通信和网络交易中，特别是在电子政务和电子商务业务中，最需要的安全保证包括四个方面：身份标识和认证、保密或隐私、数据完整性和不可否认性。PKI 可以完全提供以上四个方面的保障，它所提供的服务主要包括以下三个方面。

1. 认证

在现实生活中，认证采用的方式通常是两个人事前进行协商，确定一个秘密，然后，依据这个秘密进行相互认证。随着网络的扩大和用户的增加，事前协商秘密会变得非常复杂，特别是在电子政务中，经常会有新聘用和退休的情况。另外，在大规模的网络中，两两进行协商几乎是不可能的。透过一个密钥管理中心来协调也会有很大的困难，而且当网络规模巨大时，密钥管理中心甚至有可能成为网络通信的瓶颈。

PKI 通过证书进行认证，认证时对方知道你就是你，但却无法知道你为什么是你。在这里，证书是一个可信的第三方证明，通过它，通信双方可以安全地进行互相认证，而不用担心对方是假冒的。

2. 支持密钥管理

通过加密证书，通信双方可以协商一个秘密，而这个秘密可以作为通信加密的密钥。在需要通信时，可以在认证的基础上协商一个密钥。在大规模的网络中，特别是在电子政务中，密钥恢复也是密钥管理的一个重要方面，政府决不希望加密系统被犯罪分子窃取使用。当政府的个别职员背叛或利用加密系统进行反政府活动时，政府可以通过法定的手续解密其通信内容，保护政府的合法权益。PKI 能够通过良好的密钥恢复能力，提供可信的、可管理的密钥恢复机制。PKI 的普及应用能够保证在全社会范围内提供全面的密钥恢复与管理能力，保证网上活动的健康有序发展。

3. 完整性与不可否认

完整性与不可否认是 PKI 提供的最基本的服务。一般来说，完整性也可以通过双方协商一个秘密来解决，但一方有意抵赖时，这种完整性就无法接受第三方的仲裁。而 PKI 提供的完整性是可以通过第三方仲裁的，并且这种可以由第三方进行仲裁的完整性是通信双方都不可否认的。例如，小张发送一个合约给老李，老李可以要求小张进行数字签名，签名后的合约不仅老李可以验证其完整性，其他人也可以验证该合约确实是小张签发的。而所有的人，包括老李，都没有模仿小张签署这个合约的能力。"不可否认"就是通过这样的 PKI 数字签名机制来提供服务的。当法律许可时，该"不可否认性"可以作为法律依据（美国等一些国家已经颁布数字签名法）。正确使用时，PKI 的安全性应该高于目前使用的纸面图章系统。

完善的 PKI 系统通过非对称算法及安全的应用设备，基本上解决了网络社会中的绝大部分安全问题（可用性除外）。PKI 系统具有这样的能力：它可以将一个无政府的网络社会改造成为一个有政府、有管理和可以追究责任的社会，从而杜绝黑客在网上肆无忌惮的攻击。在一个有限的局域网内，这种改造具有更好的效果。目前，许多网站、电子商务、安全 E-mail 系统等都已经采用了 PKI 技术。

5.4 PKI 的应用实例

由于 PKI 体系结构是目前比较成熟、完善的 Internet 网络安全解决方案，目前世界上已经出现了许多依赖于 PKI 的安全标准，即 PKI 的应用标准，如安全套接层协议 SSL、安全电子交易协议 SET、安全的多用途 Internet 邮件扩展协议 S/MIME 和 PGP 协议等。

5.4.1 SSL 协议

1. SSL 协议简介

安全套接层协议（security socket layer，SSL）是由网景（Netscape）公司提出的基于公钥密码体制的网络安全协议，用于在浏览器软件（例如 Internet Explorer、Netscape Navigator）和 Web 服务器之间建立一条安全通道，实现 Internet 上信息传送的保密性。它包括服务器认证、客户认证（可选）、SSL 链路上的数据完整性和 SSL 链路上数据保密性。现在一些对保密性要求较高的电子商务、电子政务等系统大多数是以 SSL 协议为基础建立的，SSL 协议已成为 Web 安全方面的工业标准。目前广泛采用的是 SSLv3。

SSL 协议主要提供以下 3 方面的服务。

（1）用户和服务器的合法性认证

它使得用户和服务器能够确信数据将被发送到正确的客户机和服务器上。客户机和服务器都有各自的识别号，由公开密钥进行编排，为了验证用户是否合法，SSL 要求在握手交换数据进行数字认证，以此来确保用户的合法性。

（2）加密数据以防止数据中途被窃取

SSL 协议所采用的加密技术既有对称密钥技术，也有公开密钥技术。具体而言，在客户机与服务器进行数据交换之前，交换 SSL 初始握手信息，在 SSL 握手信息中采用了各种加密技术对其加密，以保证其机密性和数据的完整性，并且用数字证书进行鉴别。这样就可以防止非法用户进行破译。

（3）保护数据的完整性

SSL 协议采用 Hash 函数和机密共享的方法来提供信息的完整性服务，维护数据的完整性，确保数据在传输过程中不被改变。

2．SSL 协议解析

SSL 协议位于 TCP/IP 协议与各种应用层协议之间，为数据通信提供安全支持。SSL 协议可分为两层：SSL 记录协议（SSL record protocol），它建立在可靠的传输协议（如 TCP）之上，为高层协议提供数据封装、压缩、加密等基本功能的支持；SSL 握手协议（SSL handshake protocol），建立在 SSL 记录协议之上，用于在实际的数据传输开始前，通信双方进行身份认证、协商加密算法、交换加密密钥等。

SSL 协议与 TCP/IP 协议间的关系如图 5-6 所示。

图 5-6　SSL 协议栈

3．SSL 协议的握手过程

SSL 握手协议利用 SSL 记录协议，在支持 SSL 的客户端和服务器之间建立安全传输通道之后提供一系列消息，一个 SSL 传输过程需要先握手，SSL 的握手协议非常有效的让客户和服务器之间完成相互之间的身份认证，握手过程分为 5 个步骤（如图 5-7 所示）。

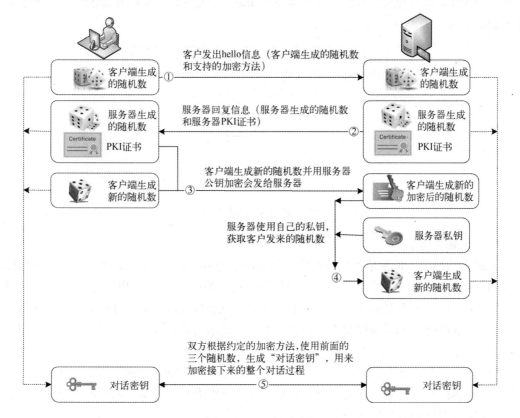

图 5-7　SSL 握手过程

第一步，客户端给出协议版本号、一个客户端生成的随机数（client random），以及客户端支持的加密方法。

第二步，服务器确认双方使用的加密方法，并给出数字证书，以及一个服务器生成的随机数（server random）。

第三步，客户端确认数字证书有效，然后生成一个新的随机数（premaster secret），并使用数字证书中的公钥，加密这个随机数，发给服务器。

第四步，服务器使用自己的私钥，获取客户端发来的随机数（premaster secret）。

第五步，客户端和服务器根据约定的加密方法，使用前面的三个随机数，生成"对话密钥"（session key），用来加密接下来的整个对话过程。

4. SSL 的数据传输

在 SSL 中，实际的数据传输是使用 SSL 记录协议来实现的。SSL 记录协议是通过将数据流分割成一系列的片段并加以传输来工作的，其中对每个片段单独进行保护和传输。在接收方，对每条记录单独进行解密和验证。这种方案使得数据一经准备好就可以从连接的一端传送到另一端，并在接收到的那一刻立即加以处理。

在传输片段之前，必须防止其遭到攻击，可以通过计算数据的 MAC 来提供完整性保护。MAC 与片段一起进行传输，并由接收方实现验证。将 MAC 附加到片段的尾部，并对数据与 MAC 整合在一起的内容进行加密，以形成经过加密的负载。最后给负载装上记录头信息。记录头信息与经过加密的负载的连结称作记录，记录就是实际传输的内容。图 5-8 描述了 SSL 记录类型。

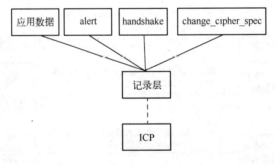

图 5-8　SSL 记录类型

（1）记录头消息

记录头信息的工作就是为接收实现（receiving implementation）提供对记录进行解释所必需的信息。在实际应用中，它是指三种信息：内容类型、长度和 SSL 版本。长度字段可以让接收方知道它要从线路上取多少字节才能对消息进行处理，版本号只是一项确保每一方使用所磋商的版本进行冗余性检查，内容类型字段表示消息类型。

（2）SSL 记录类型

SSL 支持四种内容类型：应用数据、alert、handshake 和 change_cipher_spec（见图 5-8）。

使用 SSL 的软件发送和接收的所有数据都是应用类型，其他三种内容类型用于对通信进行管理，如完成握手和报告错误等。

内容类型 alert 主要用于报告各种类型的错误。大多数 alert 用于报告握手中出现的问题，但也有一些指示在对记录试图进行解密或认证时发生的错误，alert 消息的其他用途是指示连接将要关闭。

内容类型 handshake 用于承载握手消息。即便是最初形成连接的握手消息也是通过记录层以 handshake 类型的记录来承载的。由于加密密钥还未确立，这些初始的消息并未经过加密或认证，但是其他处理过程是一样的。如果在现有的连接上初始化一次新的握手，在这种情况下，新的握手记录就像其他的数据一样，要经过加密和认证。

内容类型 change_cipher_spec 消息表示记录加密、认证的改变。一旦握手商定了一组新的密钥，就发送 change_cipher_spec 来指示此刻将启用新的密钥。

5.4.2 安全电子交易 SET 协议

SET 协议是一个在互联网上实现安全电子交易的协议标准，是由 VISA 和 Master Card 共同制定，于 1997 年 5 月联合推出的。其主要目的是解决通过互联网使用信用卡付款结算的安全保障性问题。

SET 协议是在应用层的网络标准协议，它规定交易各方进行交易结算时的具体流程和安全控制策略。SET 协议主要使用的技术包括：对称密钥加密、公共密钥加密、Hash 算法、数字签名及公共密钥授权机制等。SET 协议通过使用公钥和对称密钥方式加密保证数据的保密性，通过使用数字签名来确定数据是否被篡改，保证数据的一致性和完整性，并可以防止交易抵赖。

1. SET 安全协议的主要目标

SET 协议运行的目标主要有以下 5 个。

① 信息在互联网上安全传输：防止数据被黑客或被内部人员窃取。

② 保证电子商务参与者信息的相互隔离：客户的资料加密或打包后通过商家到达银行，但是商家不能看到客户的账户和密码信息。

③ 解决网上认证问题：不仅要对消费者的银行卡认证，而且要对在线商店的信誉程度认证，同时还有消费者、在线商店与银行间的认证。

④ 保证网上交易的实时性：使所有的支付过程都是在线的。

⑤ 仿效 EDI 贸易的形式：规范协议和消息格式，使不同厂家开发的软件具有兼容性和互操作功能，并且可以运行在不同的硬件和操作系统平台上。

2. SET 协议的基本原理

SET 协议规定了交易各方进行安全交易的具体流程。SET 协议执行步骤与常规的信用卡交易过程基本相同，只是它是通过 Internet 来实现的。SET 提供了 3 种服务：

① 在交易涉及的各方之间提供安全的通信信道；

② 通过使用 X.509 v3 数字证书进行认证；

③ 保证机密性，因为信息只是在必要时、必要的地方才对交易各方可用。

一个完整的基于 SET 的购物处理流程如图 5-9 所示。

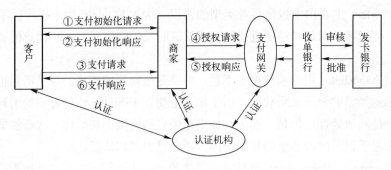

图 5-9　SET 工作流程

（1）支付初始化请求阶段①和响应阶段②

当客户决定要购买商家的商品并使用 SET 钱夹付款时，商家服务器上 POS 软件发报文给客户的浏览器 SET 钱夹，SET 钱夹则要求客户输入口令然后与商家服务器交换握手信息，使客户和商家相互确认，即客户确认商家被授权可以接受信用卡，同时商家也确认客户是合法的持卡人。

（2）支付请求阶段③

客户发报文，包括订单和支付命令，其中必须有客户的数字签名，同时利用双重签名技术保证商家看不到客户的账号信息。只有位于商家开户行的被称为支付网关的另外一个服务器可以处理支付命令中的信息。

（3）授权请求阶段④

商家收到订单后，POS 组织一个授权请求报文（其中包括客户的支付命令），发送给支付网关。支付网关是一个 Internet 服务器，是连接 Internet 和银行内部网络的接口。授权请求报文到达收单银行后，收单银行再到发卡银行确认。

（4）授权响应阶段⑤

收单银行得到发卡银行的批准后，通过支付网关发给商家授权响应报文。

（5）支付响应阶段⑥

商家发送订单确认信息给顾客，顾客端软件可记录交易日志，以备将来查询。同时商家给客户装运货物，或完成订购的服务。到此为止，一个购买过程已经结束。商家可以立即请求银行将款项从购物者的账号转移到商家账号，也可以等到某一时间，请求成批划账处理。

3．SET 协议的通信过程

虽然 SET 协议涉及多方的通信，但是，在其中任意两方通信时，基本步骤如图 5-10 所示。

SET 协议中使用的是 DES 与 RSA 混合的方法，图 5-10 所示的过程描述如下。

① A（发送方）先用 SHA-1 产生一个消息的文摘。

② A 然后用 RSA（自己的私有密钥）方法对其加密，生成数字签名。

③ 随机生成一个密钥，对消息、数字签名和 A 自己的证书（其中包含了 A 的公钥）用 DES 加密，得到加密后的消息。

④ 用 B（接收方）的公钥对那个随机生成的密钥加密（RSA），这个结果被称为数字

信封。

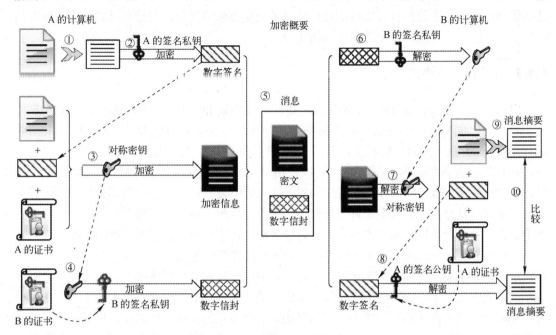

图 5-10　SET 中两方通信的基本步骤

⑤ 传送加密后的消息和数字信封。

⑥ B 收到后，先用自己的私有密钥解开数字信封，得到加密消息用的密钥。

⑦ 用得到的密钥解开消息。这其中有 A 的公有密钥、数字签名和原文。

⑧ 用 A 的公有密钥解开数字签名，得到消息的文摘。

⑨ 用在⑦中得到的原文通过 SHA-1 算法生成消息的文摘。

⑩ 比较⑧和⑨中得到的文摘，如果不同，则证明消息在传送过程中被篡改了。

在这其中，DES、RSA、SHA-1 和第③步中随机数的生成方法是 SET 安全性的关键。

4．SET 协议的安全性

SET 协议采用了对称密钥和非对称密钥体制，把对称密钥的快速、低成本和非对称密钥的有效性结合在一起，以保护在开放网络上传输的个人信息，保证交易信息的隐蔽性。其重点是确保商家和消费者的身份、行为的认证和不可抵赖性，其理论基础是著名的非否认协议（non-repudiation），其采用的核心技术包括 X.509 电子证书标准与数字签名、报文摘要、数字信封、双重签名等技术。例如，使用数字证书对交易各方的合法性进行验证；使用数字签名技术确保数据完整性和不可否认；使用双重签名技术对 SET 交易过程中消费者的支付信息和订单信息分别签名，使得商家看不到支付信息，只能对用户的订单信息解密，而金融机构只能对支付和账户信息解密，充分保证消费者的账户和订货信息的安全性。SET 通过制定标准和采用各种技术手段，解决了一直困扰电子商务发展的安全问题，包括购物与支付信息的保密性、交易支付完整性、身份认证和不可抵赖性，在电子交易环节上提供了更大的信任度、更完整的交易信息、更高的安全性和更少受欺诈的可能性。

SET 标准更符合消费者、商家和银行三方进行网上交易的国际安全标准。网上银行采用 SET 协议，确保交易各方身份的合法性和交易的不可否认性，使商家只能得到消费者的订购信息而银行只能获得有关支付信息，确保了交易数据的安全、完整和可靠，从而为人们提供了一个快捷、方便、安全的网上购物环境。

5.4.3　S/MIME 协议

MIME（multipurpose internet mail extensions，多用途 Internet 邮件扩展协议）。MIME 扩充了基本的、面向文本的 Internet 邮件系统，以便可以在消息中包含二进制附件。最初的 Internet E-mail 的内容只包括明文，有了 MIME 标准后，邮件主体除了 ASCII 字符类型之外，还可以包含各种数据类型。用户可以使用 MIME 增加非文本对象，比如把图像、音频、格式化的文本或微软的 Word 文件加到邮件主体中去。MIME 中的数据类型一般是复合型的，也称为复合数据。由于允许复合数据，用户可以把不同类型的数据嵌入同一个邮件主体中。在包含复合数据的邮件主体中，设有边界标志，它标明每种类型数据的开始和结束。

S/MIME（secure/MIME，安全多用途 Internet 邮件扩展）协议在安全方面的功能又进行了扩展，增加了新的 MIME 数据类型，用于提供数据保密、完整性保护、认证和鉴定服务等功能。随着电子邮件的广泛应用，S/MIME 已成为 Internet 的一个事实上的安全邮件标准。S/MIME 以单向 Hash 算法和公钥与私钥的加密体系为基础，它的认证机制依赖于层次结构的证书认证机构，信件内容经 S/MIME 加密签名后作为特殊的附件传送。S/MIME 的证书也采用 X.509 格式，Netscape Messenger 和 Microsoft Outlook 客户端软件均支持 S/MIME。

S/MIME 提供了统一的方法来接收和发送 MIME 数据。根据流行的 Internet MIME 标准，S/MIME 为消息传递应用提供了以下安全服务：认证、数据机密性（使用加密技术）、消息完整性和非否认（使用数字签名技术）。图 5-11 描述了 Alice 发送邮件给 Bob 的处理过程。

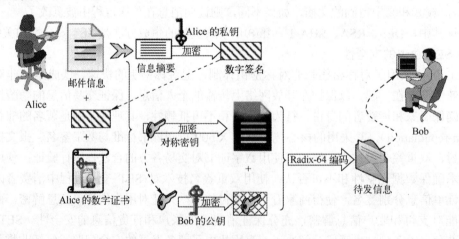

图 5-11　邮件处理过程

下面就是这个过程的步骤：

① Alice 对要发送的信息用选择的 Hash 函数建立信息摘要；

② 用 Alice 的私钥对信息摘要进行签名；

③ 然后将信息内容、签名值、Alice 的证书等封装；

④ 为所用的对称密钥算法创建一个伪随机会话密钥；

⑤ 用接收者（Bob）的公钥加密会话密钥；

⑥ 用会话密钥加密封装后的数据（信息内容、签名值、Alice 的证书等）连同会话密钥副本发送给接收方（Bob）。

上述过程中，加密的内容、加密的会话密钥、所用的算法和证书都要用 Radix-64 编码。

S/MIME 可以用在传统的邮件用户代理（mail user agent，MUA）中，从而为收发邮件提供基于密码技术的安全服务。比如，在邮件发送时将其加密，而在收取邮件时解密。但是，S/MIME 的应用并不仅仅限于邮件传送，它也可以用在任何传输 MIME 数据的传输机制中，如 HTTP。S/MIME 的应用可有效地解决电子邮件交互中的安全和信任问题，包括：

① 消息和附件可以在不为通信双方所知的情况下被读取、篡改或截掉；

② 没有办法可以确定一封电子邮件是否真的来自某人，也就是说，发信者的身份可能被人伪造。

换言之，S/MIME 为电子邮件服务提供了如下安全特性。

♢ 机密性：通过对电子邮件加密来保证信息的机密性。

♢ 认证：通过使用发件人的私钥对电子邮件进行摘要签名，以防他人伪造。

♢ 完整性：邮件的数字签名同时可保证信息的完整性，以防他人篡改。

♢ 非否认：由于发件人私钥和数字签名的唯一性，因此无法否认电子邮件的发送。

5.4.4　PGP

PGP 是一种供大众使用的邮件加密软件，可以用它对邮件保密以防止非授权者阅读，它还能对邮件加上数字签名从而使收信人可以确认邮件的发送者，并能确信邮件没有被篡改。PGP 加密系统是采用公开密钥加密与传统密钥加密相结合的一种加密技术。

PGP 最核心的功能是：数字签名和文件加密。首先，PGP 是用 MD5 单向 Hash 算法产生一个 128 位的二进制数作为"信息摘要"，用发送者的 RSA 私钥对这个摘要加密生成数字签名。然后将要发送的信息连同数字摘要压缩后再用对称密钥算法 IDEA 加密形成加密邮件报文。用于 IDEA 加密的密钥成为会话密钥，是在发送方随机生成的，为了使邮件接收方能解开加密后的邮件报文，发送方用接收方的 RSA 公钥对这个会话密钥加密。最后，加密后的会话密钥和加密的邮件报文以 Base 64 编码，形成 PGP 处理后的加密邮件。图 5-12 具体描述了 Alice 通过 PGP 给 Bob 发送邮件的过程。

与 S/MIME 的公钥管理机制不同，PGP 并不需要 CA，PGP 的全部操作都基于对介绍人的信任和公钥的合法性。

例如，Alice 认识 David，David 认识 Bob，现在 Alice 要与 Bob 通信，那么 David 作为中间人，他用自己的私钥在 Bob 的公钥上签名，担保这个确实是 Bob 的公钥；然后这个公钥上传到 BBS，Alice 获取后，通过验证其上 David 的签名，从而信任这个的确是 Bob 的公钥；反之亦然。用这种方式，公钥安全性得到保障，也无须付费，是一种从公共渠道传递公钳的安全手段。

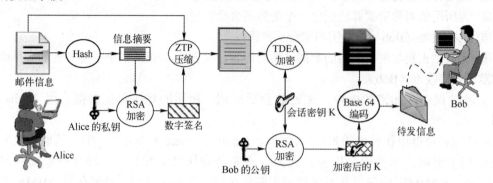

图 5-12　PGP 发送邮件过程

小结

本章主要讲解公钥基础设施 PKI 技术，详细介绍了 PKI 的基本概念，PKI 的组成和功能，PKI 的信任模型，数字证书，CA 和 RA 等，并在此基础上介绍了 PKI 的具体应用。

1．公钥基础设施

PKI 是基于公开密钥理论和技术建立起来的安全体系，是提供信息安全服务具有普遍性的安全基础设施。一个完整的 PKI 由 CA、RA/证书库和证书作废处理系统组成。

2．信任的基本概念

信任是进行信息安全交互的前提和基础。信任实体 A 认定实体 B 将严格地按 A 所期望的那样行动，则 A 信任 B，称 A 是信任者，B 是被信任者。

3．数字证书

数字证书是由权威机构 CA 发行的，能提供在 Internet 上进行身份验证的一种权威性电子文档，人们可以在互联网交往中用它来证明自己的身份和识别对方的身份。

X.509 格式证书是目前最为广泛使用的公钥密码认证格式证书。

4．认证中心 CA

CA 是数字证书认证中心的简称，是指发放、管理、废除数字证书的机构。

5．几种基于公钥设施的安全协议

（1）SSL 协议

SSL 协议是一种保护网络通信的工业标准，主要目的是提供 Internet 上的安全通信服务，提高应用程序之间的数据的安全系数。能够对信用卡和个人信息、电子商务提供较强的加密保护。

（2）SET 协议

SET 协议其实质是一种应用在 Internet 上、以信用卡为基础的电子付款系统规范，目的是保证网络交易的安全。SET 妥善地解决了信用卡在电子商务交易中的交易协议、信息保密、资料完整及身份认证等问题。

（3）S/MIME 协议

S/MIME 协议是一套标准，它描述客户端如何创建、操作、接收和读被数字签名、信息加密的邮件。

（4）PGP

PGP 是一种供大众使用的邮件加密软件，可以用它对邮件保密以防止非授权者阅读，它还能对邮件加上数字签名从而使收信人可以确认邮件的发送者，并能确信邮件没有被篡改。PGP 加密系统是采用公开密钥加密与传统密钥加密相结合的一种加密技术。

习题

一、选择题

1. 从广义上讲，PKI 提供的建立在密码学之上的安全服务有_____。

    A．实体鉴别服务   B．数据透明访问

    C．消息的保密性服务   D．消息的完整性服务和抗抵赖服务

2. 安全基础设施所提供的服务包括_____。

    A．安全登录   B．异构数据访问

    C．终端用户的透明性   D．全面的安全性

3. PKI 的主要特点包括_____。

    A．节省费用   B．开放性   C．互操作性   D．网络跨域访问

4. 一个完整的 PKI 系统由_____组成。

    A．认证中心 CA   B．注册中心 RA

    C．最终实体 EE   D．数据库服务器

5. PKI 提供的系统功能主要包括_____。

    A．证书申请和审批   B．密钥的生成和分发

    C．终端用户的透明性   D．交叉认证

6. PKI 的信任模型包括_____。

    A．严格层次结构   B．对称式结构

    C．以用户为中心机构   D．Web 模型

7. PKI 信任模型中涉及的常用软件包括_____。

    A．SQL Server   B．Internet Explorer

    C．Excel   D．PGP

8. X.509 数字证书主要包括_____。

    A．有效期限   B．版本号   C．签名   D．颁发者

9. 数字证书的存储载体主要有_____。

    A．磁盘方式   B．纸质方式   C．USB Key 方式   D．电子邮件方式

10. CA 由_____组成。

    A．网管中心   B．注册服务器

    C．认证中心服务器   D．证书申请受理和审核机构

11. RA 的逻辑结构主要包括_____。

    A．证书注册模块   B．证书颁发模块

    C．RA 数据库   D．本地目录服务模块

12．SSL 协议由_____组成。

　　A．IP 协议　　　　　B．TCP 协议　　　　C．SSL 握手协议　　　　D．SSL 记录协议

13．以下叙述错误的是_____。

　　A．SSL 协议通过数字证书来验证双方的身份

　　B．SSL 协议对服务器和客户端的认证都是必需的

　　C．SSL 协议需要进行安全参数的协商

　　D．SSL 协议是基于 C/S 模式的

14．SSL 协议中客户端和服务器协商的安全参数包括_____。

　　A．协议版本号　　　　　　　　　　B．密钥交换算法

　　C．数字证书版本号　　　　　　　　D．IP 协议版本号

15．支持 S/MIME 协议的软件是_____。

　　A．Word　　　　　B．Excel　　　　C．Access　　　　D．Outlook

16．S/MIME 协议不能提供的功能有_____。

　　A．认证　　　　B．机密性　　　　C．访问控制　　　　D．完整性

17．S/MIME 协议未使用的技术是_____。

　　A．公私钥算法　　　　　　　　　B．恶意代码防范

　　C．数字证书　　　　　　　　　　D．Hash 函数

二、填空题

1．公钥基础设施是一个用_____原理和技术来实现并提供安全服务的具有通用性的安全基础设施。

2．从狭义上讲，PKI 可理解为_____的工具。

3．PKI 的数字签名服务分为两部分：_____服务和_____服务。

4．X.509 的 2000 版是这样定义信任的（X.509，3.3.54）：_____。

5．当可以确定一个身份或者有一个_____证明其签发的身份时，才能做出信任那个身份的决定。这个可信的实体称为信任锚。

6．数字证书是将证书持有者的_____和其所拥有的_____进行绑定的文件。

7．CA 会将撤销的证书放入_____中。

8．目前定义和使用的证书有很大的不同，例如 X.509 证书、WTLS 证书（WAP）和 PGP 证书等。但是大多数使用的证书是_____证书。

9．_____是 PKI 的核心执行机构，是 PKI 的主要组成部分。

10．_____即数字证书注册审批机构，它是 CA 系统的一个功能组件。

11．一般来讲，认证中心的功能有证书发放、_____、证书注销和_____。

12．SSL 协议使用_____来保证数据完整性。

13．SSL 支持的密钥交换算法有_____和_____两种。

三、简答题

1．一个典型的 PKI 应用系统包括几部分？

2．简述 CA 的组成及各部分作用。

3．为什么 CA 也要有自己的数字证书？如果 PKI 系统只包括 CA，没有 RA 等组件，能否为 PKI User 提供安全服务？为什么？

4. 简述 X.509 v3 格式的公钥证书中每个字段的内容。

5. CA 证书生命周期管理包括哪些内容?

6. 简述利用数字证书认证过程。

7. 简述 SET 安全协议的目标。

8. SSL 安全协议主要提供哪些方面的服务?

9. PGP 软件使用了哪些加密算法?

第6章 计算机病毒防治及恶意软件的防范

本章主要介绍计算机病毒及恶意软件的相关知识，包括计算机病毒分析，如何进行计算机病毒的检测、清除和预防，恶意软件的定义和包含种类（陷门、逻辑炸弹、特洛伊木马、蠕虫等），并对计算机病毒的预防及计算机系统的修复，以及对典型计算机病毒和恶意软件的工作机理做了细致的分析。

6.1 什么是计算机病毒和恶意软件

计算机病毒（computer virus）在《中华人民共和国计算机信息系统安全保护条例》中被明确定义为"编制者在计算机程序中插入的破坏计算机功能或者破坏数据，影响计算机使用并且能够自我复制的一组计算机指令或者程序代码"。与医学上的"病毒"不同，计算机病毒不是天然存在的，是某些人利用计算机软件和硬件所固有的脆弱性编制的一组指令集或程序代码。它能通过某种途径潜伏在计算机的存储介质（或程序）里，当达到某种条件时即被激活，通过修改其他程序的方法将自己的精确拷贝或者可能演化的形式放入其他程序中，从而感染其他程序，对计算机资源进行破坏。所谓的病毒其实就是人为造成的，对其他用户的危害性很大。

恶意软件 Malware（是 malicious software 的缩写）是一个综合的名词，用来指代故意在计算机系统上执行恶意任务的软件，通常是指在未明确提示用户或未经用户许可的情况下，在用户计算机或其他终端上安装运行，侵犯用户合法权益的软件。这些恶意软件通常来源于一些恶意网站，或者从不安全的站点下载游戏或其他程序时，往往会将恶意程序一并带入自己的计算机，而用户本人对此丝毫不知情，直到有恶意广告不断弹出或色情网站自动出现时，用户才有可能发觉计算机已"中毒"。在恶意软件未被发现的这段时间，用户网上的所有敏感资料都有可能被盗走，比如银行账户信息、信用卡密码等。与病毒或蠕虫不同，恶意软件很多不是小团体或者个人秘密地编写和散播的，反而有很多知名企业和团体涉嫌此类软件。恶意软件有时也称作流氓软件。

6.2 计算机病毒防治

计算机技术的迅猛发展给人们的工作和生活带来了前所未有的便利和效率，成为现代社会不可缺少的一部分。计算机系统并不是安全的，其不安全因素有计算机信息系统自身的存在，也有人为因素的存在。计算机病毒就是目前个人计算机最不安全的因素之一。计算机病毒是一个社会性的问题，仅靠信息安全厂商研发的安全产品而没有全社会的配合，是无法有效地建立信息安全体系的。因此，具备计算机病毒防治的基础知识，增强对病毒防范意识，并配合适当的反病毒工具，才能真正地做到防患于未然。

6.2.1　计算机病毒的基础知识及发展简史

1. 历史的预见

20 世纪 60 年代初，美国贝尔实验室三个年轻的程序员编写了一个名为"磁芯大战"的游戏，游戏中的一方通过复制自身来摆脱对方的控制，这就是所谓的"计算机病毒的第一个雏形"。

1977 年夏天，托马斯·捷·瑞安（Thomas J. Ryan）的科幻小说《P-1 的春天》（*The Adolescence of P-1*）成为美国的畅销书，作者在这本书中描写了一种可以在计算机中互相传染的病毒，并第一次称之为"计算机病毒"。书中描写了病毒最后控制了 7 000 台计算机，造成了一场灾难。

2. 第一个计算机病毒在实验室产生

1983 年 11 月 3 日，弗雷德·科恩（Fred Cohen）博士研制出一种在运行过程中可以复制自身的破坏性程序（该程序能够导致 UNIX 系统死机），伦·艾德勒曼（Len Adleman）将它命名为计算机病毒（computer viruses），并在每周一次的计算机安全讨论会上正式提出，8 小时后专家们在 VAX11/750 计算机系统上运行，第一个病毒实验成功，一周后又获准进行 5 个实验的演示，从而在实验上验证了计算机病毒的存在。

3. 第一个在微机中发作的病毒

1986 年年初，在巴基斯坦的拉合尔（Lahore），巴锡特（Basit）和阿姆杰德（Amjad）两兄弟经营着一家 IBM PC 机及其兼容机的小商店。由于当地的盗版猖獗，为了保护自己开发的软件，他们编写了 Pakistan 病毒，即 Brain。只要是盗拷他们的软件就会感染这种病毒。该病毒在一年内流传到了世界各地，是世界上公认的第一个在个人计算机上广泛流行的病毒。

4. 震惊世界的"蠕虫－莫里斯"

1988 年，还在康奈尔大学读研究生的莫里斯发布了史上首个通过互联网传播的蠕虫病毒。莫里斯称，他创造蠕虫病毒的初衷是为了搞清当时的互联网内到底有多少台计算机。可是，这个试验显然脱离了他的控制，1988 年 11 月 2 日下午 5 点，互联网的管理人员首次发现网络有不明入侵者。当晚，从美国东海岸到西海岸，互联网用户陷入一片恐慌。"蠕虫"病毒以闪电般的速度迅速自行复制，大量繁殖，不到 10 小时就从美国东海岸横窜到西海岸，使众多的美国军用计算机网络深受其害，直接经济损失上亿美元。这个蠕虫病毒对当时的互联网几乎构成了一次毁灭性攻击。莫里斯最后被判处 3 年缓刑，400 小时的社区服务和 10 500 美元的罚金。他也是根据美国 1986 年制定的"电脑欺诈滥用法案"宣判的第一人。

5. 最具有杀伤力的计算机病毒——CIH 病毒

CIH 病毒，因其发作时间是 4 月 26 日，凑巧与苏联核电站事故在同一天，所以国外给这种破坏力极强的病毒起了个别名"切尔诺贝利"。CIH 病毒发作时，硬盘数据、硬盘主引导记录、系统引导扇区、文件分配表被覆盖，造成硬盘数据特别是 C 盘数据丢失，并破坏部分类型的主板上的 Flash BIOS 导致计算机无法使用，是一种既破坏软件又破坏硬件的恶性病毒。

　　CIH 病毒是由中国台湾的大学生陈盈豪编制的。1998 年 5 月，当时陈盈豪大学四年级，为能验证防毒软件号称百分百防毒是不实广告，自行实验制作 CIH 病毒，在他不知情的状况下，他的同学使用了实验用计算机，而将此病毒携出，由于病毒体积小，会自行改变程序代码分布，潜藏在档案未使用的空白区，而档案大小不会改变，因此不易被察觉从而大量被散布。1999 年 4 月 26 日、2000 年 4 月 26 日该病毒发作，造成全球计算机严重的损害，据报道有 6 000 万台计算机瘫痪，其中韩国损失最为严重，共有 30 万台计算机中毒，占韩国计算机总数的 15%以上，损失更是高达两亿韩元以上。土耳其、孟加拉国、新加坡、马来西亚、俄罗斯、中国的计算机均惨遭 CIH 病毒的袭击。

图 6-1　熊猫烧香病毒

　　6. 熊猫烧香——中国首次依据法律对病毒作者宣判有罪

　　熊猫烧香病毒在 2006 年年底开始大规模爆发，是一个感染型的蠕虫病毒，它能感染系统中 exe，com，pif，src，html，asp 等文件，它还能中止大量的反病毒软件进程，并且会删除扩展名为 gho 的文件（.gho 为 GHOST 的备份文件），使用户的系统备份文件丢失。

　　被感染的用户系统中，所有.exe 可执行文件全部被改成熊猫举着三根香的模样。

　　熊猫烧香作者李俊被捕入狱，引发了两方面的问题和影响。一方面是由李俊揭发的中国地下黑色产业首次曝光，让人们看到了病毒带来的巨大经济产业链；另一方面，这是中国计算机信息安全历史上首次依据法律明文对病毒作者宣判有罪。

6.2.2　计算机病毒的发展阶段

　　自从 1986 年全世界首例计算机病毒发作以来，新病毒的数量以每年数千种的速度递增，不断困扰着涉及计算机领域的各个行业。从最原始的单机磁盘病毒发展到现在的手机病毒，计算机病毒主要经历了六个重要的发展阶段。

　　第一阶段为原始病毒阶段。产生年限一般认为在 1986—1989 年之间，由于当时计算机的应用软件少，而且大多是单机运行，因此病毒没有大量流行，种类也很有限，病毒的清除工作相对来说较容易。这一阶段病毒的主要特点是：攻击目标较单一；主要通过截获系统中断向量的方式监视系统的运行状态，并在一定的条件下对目标进行传染；病毒程序不具有自我保护的措施，容易被人们分析和解剖。

　　第二阶段为混合型病毒阶段。其产生的年限在 1989—1991 年之间，是计算机病毒由简单发展到复杂的阶段。计算机局域网开始应用与普及，给计算机病毒带来了第一次流行高峰。这一阶段病毒的主要特点为：攻击目标趋于混合；采取更为隐蔽的方法驻留内存和传染目标；病毒传染目标后没有明显的特征；病毒程序往往采取了自我保护措施；出现许多病毒的变种等。

　　第三阶段为多态性病毒阶段。此类病毒的主要特点是，在每次传染目标时，放入宿主程序中的病毒程序大部分都是可变的。因此防病毒软件查杀非常困难。1994 年在国内出现的"幽灵"病毒就属于这种类型。这一阶段的病毒技术开始向多维化方向发展。

　　第四阶段为网络病毒阶段。从 20 世纪 90 年代中后期开始，随着国际互联网的发展壮大，依赖互联网络传播的邮件病毒和宏病毒等大量涌现，病毒传播快、隐蔽性强、破坏性大。也就是从这一阶段开始，反病毒产业开始萌芽并逐步形成一个规模宏大的新兴产业。

第五阶段为主动攻击型病毒。典型代表为 2003 年出现的"冲击波"病毒和 2004 年流行的"震荡波"病毒。这些病毒利用操作系统的漏洞进行进攻型的扩散，并不需要任何媒介或操作，用户只要接入互联网络就有可能被感染。正因为如此，该病毒的危害性更大。

第六阶段为"手机病毒"阶段。随着移动通信网络的发展及移动终端——手机功能的不断强大，计算机病毒开始从传统的互联网络走进移动通信网络世界。与互联网用户相比，手机用户覆盖面更广、数量更多，因而高性能的手机病毒一旦爆发，其危害和影响比"冲击波""震荡波"等互联网病毒还要大。

6.2.3 计算机病毒的分类

按照计算机病毒的特点及特性，计算机病毒的分类方法有许多种。因此，同一种病毒可能有多种不同的分法。目前常见的病毒分类方法如下。

1. 按传染方式分类

传染性是计算机病毒的本质属性，根据寄生部位或传染对象分类，也即根据计算机病毒传染方式进行分类，可将病毒分为引导型病毒、可执行文件型病毒、宏病毒和混合型病毒。

（1）引导型病毒

磁盘引导区传染的病毒主要是用病毒的全部或部分逻辑取代正常的引导记录，而将正常的引导记录隐藏在磁盘的其他地方。由于引导区正常是磁盘能正常使用的先决条件，因此，这种病毒在运行的一开始（如系统启动）就能获得控制权，其传染性较大。由于在磁盘的引导区内存储着需要使用的重要信息，如果对磁盘上被移走的正常引导记录不进行保护，则在运行过程中就会导致引导记录被破坏。引导区传染的计算机病毒主要流行在早期的 DOS 时代，巴基斯坦智囊、大麻和小球病毒就是这类病毒。

（2）可执行文件型病毒

可执行文件型病毒主要是感染可执行文件（对于 DOS 或 Windows 来说是感染.com 和.exe 等可执行文件）。被感染的可执行文件在执行的同时，病毒被加载并向其他正常的可执行文件传染。像在我国流行的黑色星期五、DIR Ⅱ和感染 Windows 95/98 操作系统的 CIH、HPS、Murburg，以及感染 NT 操作系统的 Infis、RE 等病毒都属此类。

（3）宏病毒

宏病毒是利用宏语言编制的病毒，与前两种病毒存在很大的区别。宏病毒充分利用其强大的系统调用功能，实现某些涉及系统底层操作的破坏。宏病毒仅向 Word、Excel 和 Access、PowerPoint、Project 等办公自动化程序编制的文档进行传染，而不会传染给可执行文件。在我国流行的宏病毒有：TaiWan1、Concept、Simple2、ethan 等。

（4）混合型病毒

混合型病毒是以上几种病毒的混合。混合型病毒的目的是综合利用以上 3 种病毒的传染渠道进行破坏。在我国流行的混合型病毒有 One_half、Casper、Natas、Flip 等。

2．按寄生方式分类

按寄生方式可将病毒分为源码型病毒、嵌入型病毒、外壳型病毒和操作系统型病毒。

（1）源码型病毒

源码型病毒攻击高级语言编写的程序，该病毒在高级语言所编写的程序编译前插入到原程序中，经编译成为合法程序的一部分。

（2）嵌入型病毒

嵌入型病毒是将自身嵌入到现有程序中，把计算机病毒的主体程序与其攻击的对象以插入的方式链接。这种计算机病毒是难以编写的，一旦侵入程序体后也较难消除。如果同时采用多态性病毒技术、超级病毒技术和隐蔽性病毒技术，将给当前的反病毒技术带来严峻的挑战。

（3）外壳型病毒

外壳型病毒将其自身包围在主程序的四周，对原来的程序不做修改。这种病毒最为常见，易于编写，也易于发现，一般测试文件的大小即可知。

（4）操作系统型病毒

操作系统型病毒用它自己的程序意图加入或取代部分操作系统进行工作，具有很强的破坏力，可以导致整个系统的瘫痪。圆点病毒和大麻病毒就是典型的操作系统型病毒。

3．按破坏性分类

按破坏性可将病毒分为良性病毒和恶性病毒。病毒入侵计算机后，不会对系统的数据造成无法恢复的破坏，这种病毒一般称为良性病毒；若计算机受病毒攻击造成数据的丢失且不能恢复，则称这种病毒为恶性病毒。

（1）良性病毒

良性病毒是指那些只是为了表现自身，并不彻底破坏系统和数据，但会大量占用 CPU 时间，增加系统开销，降低系统工作效率的一类计算机病毒。这种病毒多数是恶作剧者的产物，他们的目的不是破坏系统和数据，而是让使用染有病毒的计算机用户通过显示器或扬声器看到或听到病毒设计者的编程技术。这类病毒有小球病毒、1575/1591 病毒、扬基病毒、Dabi 病毒，等等。良性病毒取得系统控制权后，会导致整个系统和应用程序争抢 CPU 的控制权，时时导致整个系统死锁，给正常操作带来麻烦。有时系统内还会出现几种病毒交叉感染的现象，一个文件不停地反复被几种病毒所感染。例如，原来只有 10 KB 存储空间，但整个计算机系统由于多种病毒寄生于其中而无法正常工作，因此也不能轻视所谓良性病毒对计算机系统造成的损害。

（2）恶性病毒

恶性病毒就是指在其代码中包含有损伤和破坏计算机系统的操作，在其传染或发作时会对系统产生直接的破坏作用，造成的损失是无法挽回的。有的病毒还会对硬盘做格式化等破坏。这些操作代码都是刻意编写进病毒的，这是其本性之一。因此这类恶性病毒是很危险的，应当注意防范。所幸防病毒系统可以通过监控系统内的这类异常动作识别出计算机病毒的存在与否，或至少发出警报提醒用户注意。

4．按照传播媒介分类

按照计算机病毒的传播媒介来分类，可将病毒分为单机病毒和网络病毒。

（1）单机病毒

单机病毒的载体是磁盘，常见的是病毒从移动存储设备（软盘、优盘）传入硬盘，感染系统，然后再传染其他移动存储设备。

（2）网络病毒

网络病毒的传播媒介不再是移动式载体，而是网络通道，这种病毒的传染能力更强，破坏力更大。

6.2.4　计算机病毒的特征

1. 程序性

计算机病毒与其他合法程序一样，是一段可执行程序，但它不是一个完整的程序，而是寄生在其他可执行程序上，因此计算机病毒具有正常程序的一切特性：可存储性、可执行性。它隐藏在合法的程序或数据中，当用户运行正常程序时，病毒伺机窃取系统的控制权，得以抢先运行，然而此时用户还认为在执行正常程序。

2. 传染性

传染性是病毒的基本特征。在生物界，病毒通过传染从一个生物体扩散到另一个生物体。在适当的条件下，它可得到大量繁殖，并使被感染的生物体表现出病症甚至死亡。正常的计算机程序一般是不会将自身的代码强行连接到其他程序之上的，而病毒程序却能使自身的代码强行传染到一切符合其传染条件的未受到传染的程序之上。

传染性是计算机病毒最重要的特征，是判断一段程序代码是否为计算机病毒的依据。病毒程序一旦侵入计算机系统就开始搜索可以传染的程序或者磁介质，然后通过自我复制迅速传播。由于目前计算机网络日益发达，计算机病毒可以在极短的时间内，通过像 Internet 这样的网络传遍世界。

3. 潜伏性

通常计算机病毒程序进入系统之后不会马上发作，可以在几周、几个月甚至几年内隐藏在合法文件中对其他系统进行传染而不被人发现，潜伏性越好，其在系统中的存在时间就会越长，病毒的传染范围就会越大。

4. 表现性和破坏性

无论何种病毒程序，一旦侵入系统都会对操作系统的运行造成不同程度的影响，即使不直接产生破坏作用的病毒程序也要占用系统资源（如占用内存空间，占用磁盘存储空间及系统运行时间等）。而绝大多数病毒程序要显示一些文字或图像，影响系统的正常运行，还有一些病毒程序删除文件，加密磁盘中的数据，甚至摧毁整个系统和数据，使之无法恢复，造成无可挽回的损失。因此，病毒程序的副作用轻者降低系统工作效率，重者导致系统崩溃、数据丢失。病毒程序的表现性或破坏性体现了病毒设计者的真正意图。

5. 可触发性

计算机病毒一般都有一个或者几个触发条件。满足其触发条件或者激活病毒的传染机制，使之进行传染；或者激活病毒的表现部分或破坏部分。触发的实质是一种条件的控制，病毒程序可以依据设计者的要求，在一定条件下实施攻击。这个条件可以是敲入特定字符、使用特定文件、某个特定日期或特定时刻，或者是病毒内置的计数器达到一定次数等。

6.2.5　计算机病毒的组成与工作机理

计算机病毒实际上是一种特殊的程序，其组成和工作机理与一般的程序没有本质上的区别。所不同的是，病毒程序不像一般程序那样以单独文件形式存放在磁盘上，而是它必须将自身寄生在其他程序上。就目前出现的各种计算机病毒来看，其寄生对象有两种，一种是寄生在磁盘引导扇区，另一种是寄生在文件中（通常是可执行文件）。当运行宿主程序时，通常病毒首先被执行并常驻内存，病毒进入活动状态（动态）并常驻内存。此时，病毒可以随时传播给其他程序，当满足触发条件时，病毒的破坏模块开始工作，开始破坏或干扰正常运行系统。病毒的工作过程如图 6-2 所示。

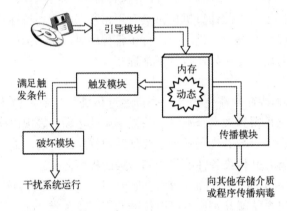

图 6-2　计算机病毒工作过程

计算机病毒一般由三部分组成：病毒的初始化（引导）、传染部分、破坏和表现部分。其中传染部分包括激活传染条件的判断部分和传染功能的实施部分，而破坏和表现部分则由病毒触发条件判断部分和破坏表现功能的实施部分组成。

1. 病毒的初始化（引导）部分

当运行带病毒的程序（宿主程序）时，随着病毒宿主程序进入内存，通常首先执行的是程序中病毒的初始化部分。病毒初始化部分的主要功能是完成病毒程序的安装，使其永久驻留内存并修改系统的某些设置（通常是中端调用服务地址），使其随时可以取得系统控制权将病毒传播给其他程序。病毒的初始化过程根据病毒的寄生方式，大致分两类。一类是随着操作系统引导过程装入内存，另一类是随着感染病毒的程序运行驻留内存。

（1）通过系统引导过程完成病毒安装（初始化）

引导型病毒是利用操作系统的引导模块放在某个固定的位置（通常是磁盘的 0 号盘面 0 磁道 1 扇区），并且控制权的转交方式是以物理位置为依据，而不是以操作系统引导区的内容为依据，因而病毒占据该物理位置即可获得控制权，而将真正的引导区内容搬家转移或替换，待病毒程序执行后，将控制权交给真正的引导区内容，使得这个带病毒的系统看似正常运转，而病毒已隐藏在系统中并伺机传染、发作。

引导型病毒按其寄生对象的不同又可分为两类，即 MBR（主引导区）病毒和 BR（引导区）病毒。MBR 病毒也称为分区病毒，将病毒寄生在硬盘分区主引导程序所占据的硬盘

0 头 0 柱面第 1 个扇区中。典型的 MBR 病毒有大麻、2708、INT60 病毒等。BR 病毒是将病毒寄生在硬盘逻辑 0 扇或软盘逻辑 0 扇（即 0 面 0 道第 1 个扇区）。典型的 BR 病毒有 Brain、小球病毒等。

引导型病毒是在安装操作系统之前进入内存的，寄生对象又相对固定，因此，该类型病毒基本上不得不采用减少操作系统所掌管的内存容量方法来驻留内存高端，而正常的系统引导过程一般是不减少系统内存的。

引导型病毒需要把病毒传染给软盘，一般是通过修改 int 13H 的中断向量，而新 int 13H 中断向量段址必定指向内存高端的病毒程序。

引导型病毒感染硬盘时，必定驻留在硬盘的主引导扇区或引导扇区，并且只驻留一次，因此引导型病毒一般都是在软盘启动过程中把病毒传染给硬盘，而正常的引导过程一般不对硬盘主引导区或引导区进行写盘操作。

引导型病毒的寄生对象相对固定，把当前的系统主引导扇区和引导扇区与干净的主引导扇区和引导扇区进行比较，如果内容不一致，则可认定系统引导区异常。

将引导型病毒注入的系统前后的开机程序作横向比较，就能清楚地获知什么是引导型病毒。

软盘中毒前的正常开机程序为：开机→执行 BIOS→自我测试 POST→填入中断向量表→启动扇区（boot sector）→IO.SYS→MSDOS.SYS→COMMAND.COM。

软盘中毒之后的开机程序为：开机→执行 BIOS→自我测试 POST→填入中断向量表→开机型病毒→启动扇区（Boot Sector）→IO.SYS→MSDOS.SYS→COMMAND.COM。

硬盘中毒前的正常开机程序为：开机→执行 BIOS→自我测试 POST→填入中断向量表→硬盘分区表（partition table）→启动扇区（boot sector）→IO.SYS→MSDOS.SYS→COMMAND.COM。

硬盘中毒之后的开机程序为：开机→执行 BIOS→自我测试 POST→填入中断向量表→硬盘分割表（partition table）→开机型病毒→启动扇区（boot sector）→IO.SYS→MSDOS.SYS。

引导型病毒初始化过程如图 6-3 所示。

（2）随着感染病毒的程序运行时驻留内存

这类病毒主要是文件型病毒，一个感染病毒的可执行文件（.com 或.exe）的一般结构如图 6-4 所示。

通常当执行一个感染病毒的程序时，首先执行的是程序中的病毒初始部分，病毒程序首先完成自身的安装，基本过程是：首先将病毒程序移动到用户程序空间的开始端，然后调用操作系统的程序驻留命令，将这部分病毒程序永久驻留内存，同时修改操作系统调用中断向量 INT 21H 使其指向已驻留的病毒体。完成病毒自身安装后，由于原程序（正常程序）已被覆盖，这时病毒程序再重新读入要执行的程序按正常方式执行。典型的文件型病毒"黑色星期五"初始化过程就是如此。

2. 病毒传染部分

传染部分的功能是将病毒自身代码复制到其他主程序中。病毒的传染有其针对性，或针对不同的系统，或针对同种系统的不同环境，如"黑色星期五"病毒只感染可执行文件。通常，病毒传染时要对被传染的程序（宿主程序）进行修改，将病毒代码附加到宿主程序中，并将程序的开始执行指针指向病毒部分。

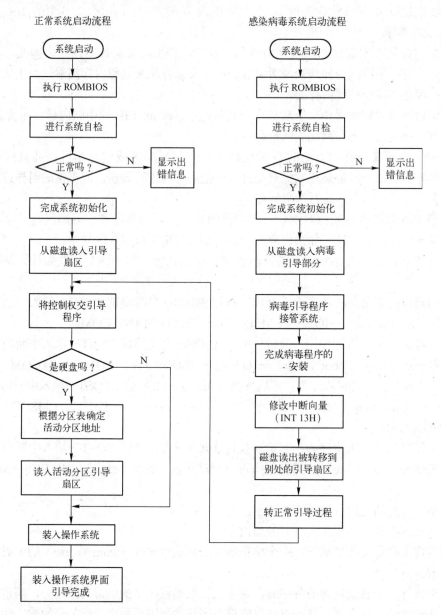

图 6-3　引导型病毒初始化过程

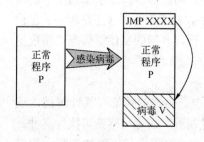

图 6-4　感染病毒的可执行文件

计算机病毒的传染方式基本可分为两大类，一是立即传染，即病毒在被执行到的瞬间，抢在宿主程序开始执行前，立即感染磁盘上的其他程序，然后再执行宿主程序；二是驻留内存并伺机传染，在系统运行时，病毒通过病毒载体即系统的外存储器进入系统的内存储器，常驻内存。该病毒在系统内存中监视系统的运行，当它发现有攻击的目标存在并满足条件时，便从内存中将自身存入被攻击的目标，从而将病毒进行传播。根据病毒感染的不同目标，大体上可以把病毒分为如下 3 种。

（1）引导区感染型

感染硬盘和软盘中保存启动程序的区域。引导扇区是硬盘或软盘的第一个扇区，对于操作系统的装载起着十分重要的作用。软盘只有一个引导区，被称为 DOS boot secter，只要软盘已被格式化就存在。硬盘有两个引导区，即 0 面 0 道 1 扇区（称为主引导区），DOS 分区的第一个扇区（即为 DOS boot secter）。绝大多数病毒感染硬盘主引导扇区和软盘 DOS 引导扇区。一般来说，引导扇区先于其他程序获得对 CPU 的控制，通过把自己放入引导扇区，病毒就可以立刻控制整个系统。

病毒代码代替了原始的引导扇区信息，并把原始的引导扇区信息移到磁盘的其他扇区。当 DOS 需要访问引导数据信息时，病毒会引导 DOS 到储存引导信息的新扇区，从而使 DOS 无法察觉信息被挪到了新的地方，如图 6-5 所示。

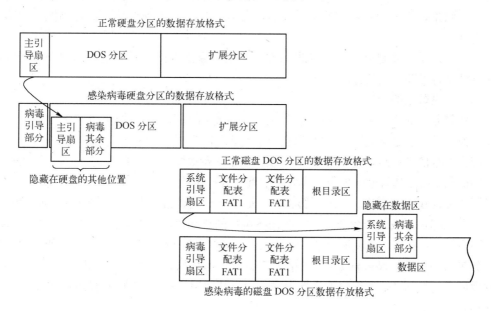

图 6-5　引导区病毒感染过程

另外，病毒的一部分仍驻留在内存中，当新的磁盘插入时，病毒就会把自己写到新的磁盘上。当这个盘被用于另一台机器时，病毒就会以同样的方法传播到那台机器的引导扇区上。

（2）可执行文件感染型

顾名思义，可执行文件感染型病毒只感染文件扩展名为.com 和.exe 等的可执行文件。其感染机理其实非常简单：用户无意间运行了病毒程序后，病毒就开始查找保存在个人计算机中的其他程序文件，并实施感染。如果是可感染文件，病毒就会随意地更改此文件，并把自身的病毒代码复制到程序中。更改文件的方法包括以下几种。

① 覆盖感染。是指病毒用自身的代码覆盖文件的程序代码部分。由于只是单纯利用病毒代码进行覆盖，因此感染机理最为简单。不过，感染这种病毒后，程序文件就被破坏，无法正常工作。也就是说用户受感染后，原来的程序将不能运行，而只能启动病毒程序。结

果，即便用户不能马上明白是不是病毒，也会立刻注意到发生了异常情况。

②　追加感染。病毒并不更改感染对象的程序代码，而是把病毒代码添加到程序文件最后。另外，追加感染型病毒还会更改原程序文件的文件头部分。具体来说就是把文件头中原来记述的"执行开始地址为 XXX（原程序的开头）"等信息更改变成"执行开始地址为 ZZZ（病毒程序的开头）"。这样一来，在原程序运行之前，病毒代码就会首先被执行。另外，在病毒代码的最后会增加一段描述代码，以便重新回到执行原程序开始的地址。这样一来，受感染程序在执行了病毒代码之后，就会接着执行原程序。结果，由于原程序会正常运行，用户很难察觉到已经感染了病毒。不过，程序受到追加感染型病毒的感染后，其文件尺寸会变得比原文件大。"黑色星期五"病毒就属于这种感染方式。

③　插入感染。这种病毒可以说是由追加感染型病毒发展而来的。事实上，它并不是在程序文件中查找合适的部位，然后把程序代码等信息添加到文件中，而是查找没有实际意义的数据所在的位置。插入感染型病毒找到这些部分以后，就把自身的代码覆盖到这些部分中。结果，尽管原程序照常运行，且文件尺寸也没有任何变化，但是仍能产生感染病毒的文件。

不过，此类病毒进行感染的前提条件是感染对象文件必须具有足够的空间。所以，它无法感染没有足够空间的程序文件。

（3）感染数据的宏病毒

宏病毒是一种寄存在文档或模板的宏中的计算机病毒。一旦打开这样的文档，其中的宏就会被执行，于是宏病毒就会被激活，转移到计算机上，并感染其他文档。

绝大多数的宏病毒都是根据微软公司 Office 系列软件所特有的宏功能所编写，Office 中的 Word 和 Excel 都有宏。如果在 Word 中重复进行某项工作，可用宏使其自动执行。Word 提供了两种创建宏的方法：宏录制器和 Visual Basic 编辑器。宏将一系列的 Word 命令和指令组合在一起，形成一个命令，以实现任务执行的自动化。在默认的情况下，Word 将宏存储在 Normal 模板中，以便所有的 Word 文档均能使用，这一特点几乎为所有的宏病毒所利用。如果通用模板（Normal.dot）感染了宏病毒，那么只要一执行 Word，这个受感染的通用模板便会传播到之后所编辑的文档中去，如果其他用户打开了感染病毒的文档，宏病毒又会转移到其他的计算机上。

由于这种脚本型病毒并不感染可执行文件，而是感染数据文件，因此也许会让人感觉与可执行文件感染型病毒区别很大。但实际上并没有太大的区别。虽说感染的是数据文件，但该数据文件最终还是含有可由某些特定应用程序来执行的程序代码文件。最关键的是，在病毒运行过程中，总体上是作为程序来运行的，因此在这个意义上来讲，与可执行文件感染型病毒在本质并没有任何区别。

3. 破坏或表现部分

计算机病毒的破坏行为体现了病毒的杀伤能力。病毒破坏行为的激烈程度取决于病毒作者的主观愿望和他所具有的技术能量。数以万计、不断发展扩张的病毒，其破坏行为千奇百怪，不可能穷举其破坏行为，难以进行全面的描述。根据已有的病毒资料可以把病毒的破坏目标和攻击部位归纳如下。

（1）攻击系统数据区

攻击部位包括：硬盘主引导扇区、Boot 扇区、FAT 表、文件目录。一般来说，攻击系统数据区的病毒是恶性病毒，受损的数据不易恢复。

（2）攻击文件

病毒对文件的攻击方式很多，可列举如下：删除、改名、替换内容、丢失部分程序代码、内容颠倒、写入时间空白、变碎片、假冒文件、丢失文件簇、丢失数据文件。

（3）攻击内存

内存是计算机的重要资源，也是病毒的攻击目标。病毒额外地占用和消耗系统的内存资源，可以导致一些大程序受阻。病毒攻击内存的方式有：占用大量内存、改变内存总量、禁止分配内存、蚕食内存。

（4）干扰系统运行

病毒会干扰系统的正常运行，以此作为自己的破坏行为。此类行为也是花样繁多，如不执行命令、干扰内部命令的执行、虚假报警、打不开文件、内部栈溢出、占用特殊数据区、换现行盘、时钟倒转、重启动、死机、强制游戏、扰乱串并行口。

（5）速度下降

病毒激活时，其内部的时间延迟程序启动。在时钟中纳入了时间的循环计数，迫使计算机空转，计算机速度明显下降。

（6）攻击磁盘

攻击磁盘数据、不写盘、写操作变读操作、写盘时丢字节。

（7）扰乱屏幕显示

病毒扰乱屏幕显示的方式很多，如字符跌落、环绕、倒置、显示前一屏、光标下跌、滚屏、抖动、乱写、吃字符。

（8）键盘

病毒干扰键盘操作，已发现的方式有：响铃、封锁键盘、换字、抹掉缓存区字符、重复、输入紊乱。

（9）喇叭

许多病毒运行时，会使计算机的喇叭发出响声。有的病毒作者让病毒演奏旋律优美的世界名曲，在高雅的曲调中去杀戮人们的信息财富。有的病毒作者通过病毒让喇叭发出种种声音。已发现的方式有：演奏曲子、警笛声、炸弹噪声、鸣叫、咔咔声、嘀嗒声。

（10）攻击 CMOS

在机器的 CMOS 区中，保存着系统的重要数据，如系统时钟、磁盘类型、内存容量等，并具有校验和。有的病毒激活时，能够对 CMOS 区进行写入动作，破坏系统 CMOS 中的数据。

（11）干扰打印机

假报警、间断性打印、更换字符。

6.2.6　计算机病毒的防治技术

病毒的防治技术总是在与病毒的较量中得到发展的。总的来讲，计算机病毒的防治技术分成四个方面，即预防、检测、清除、免疫。除了免疫技术因目前找不到通用的免疫方法而进展不大之外，其他三项技术都有相当的进展。

1. 病毒预防技术

计算机病毒的预防技术是指通过一定的技术手段防止计算机病毒对系统进行传染和破坏，具体来说，计算机病毒的预防是通过阻止计算机病毒进入系统内存或阻止计算机病毒对磁盘的操作尤其是写操作，以达到保护系统的目的。

计算机病毒的预防技术主要包括磁盘引导区保护、加密可执行程序、读写控制技术和系统监控技术等。计算机病毒的预防应该包括两个部分：对已知病毒的预防和对未来病毒的预防。目前，对已知病毒预防可以采用特征判定技术即静态判定技术，对未知病毒的预防则是一种行为规则的判定技术即动态判定技术。

2. 病毒检测技术

计算机病毒检测技术是指通过一定的技术手段判定出计算机病毒的一种技术。计算机病毒进行传染，必然会留下痕迹。检测计算机病毒，就是要到病毒寄生场所去检查，发现异常情况，并进而验明"正身"，确认计算机病毒的存在。病毒静态时存储于磁盘中，激活时驻留在内存中。因此对计算机病毒的检测分为对内存的检测和对磁盘的检测。

病毒检测的原理主要是基于下列几种方法。

（1）特征代码法

特征代码法被认为是用来检测已知病毒的最简单、开销最小的方法。其原理是将所有病毒的病毒码加以剖析，并且将这些病毒独有的特征收集在一个病毒码资料库中，简称"病毒库"，检测时，以扫描的方式将待检测程序与病毒库中的病毒特征码进行一一对比，如果发现有相同的代码，则可判定该程序已遭病毒感染。特征代码法检测病毒的实现步骤如下：

① 采集已知病毒样本；

② 从病毒样本中，抽取病毒特征代码；

③ 将特征代码纳入病毒数据库；

④ 打开被检测文件，在文件中搜索，检查文件中是否含有病毒数据库中的病毒特征代码；

⑤ 如果发现病毒特征代码，由于特征代码与病毒一一对应，便可以断定，被查文件中患有何种病毒。

（2）校验和法

校验和法是对正常文件的内容，计算其"校验和"，将该校验和写入文件中或写入别的文件中保存。在文件使用过程中，定期或每次使用文件前，检查文件当前内容算出的校验和与原来保存的校验和是否一致，以此来发现文件是否感染。采用校验和法检测病毒，既可发现已知病毒又可发现未知病毒。校验和法对隐蔽性病毒无效。运用校验和法查病毒可采用 3 种方式。

① 在检测病毒工具中纳入校验和法，对被查的对象文件计算其正常状态的校验和，将校验和值写入被查文件中或检测工具中，而后进行比较。

② 在应用程序中，放入校验和法自我检查功能，将文件正常状态的校验和写入文件本身中，每当应用程序启动时，比较现行校验和与原校验和值，实行应用程序的自检测。

③ 将校验和检查程序常驻内存，每当应用程序开始运行时，自动比较检查应用程序内部或别的文件中预先保存的校验和。

（3）行为监测法

利用病毒的特有行为特征来监测病毒的方法，称为行为监测法。通过对病毒多年的观察、研究，人们发现有一些行为是病毒的共同行为，而且比较特殊。当程序运行时，监视其行为，如果发现了病毒行为，立即报警。

（4）软件模拟法

软件模拟法是一种软件分析器，用软件方法来模拟和分析程序的运行，以后演绎为在虚拟机上进行的查毒，启发式查毒技术等，是相对成熟的技术。新型检测工具纳入了软件模拟法，该类工具开始运行时，使用特征代码法检测病毒，如果发现隐蔽病毒或多态性病毒嫌疑时，启动软件模拟模块，监视病毒的运行，待病毒自身的密码译码以后，再运用特征代码法来识别病毒的种类。

（5）分析法

要使用分析法检测病毒，其条件除了要具有相关的知识外，还需要 DEBUG、PROVIEW等供分析用的工具程序和专用的试验用计算机。分析的步骤分为动态和静态两种。静态分析是指利用 DEBUG 等反汇编程序将病毒代码打印成反汇编后的程序清单进行分析，看病毒分成哪些模块，使用了哪些系统调用，采用了哪些技巧，如何将病毒感染文件的过程翻转为清除病毒、修复文件的过程，哪些代码可被用作特征码，以及如何防御这种病毒。

（6）病毒检测工具

最省工省时的检测方法是使用杀毒工具，如瑞星杀毒软件、KV3000、金山毒霸、MSD.exe、CPAV.exe、SCAN.exe 等软件。所以，用户只需根据自己的需要选择一定的检测工具，详读使用说明，按照软件中提供的菜单和提示，一步一步地操作下去，便可实现检测目的。

3．病毒消除技术

计算机病毒的消除技术是计算机病毒检测技术发展的必然结果，是病毒传染程序的一种逆过程。从原理上讲，只要病毒不进行破坏性的覆盖式写盘操作，病毒就可以被清除出计算机系统。安全、稳定的计算机病毒清除工作完全基于准确、可靠的病毒检测工作。

计算机病毒的消除严格地讲是计算机病毒检测的延伸，病毒消除是在检测发现特定的计算机病毒基础上，根据具体病毒的消除方法，从传染的程序中除去计算机病毒代码并恢复文件的原有结构信息。

4．病毒免疫技术

计算机病毒的免疫技术目前没有很大发展。针对某一种病毒的免疫方法已没有人再用了，而目前尚没有出现通用的能对各种病毒都有免疫作用的技术，也许根本就不存在这样一种技术。现在，某些反病毒程序使用给可执行程序增加保护性外壳的方法，能在一定程度上起保护作用。若在增加保护性外壳前该文件已经被某种尚无法由检测程序识别的病毒感染，则此时作为免疫措施、为该程序增加的保护性外壳就会将程序连同病毒一起保护在里面。等检测程序更新了版本，能够识别该病毒时又因为保护程序外壳的"护驾"，而不能检查出该病毒。另外，某些如 DIR 2 类的病毒仍能突破这种保护性外壳的免疫作用。

5．计算机反病毒技术的发展

第一代反病毒技术采取单纯的病毒特征码来判断，将病毒从带毒文件中消除掉。这种方法可以准确地清除病毒、误报率低、可靠性高。后来病毒技术的发展，特别是加密和变形技术的运用，使得这种简单的静态扫描方式失去了作用。

　　第二代反病毒技术采用静态广谱特征扫描方法来检测病毒，这种方式可以更多地检测出变形病毒，但也带来了较高的误报率，尤其是用这种不严格的特征判定方式去清除病毒带来的风险性很大，容易造成文件和数据的破坏。所以静态防病毒技术具有难以克服的缺陷。

　　第三代反病毒技术的主要特点是将静态扫描技术和动态仿真跟踪技术结合起来，将查、杀病毒合二为一，形成一个整体解决方案，全面实现防、查、杀等反病毒所必备的各种手段，以驻留内存方式防止病毒的入侵，凡是检测到的病毒都能清除，不会破坏文件和数据。

　　第四代反病毒技术则基于多位 CRC（循环冗余校验）校验和扫描机理，综合了启发式智能代码分析技术、动态数据还原技术（能查出隐蔽性极强的压缩加密文件中的病毒）、内存解毒技术和自身免疫技术等先进的计算机反病毒技术。它是一种已经形成且仍在不断发展完善的计算机反病毒整体解决方案，较好地改变了以前防病毒技术顾此失彼、此消彼长的状态。

6.2.7　计算机病毒的防范

1. 管理角度方面进行的防范

　　对于计算机病毒，可以从以下几方面进行管理角度防范：禁止未经测试检测的移动存储设备直接插入计算机；不下载使用一些来历不明的软件，包括盗版软件等；本单位应当对计算机的使用权限进行严格管理，对于不同的人员应相应规定其不同的使用权限；对计算机中所有的系统盘和移动盘进行相应的写保护，以保护盘中的文件被病毒感染；对系统中的重要文件及数据要及时进行相应的备份等。

2. 技术上进行的防范

　　对于计算机病毒，还可以采用多种不同的技术对其加以防范，常见的一些技术防范措施现列举如下。

　　第一，采用先进的内存常驻防病毒程序技术，这种技术可以时刻监视病毒的入侵，还可以定期检查磁盘。但是这种方法会占用一定的内存空间，而且容易与其他程序产生冲突，同时有些特殊病毒还会自行躲避防毒程序，所以这种方式不能作为主要的防病毒武器。

　　第二，在程序运行前先进行相关检测，主要采用一些杀毒软件进行病毒检查，但是不是所有的杀毒软件都能及时将病毒进行查杀，所以仍然需要以预防为主。

　　第三，改变文档属性，这种方法虽然较为简单，但它能防范一般的文件型病毒。

　　第四，改变文件扩展名，计算机病毒进行感染时首先必须了解文件的属性，因为不同属性的文件需要采用不同的传染方式，所以改变可执行文件的扩展名，多数病毒也会随之失去效力。

　　总之，针对计算机病毒，不同的情况下要采取不同的防范措施。

6.3　恶意软件的防范

　　恶意软件是介于病毒和正规软件之间的软件。正规软件是指为方便用户使用计算机工作、娱乐而开发，面向社会公开发布的软件。恶意软件同时具备正常功能（下载、媒体播放等）和恶意行为（弹广告、开后门），给用户带来实质危害。这些软件也可能被称为恶意广告软件（adware）、间谍软件（spyware）、恶意共享软件（malicious shareware）。与病毒或者蠕虫不同，这些软件很多不是由小团体或者个人秘密地编写和散播的，反而是很多知名企业和团体涉嫌此类软件。

恶意软件的泛滥是继病毒、垃圾邮件后互联网世界的又一个全球性问题。恶意软件的传播严重影响了互联网用户的正常上网，侵犯了互联网用户的正当权益，给互联网带来了严重的安全隐患，妨碍了互联网的应用，侵蚀了互联网的诚信。面对恶意软件日益猖獗，严重干扰用户正常使用网络的严峻局面，如何有效地识别、防范与清除恶意软件已成为广大互联网用户需要了解的必备知识。

6.3.1　恶意软件的定义及特征

中国互联网协会公布了恶意软件的官方定义：恶意软件（俗称"流氓软件"）是指在未明确提示用户或未经用户许可的情况下，在用户计算机或其他终端上安装运行，侵犯用户合法权益的软件。它有具备以下某些特征：

1．强制安装

指未明确提示用户或未经用户许可，在用户计算机或其他终端上安装软件的行为。

① 在安装过程中未提示用户；

② 在安装过程中未提供明确的选项供用户选择；

③ 在安装过程中未给用户提供退出安装的功能；

④ 在安装过程中提示用户不充分、不明确（明确充分的提示信息包括但不限于软件作者、软件名称、软件版本、软件功能等）。

2．难以卸载

指未提供通用的卸载方式，或在不受其他软件影响、人为破坏的情况下，卸载后仍然有活动程序的行为。

① 未提供明确的、通用的卸载接口（如 Windows 系统下的"程序组"，"控制面板"中的"添加或删除程序"）；

② 软件卸载时附有额外的强制条件，如卸载时需要连网、输入验证码、回答问题等；

③ 在不受其他软件影响或人为破坏的情况下，不能完全卸载，仍有子程序或模块在运行（如以进程方式）。

3．浏览器劫持

指未经用户许可，修改用户浏览器或其他相关设置，迫使用户访问特定网站或导致用户无法正常上网的行为。

① 限制用户对浏览器设置的修改；

② 对用户所访问网站的内容擅自进行添加、删除、修改；

③ 迫使用户访问特定网站或不能正常上网；

④ 修改用户浏览器或操作系统的相关设置导致以上三种现象的行为。

4. 广告弹出

指未明确提示用户或未经用户许可，利用安装在用户计算机或其他终端上的软件弹出广告的行为。

① 安装时未告知用户该软件的弹出广告行为；

② 弹出的广告无法关闭；

③ 广告弹出时未告知用户该弹出广告的软件信息。

5. 恶意收集用户信息

指未明确提示用户或未经用户许可，恶意收集用户信息的行为。

① 收集用户信息时，未提示用户有收集信息的行为；

② 未提供用户选择是否允许收集信息的选项；

③ 用户无法查看自己被收集的信息。

6. 恶意卸载

指未明确提示用户、未经用户许可，或误导、欺骗用户卸载其他软件的行为。

① 对其他软件进行虚假说明；

② 对其他软件进行错误提示；

③ 对其他软件进行直接删除。

7. 恶意捆绑

指在软件中捆绑已被认定为恶意软件的行为。

① 安装时，附带安装已被认定的恶意软件；

② 安装后，通过各种方式安装或运行其他已被认定的恶意软件。

其他侵犯用户知情权、选择权的恶意行为。

6.3.2　恶意软件的主要类型及危害

1. 恶意软件的主要类型

根据不同的特征和危害，恶意软件主要有如下几类。

（1）广告软件（adware）

广告软件是指未经用户允许，下载并安装在用户计算机上，或与其他软件捆绑，通过弹出式广告等形式牟取商业利益的程序。

广告软件通常捆绑在免费或共享软件中，在用户使用共享软件时，它也同时启动，频繁弹出各类广告，进行商业宣传。一些免费软件通常使用此方法赚取广告费。频繁出现的广告会消耗用户的系统资源，影响页面刷新速度。还有一些软件在安装之后会在 IE 浏览器的工具栏位置添加广告商的网站链接或图标，一般用户很难清除。

（2）间谍软件（spyware）

间谍软件是一种能够在用户不知情的情况下，在其计算机上安装后门、收集用户信息的软件。

间谍软件实际上具有木马病毒的特征，此类软件通常和行为记录软件（track ware）一起，在用户不知情的情况下在系统后台运行，窃取并分析用户隐私数据。此类软件危及用户隐私，可能被黑客利用以进行网络诈骗。

（3）浏览器劫持（browser hijack）

浏览器劫持是一种恶意程序，它通过 DLL 插件、BHO（browser helper object，浏览器辅助对象）、Winsock LSP 等形式对用户的浏览器进行篡改。这类软件多半以浏览器插件的形式出现，用户一旦中招，其所使用的浏览器便会不听从命令，而是自动转到某些商业网站或恶意网页。同时，用户会发现自己的 IE 收藏夹里莫名其妙地多出很多陌生网站的链接。

用户在浏览网站时会被强行安装此类插件，普通用户根本无法将其卸载，被劫持后，用户只要上网就会被强行引导到其指定的网站，严重影响正常上网浏览。例如，一些不良站点会频繁弹出安装窗口，迫使用户安装某浏览器插件，甚至根本不征求用户意见，利用系统漏洞在后台强制安装到用户计算机中。这种插件还采用了不规范的软件编写技术（此技术通常被病毒使用）来逃避用户卸载，往往会造成浏览器错误、系统异常重启等。

（4）行为记录软件（track ware）

行为记录软件是指未经用户许可，窃取并分析用户隐私数据，记录用户计算机使用习惯、网络浏览习惯等个人行为的软件。该软件危及用户隐私，可能被黑客利用来进行网络诈骗。

例如，一些软件会在后台记录用户访问过的网站并加以分析，有的甚至会发送给专门的商业公司或机构，此类机构会据此窥测用户的爱好，并进行相应的广告推广或商业活动。

（5）恶意共享软件（malicious shareware）

恶意共享软件是指某些共享软件为了获取利益，采用诱骗手段、试用陷阱等方式强迫用户注册，或在软件体内捆绑各类恶意插件，未经允许即将其安装到用户机器里。

例如，用户安装某款媒体播放软件后，会被强迫安装与播放功能毫不相干的软件（搜索插件、下载软件）而不给出明确提示；并且在用户卸载播放器软件时不会自动卸载这些附加安装的软件。

又比如某加密软件，试用期过后所有被加密的资料都会丢失，只有交费购买该软件才能找回丢失的数据。

2. 恶意软件的危害

近几年恶意软件对计算机的侵害已超过计算机病毒，成为新的互联网公害。恶意软件的危害主要表现在以下几个方面。

（1）侵犯了用户的隐私

作为恶意软件产业链的末端，网民是无辜的，在不知情的情况下不断地被侵犯了隐私，包括秘密收集用户的个人信息、行为记录、屏幕内容乃至银行账号、密码等，建立起庞大的用户个人信息数据库，进而把数据库资料用于自身的营销战略或贩卖给其他商家，从中获取巨额利润。

（2）攻击计算机系统

由于计算机页面不断地弹出一些窗口，致使计算机工作速度慢，出现或死机或重启或文件被删除的危险。这种计算机信息系统不能正常运行的情况给用户造成时间损失、金钱损失和精神损害。

（3）形成了欺骗链条

以利益为核心的网络广告公司和流量公司率先欺瞒网民，随之持虚假的被无限放大的点击量和广告效果欺瞒广告主。而实际上网站的真实流量无法统计，广告的真实效果不得而知。中国互联网产业自欺欺人，互相欺骗。

（4）损害了健康的市场竞争环境

恶意软件的肆虐使公司正常的共享软件的推广成本加大，恶意软件是一种不正当的竞争行为。恶意软件能够通过反复、即时更新版本的方式，不仅逃避用户查杀，而且销毁侵害行为的证据，恶意软件以侵犯公民的利益换取企业自身的发展是一种非理性的不道德的行为。

6.3.3　恶意软件的防范措施与清除方法

面对恶意软件无孔不入的态势，要想有效地防范其入侵，必须从多方面采取措施。对于一个企事业单位首先需要制订具体防范政策，在安全政策中清晰地表述防范恶意软件需要考虑的事项，这些政策包括：邮件接收前的扫描、软件特别是插件安装的限制、限制移动媒介的使用、操作系统和应用程序的实时更新和下载补丁、防火墙设置等。这些政策应该作为恶意软件防范措施的基础。防范恶意软件的相关政策要有较大的灵活性，以便减少修改的必要，但在关键措施上也要足够详细。其次是警惕性，一个行之有效的警惕性计划规定了用户使用 IT 系统和信息的行为规范。相应地，警惕性计划应该包括对恶意软件事件防范的指导，这可以减少恶意软件事件的频度和危害性。应加强用户在使用计算机过程中的安全防范意识，让所有用户都应该知晓恶意软件入侵、感染、在系统中传播的渠道和恶意软件造成的风险。尽可能多地排除系统安全隐患，力求将恶意软件挡在系统之外。

1．恶意软件的防范措施

（1）加强系统安全设置

用户对工作用机应做到及时更新系统补丁，最大限度地减少系统存在的漏洞。同时严格进行账号管理，注重权限的控制，尽可能地进行安全登录与使用。最后关闭不必要的服务和端口，禁用一些不需要的或者存在安全隐患的服务。

① 部署强大的身份验证机制。很多攻击都是依靠单一验证而发动攻击的，传统钓鱼式攻击、键盘记录攻击都属于这种形式。这些攻击主要在于窃取个人信息（用户名和密码），这些信息将用于登录用户的账户。部署额外的身份验证机制可以抵御这些攻击。部署多因素身份验证系统通常能够抵御上述所有攻击形式。

② 部署反恶意软件解决方案。随着恶意软件逐渐成为安全机制的核心问题，所有社会团体和企业的网络都应该部署自己的防恶意软件解决方案，远程用户也应该部署相同的安全措施，最好就是为远程用户部署完成的端点安全解决方案，包括修补程序和防火墙管理防恶意软件程序。最后，可以考虑部署入侵防御系统（IPS）来拦截和预防某些由远程用户导致的攻击。

③ 及时修复。在操作系统安装完毕后，尽快访问有关站点，下载最新的补丁，并将计算机的"系统更新"设置为自动，最大限度地减少系统存在的漏洞。

④ 停用 guest 账号，把 administrator 账号改名。删除所有的 duplicate user 账号、测试账号、共享账号等。不同的用户组设置不同的权限，严格限制具有管理员权限的用户数量，确保不存在密码为空的账号。

⑤ 关闭不必要的服务和端口。禁用一些不需要的或者存在安全隐患的服务。如果不是应用所需，请关闭远程协助、远程桌面、远程注册表、Telnet 等服务。

（2）养成良好的计算机使用习惯

①　不要随意打开不明网站。很多恶意软件都是通过恶意网站进行传播的。当用户使用浏览器打开这些恶意网站，系统会自动从后台下载这些恶意软件，并在用户不知情的情况下安装到用户的计算机中。因此，上网时不要随意打开一些不明网站，尽量访问主流熟悉的站点。

②　尽量到知名网站下载软件。由于在共享或汉化软件里强行捆绑恶意软件已经成为恶意软件的重要传播渠道，因此要选择可信赖的站点下载软件。

③　安装软件时要"细看慢点"。很多捆绑了恶意软件的安装程序都有一些说明，需要在安装时注意加以选择，不能"下一步"到底。被捆绑的恶意软件在安装时都有一个释放过程，一般是释放到系统的临时文件夹，如果在安装软件时发现异常，可启动任务管理器终止应用程序的安装。通过进程列表可看到被释放的恶意软件安装程序进程，根据进程路径打开目录将恶意软件删除即可。

④　禁用或限制使用 Java 程序及 ActiveX 控件。恶意软件经常使用 Java、Java Applet、ActiveX 编写的脚本获取用户标识、IP 地址、口令等信息，甚至会在机器上安装某些程序或进行其他操作，因此应对 Java、Java Applet、ActiveX 控件和插件的使用进行限制。

（3）增强法律保护意识

恶意软件会给人们带来不便，甚至侵犯用户的权益。一些恶意软件被用来进行不正当竞争，侵犯他人的合法权益。这时候就需要人们拿起法律的武器保护自己的合法权益，用法律维护公平，减少恶意软件的危害，从而达到防范作用。因此，增强法律保护意识也不失为一种防范措施。

2．清除方法

感染恶意软件后，计算机通常会出现运行速度变慢、浏览器异常、系统混乱甚至系统崩溃等问题。因此尽早掌握恶意软件的清除方法，对于广大计算机使用者来说是十分必要的。

（1）手工清除

如果发觉自己的计算机感染了少量恶意软件，可以尝试用手工方法将其清除。具体方法如下。

第一步：重启计算机，开机按 F8 键，选择进入安全模式。

第二步：删除浏览器的 Internet 临时文件、Cookies、历史记录和系统临时文件。

第三步：通过"控制面板"→"添加或删除程序"中查找恶意软件，如果存在将其卸载。找到恶意软件的安装目录，将其连同其中的文件一并删除。

第四步：在"运行"对话框中输入"regedit"，进入注册表编辑器，在注册表中查找是否存在含有恶意软件的项、值或数据，如果存在，将其删除。

以上四步完成以后，重启计算机进入正常模式，通常恶意软件即可被清除。

（2）借助专业清除软件

随着恶意软件技术越来越高，已很难彻底清除它们，特别对普通用户来说操作起来也比较难，最便捷实用的方法是借助一些专业的软件来进行。互联网上有很多可供查杀恶意软件的工具，实际上有很多安全软件是可以专门用来清理这些恶意软件的，如：360 安全卫士、恶意软件清理助手、Norton Power Eraser、微软恶意软件清除工具、百度电脑管家、腾讯电脑管家等。需要注意的一点是，最好在安全模式下运行这些清除软件，这样查杀更为彻底。

小结

本章主要内容是计算机病毒及恶意软件的相关知识，计算机病毒和恶意软件的工作机理和防治技术。

1．计算机病毒定义

计算机病毒是指编制或者在计算机程序中插入的破坏计算机功能或者毁坏数据，影响计算机使用，并能自我复制的一组计算机指令或者程序代码。简单地讲，计算机病毒就是一种人为编制的可以自我复制的破坏程序。

2．计算机病毒的特征

程序性、传染性、潜伏性、表现性和破坏性、可触发性。

3．计算机病毒的分类

（1）按传染方式

传染性是计算机病毒的本质属性，根据计算机病毒传染方式进行分类，计算机病毒可分为引导型病毒、可执行文件型病毒、宏病毒和混合型病毒。

（2）按寄生方式

按寄生方式可分为源码型病毒、嵌入型病毒、操作系统型病毒和外壳型病毒。

（3）按破坏性

按破坏性可分为良性病毒和恶性病毒。

4．计算机病毒的组成与工作机理

计算机病毒一般由三部分组成：初始化部分、传染部分、破坏和表现部分。其中传染部分包括激活传染条件的判断部分和传染功能的实施部分，而破坏和表现部分则由病毒触发条件判断部分和破坏表现功能的实施部分组成。

5．计算机病毒的防治

计算机病毒的防治技术分成四个方面，即检测、清除、免疫和防御。

6．恶意软件

恶意软件是指在未明确提示用户或未经用户许可的情况下，在用户计算机或其他终端上安装运行，侵害用户合法权益的软件，但不包含我国法律法规规定的计算机病毒。

7．恶意软件八项特征

强制安装、难以卸载、浏览器劫持、广告弹出、恶意收集用户信息、恶意卸载、恶意捆绑、其他侵害。

8．恶意软件的主要类型

广告软件、间谍软件、浏览器劫持、行为记录软件、恶意共享软件。

9．恶意软件的防范措施

可从系统安全设置和良好的计算机使用习惯两方面防范恶意软件。

习题

一、选择题

1．下面是关于计算机病毒的两种论断：①计算机病毒也是一种程序，它在某些条件下激活，起干扰破坏作用，并能传染到其他程序中去。②计算机病毒只会破坏磁盘上的数据。经判断_____。

    A．只有①正确   B．只有②正确   C．①、②都正确   D．①、②都不正确

2．下列不属于恶意软件的是_____。

    A．广告软件   B．浏览器劫持软件

    C．共享软件   D．行为记录软件

3．计算机病毒一般由三部分组成，下面不属于病毒组成的是_____。

    A．隐藏部分   B．破坏和表现部分

    C．初始化部分   D．传染部分

4．下面不属于良好的计算机使用习惯的是_____。

    A．不要随意打开不明网站

    B．尽量到知名网站下载软件

    C．随意打开来路不明的邮件

    D．禁用或限制使用 Java 程序及 ActiveX 控件

5．在我国曾广为流行的"黑色星期五"病毒属于_____。

    A．可执行文件型   B．源码型   C．网络病毒   D．宏病毒

6．下面不属于计算机病毒的防治技术的是_____。

    A．病毒预防技术   B．病毒检测技术

    C．病毒消除技术   D．软件测试技术

7．按传染方式计算机病毒可分为_____。

    A．良性与恶性病毒

    B．源码型病毒、嵌入型病毒、操作系统型病毒和外壳型病毒

    C．单机病毒和网络病毒

    D．引导型病毒、可执行文件型病毒、宏病毒和混合型病毒

8．世界上首个微型计算机病毒是由_____人编写的。

    A．中国   B．美国   C．巴基斯坦   D．法国

9．计算机安全是指_____，即计算机信息系统资源和信息资源不受自然和人为有害因素的威胁和危害。

    A．计算机资产安全   B．网络与信息安全

    C．物理安全   D．软件安全

10．恶意软件是指_____的情况下，在用户计算机或其他终端上安装运行，侵害用户合法权益的软件。

    A．得到用户的许可   B．在未明确提示用户或未经用户许可

    C．明确提示用户   D．在不违法

11．下面不属于恶意软件的防范措施的是_____。

    A．及时更新系统补丁   B．严格账号管理

    C．关闭不必要的服务和端口   D．禁止使用互联网

12．下面关于计算机病毒的叙述中，不正确的是_____。

    A．计算机病毒有破坏性，凡是软件作用到的计算机资源，都可能受到病毒的破坏

    B. 计算机病毒有潜伏性，它可能长期潜伏在合法的程序中，遇到一定条件才开始进行破坏活动

    C. 计算机病毒有传染性，它能不断扩散，这是计算机病毒最可怕的特性

    D. 计算机病毒是开发程序时未经测试而附带的一种寄生性程序，它能在计算机系统中存在和传播

13. 下列不属于计算机病毒特征的是_____。

    A. 隐蔽性　　　　B. 潜伏性　　　　C. 传染性　　　　D. 免疫性

14. 下面不是恶意软件的特征的是_____。

    A. 强制安装　　　　　　　　B. 难以卸载

    C. 恶意收集用户信息　　　　D. 隐蔽性

15. 下面列出的方法中，不属于计算机病毒常用的检测方法的是_____。

    A. 校验和法　　B. 特征代码法　　C. 软件分析法　　D. 行为监测法

16. "计算机病毒"这一名称是由_____提出。

    A. 托马斯·捷·瑞安（Thomas J. Ryan）

    B. 弗雷德·科恩（Fred Cohen）

    C. 莫里斯

    D. 陈盈豪

17. 计算机系统感染病毒以后会_____。

    A. 立即不能正常运行　　　　B. 在表面上仍然在正常运行

    C. 不能再重新启动　　　　　D. 立即毁坏

18. 计算机病毒是一段可运行的程序，它一般_____保存在磁盘中。

    A. 作为一个文件　　　　　　B. 作为一段数据

    C. 不作为单独文件　　　　　D. 作为一段资料

19. 病毒在感染计算机系统时，一般_____感染系统。

    A. 病毒程序都会在屏幕上提示，待操作者确认（允许）后

    B. 在操作者不觉察的情况下

    C. 病毒程序会要求操作者指定存储的磁盘和文件夹后

    D. 在操作者为病毒指定存储的文件名以后

20. 在大多数情况下，病毒侵入计算机系统以后，_____。

    A. 病毒程序将立即破坏整个计算机软件系统

    B. 计算机系统将立即不能执行我们的各项任务

    C. 病毒程序将迅速损坏计算机的键盘、鼠标等操作部件

    D. 一般并不立即发作，等到满足某种条件时，才会出来活动捣乱、破坏

21. 彻底防止病毒入侵的方法是_____。

    A. 每天检查磁盘有无病毒　　　B. 定期清除磁盘中的病毒

    C. 不自己编制程序　　　　　　D. 还没有研制出来

22. 以下关于计算机病毒的描述中，只有_____是对的。

    A. 计算机病毒是一段可执行程序，一般不单独存在

    B. 计算机病毒除了感染计算机系统外，还会传染给操作者

C．良性计算机病毒就是不会使操作者感染的病毒

D．研制计算机病毒虽然不违法，但我们也不提倡

23．下列关于计算机病毒的说法中，正确的有_____。

A．计算机病毒是磁盘发霉后产生的一种会破坏计算机的微生物

B．计算机病毒是患有传染病的操作者传染给计算机，影响计算机正常运行

C．计算机病毒是有故障的计算机自己产生的、可以影响计算机正常运行的程序

D．计算机病毒是人为制造出来的、干扰计算机正常工作的程序

24．下列关于计算机病毒的叙述中，错误的是_____。

A．计算机病毒具有潜伏性

B．计算机病毒具有传染性

C．感染过计算机病毒的计算机具有对该病毒的免疫性

D．计算机病毒是一个特殊的寄生程序

25．下列关于计算机病毒的叙述中，正确的是_____。

A．反病毒软件可以查、杀任何种类的病毒

B．计算机病毒是一种被破坏了的程序

C．反病毒软件必须随着新病毒的出现而升级，提高查、杀病毒的功能

D．感染过计算机病毒的计算机具有对该病毒的免疫性

二、填空题

1．检测计算机病毒中，检测的原理主要是基于 4 种方法：比较法、_____、计算病毒特征字的识别法和_____。

2．《中华人民共和国计算机信息安全保护条例》中定义的"编制或者在计算机程序插入的破坏计算机功能或者毁坏数据，影响计算机使用，并能自我复制的一组计算机指令者程序代码"是指_____。

3 恶意软件是指在_____的情况下，在用户计算机或其他终端上安装运行，侵犯用户合法权益的软件。

三、简答题

1．简述自己在使用计算机时遇到的病毒及其表现特征。

2．简述文件型病毒和引导型病毒的工作原理。

3．简述病毒在计算机系统中存在的位置。

4．简述计算机病毒的传播途径。

5．简述病毒的工作机制。

6．简述反病毒技术的发展阶段。

7．简述恶意软件与正版软件的区别。

8．简述恶意软件的危害。

第 7 章　网络攻击技术

网络攻击是指利用网络存在的漏洞和安全缺陷对网络系统的硬件、软件及其系统中的数据进行的攻击。网络攻击不仅给全球带来巨大的经济损失，而且针对关键信息基础设施的网络攻击一旦成功，将会对社会民生带来不可估量的影响。网络攻击的预防技术成为当今社会关注的焦点。可以说，目前网络安全防护的主要课题是如何预防和阻止黑客攻击。知己知彼才能百战不殆，本章主要介绍网络攻击者——黑客的一些常用手段、黑客攻击的一般步骤和典型的攻击方式；学习各种流行的网络攻击及相关的防御对策，主要包括攻击概述、信息收集技术、网络攻击实施技术等。

7.1　黑客与入侵者

入侵者的来源有两种，一种是内部人员利用自己的工作机会和权限来获取不应该获取的权限而进行的攻击。另一种是外部人员入侵，包括远程入侵、网络结点接入入侵等。通常将外部入侵者称为"黑客"，本章主要讨论由黑客实施的远程攻击。

"黑客"一词是由英语 hacker 音译出来的，这个英文单词本身并没有明显的褒义或贬义，是指专门研究、发现计算机和网络漏洞的计算机爱好者。他们伴随着计算机和网络的发展而产生成长。黑客对计算机有着狂热的兴趣和执着的追求，他们不断地学习计算机和网络知识，发现计算机和网络中存在的漏洞，喜欢挑战高难度的网络系统并从中找到漏洞，然后向管理员提出解决和修补漏洞的方法。黑客不干涉政治，不受政治利用，他们的出现推动了计算机和网络的发展与完善。黑客所做的不是恶意破坏，他们是一群纵横于网络上的大侠，追求共享、免费，提倡自由、平等。黑客的存在是由于计算机技术的不健全，从某种意义上来讲，计算机的安全需要更多黑客去维护。

在国内，由于"黑"本身就含有贬义，加上许多人对黑客了解不多，黑客一词已经被用于那些专门利用计算机进行破坏或入侵他人计算机的代言词，对这些人正确的叫法应该是cracker，有人也翻译成"骇客"，也正是由于这些人的出现玷污了"黑客"一词，使人们把黑客和骇客混为一体，黑客被人们认为是在网络上进行破坏的人。中华人民共和国公共安全行业标准《计算机信息系统安全专用产品分类原则》第 3.6 条规定："黑客 hacker"是指"对计算机信息系统非授权访问的人员"。

综上所述，"黑客"大体上应该分为"正""邪"两类，正派黑客依靠自己掌握的知识帮助系统管理员找出系统中的漏洞并加以完善，通常把这类黑客称为"白帽子黑客"；而邪派黑客则是通过各种黑客技能对系统进行攻击、入侵或者做其他一些有害于网络的事情，这类黑客称为"黑帽子黑客"简称黑客；居于黑白两者之间的黑客成为"灰帽子黑客"。

（1）白帽子黑客

描述的是正面的黑客，他们可以识别计算机系统或网络系统中的安全漏洞，但并不会恶意去利用，而是公布其漏洞。这样，系统将可以在被其他人（如黑帽子）利用之前来修补漏洞。他们是崇尚探索技术奥秘与自由精神的计算机高手，他们拥有高超的计算机应用技术，精通攻击与防御，同时头脑里具有信息安全体系的宏观意识。他们恪守着真正意义的"黑客精神"，主要表现是将自己的技术运用到商业生产中，但企业家或普通用户使用与推广这些技术都是免费的，无须向研究者付钱（企业可以向实验提供一些赞助）。黑客通过网络，将自己开发的软件免费提供给大家使用，有许多免费软件都是由黑客开发的，如 Linux、Winamp。其研究与探索也促进了网络技术的完善和发展。国内将这类黑客称为红客。

（2）黑帽子黑客

与白帽子黑客相反，黑帽子黑客为了邪恶的目的，企图获得进入系统和数据资料的权限。他们擅长攻击技术，利用漏洞获取密码、银行网站信用及个人资料来进行身份窃取和金融诈骗。黑帽子黑客又称为骇客。

（3）灰帽子黑客

灰帽子黑客指介于白帽子黑客与专搞破坏的黑帽子黑客之间的一类黑客，在倡导自由与网络破坏活动之间他们更喜欢去选择炫耀技术，如在被入侵的网页上留下"The xxx.com hack. by xxx。"这样的一段话。另外，软件破解者也属于这类黑客，他们破解经过版权保护处理的软件，并将破解的软件在网上发布或者提供注册机或注册码，直接危害了软件开发者的权益。

7.2　网络攻击基本过程

一般网络攻击都分为三个阶段，即攻击的准备阶段、攻击的实施阶段和攻击的善后阶段。

7.2.1　网络攻击的准备阶段

攻击的准备阶段的主要工作是：确定攻击目的、准备攻击工具和收集目标信息。攻击者在进行一次完整的攻击之前首先要确定攻击要达到什么样的目的，即给对方造成什么样的后果。确定攻击目的之后，攻击前的最主要工作就是收集尽量多的关于攻击目标的信息。这些信息主要包括目标的操作系统类型及版本，目标系统开放了哪些端口，提供哪些服务，查看是否有能被利用的服务。进行信息收集，可以用手工进行，也可以利用扫描器等工具来完成。

1. 确定攻击的目的

常见的攻击目的有破坏型和入侵型两种。破坏型攻击指的是破坏攻击目标，使其不能正常工作，而不能随意控制目标的系统的运行。要达到破坏型攻击的目的，主要的手段是拒绝服务攻击（denial of service，DoS）。另一类常见的攻击目的是入侵攻击目标，这种攻击是要获得一定的权限来达到控制攻击目标的目的。应该说这种攻击比破坏型攻击更为普遍，威胁性也更大。因为黑客一旦获取攻击目标的管理员权限就可以对此服务器做任意动作，包括破坏性的攻击。此类攻击一般也是利用服务器操作系统、应用软件或者网络协议存在的漏洞来进行的。当然还有另一种造成此种攻击的原因就是密码泄露，攻击者靠猜测或者穷举法来得到服务器用户的密码，然后就可以像真正的管理员一样对服务器进行访问。

2．准备攻击工具

通常黑客攻击都是借助工具软件完成的，绝大多数黑客自己并不编写工具软件，他们经常利用别人在安全领域广泛使用的工具和技术。开发人员通常将这些工具作为合法的渗透测试工具在黑客论坛或他们的网站上免费提供。在网上，这种工具很多，包括端口扫描、漏洞扫描、弱口令扫描等扫描类软件；还有监听、截获信息包等间谍类软件，其中大多数属于亦正亦邪的软件，也就是说无论白帽子黑客、黑帽子黑客、系统管理员还是一般的计算机使用者，都可以使用这类软件完成各自不同的目的。在大多数情况下，黑客使用这类软件的频率更高，因为他们需要依靠此类软件对服务器进行全方位的扫描，获得尽可能多的关于服务器的信息，在对服务器有了充分了解之后，才能进行黑客动作。

现在很多的黑客工具都是傻瓜式的工具、傻瓜化的操作，很容易上手。使用这些工具，一般人只需学习很少的技术，便可以非常快速地攻击大量的网站。

一般黑客都收集了大量的黑客工具并建有自己的黑客工具箱，一旦准备攻击某个网站，首先先选择和准备好攻击工具。

3．收集目标信息

黑客会利用各种渠道尽可能多地收集被攻击目标的信息，收集范围包括：互联网搜索、社会工程、垃圾数据搜寻、域名管理/搜索服务、非侵入性的网络扫描。

在收集目标信息阶段，黑客主要通过扫描技术获取活动主机、开放服务、操作系统、安全漏洞等关键信息。通常扫描是通过操作系统提供的命令和扫描软件完成的。

① Ping 扫描：用于确定哪些主机是存活的。由于现在很多机器的防火墙都禁止了 Ping 扫描功能，因此 Ping 扫描失败并不意味着主机肯定是不存活的。

② 端口扫描：用于了解主机开放了哪些端口，从而推测主机开放的服务。著名的扫描工具有 nmap，netcat 等。

③ 安全漏洞扫描：用于发现系统软硬件、网络协议、数据库等在设计上和实现上可以被攻击者利用的错误、缺陷和疏漏。安全漏洞扫描工具有 nessus、Scanner 和流光等。

7.2.2　攻击的实施阶段

当黑客利用信息收集技术收集到被攻击目标的足够信息，了解到系统安全弱点之后就会发动攻击行动。根据不同的攻击目的或不同信息系统结构等因素，攻击者采用的攻击手段也是不同的。大致可分为拒绝服务攻击（见 7.3 节）、信息利用攻击和恶意代码攻击（第 6 章）。其中大部分攻击是信息利用攻击，这里重点介绍。

信息利用攻击指的是并不对目标主机进行破坏，而是盗取或伪造存储的重要信息。信息利用攻击一般是通过协议缺陷，以冒充安全域欺骗主机的行为。信息利用攻击的一般步骤如下。

（1）隐藏自己的位置

为了不在目的主机上留下自己的 IP 地址，防止被目的主机发现，老练的攻击者都会尽量通过"跳板"或"肉鸡"展开攻击。所谓"肉鸡"通常是指黑客实现通过后门程序控制的傀儡主机，通过"肉鸡"开展扫描及攻击，即便被发现也由于现场遗留环境的 IP 地址是"肉鸡"的地址而很难追查。

（2）获取账号和密码，登录主机

攻击者要想入侵一台主机，首先要有该主机的一个账号和密码，否则连登录都无法进行。这样常迫使他们先设法盗窃账户文件，进行破解，从中获取某用户的账户和口令，再寻觅合适时机以此身份进入主机。当然，利用某些工具或系统漏洞登录主机也是攻击者常用的一种技法。

（3）获得控制权并窃取网络资源和特权

攻击者选择的目标可以为攻击者提供有用信息，或者可以作为攻击其他目标的起点。在这两种情况下，攻击者都必须取得一台或者多台网络设备某种类型的访问权限。当攻击者利用各种工具或系统漏洞进入目标主机系统获得控制权之后，就可以进行下载敏感信息、窃取账号密码和个人资料等非法操作。

7.2.3　攻击的善后阶段

在实现攻击的目的后，攻击者通常会采取各种措施来隐藏入侵的痕迹，并为今后可能的访问留下控制权限。采用的技术有日志清理、安装后门、安装内核套件等。

① 日志清理：通过更改系统日志清除攻击者留下的痕迹，避免被管理员发现。

② 安装后门：通过安装后门工具，方便攻击者再次进入目标主机或远程控制目标主机。

③ 安装内核套件：可使攻击者直接控制操作系统内核，提供给攻击者一个完整的隐藏自身的工具包。

7.2.4　攻击发展趋势

目前，Internet 已经成为全球信息基础设施的骨干网络，Internet 的开放性和共享性使得网络安全问题日益突出。网络攻击的方法已由最初的口令破解、攻击操作系统漏洞发展为一门完整的学科，包括搜集攻击目标的信息、获取攻击目标的权限、实施攻击、隐藏攻击行为、开辟后门等。与此相反的是，成为一名攻击者越来越容易，需要掌握的技术越来越少，网络上随手可得的黑客视频及黑客工具，使得任何人都可以轻易发动攻击。目前网络攻击技术和攻击工具正在以下几个方面快速发展。

1. 网络攻击的自动化程度和攻击速度不断提高

自动化攻击一般涉及四个阶段，每个阶段都发生了新的变化。在扫描阶段，扫描工具的发展，使得黑客能够利用更先进的扫描模式来改善扫描效果，提高扫描速度；在渗透控制阶段，安全脆弱的系统更容易受到损害；攻击传播技术的发展，使得以前需要依靠人启动软件工具发起的攻击，发展到攻击工具可以自己发动新的攻击；在攻击工具的协调管理方面，随着分布式攻击工具的出现，黑客可以容易地控制和协调分布在 Internet 上的大量已部署的攻击工具。目前，分布式攻击工具能够更有效地发动拒绝服务攻击，扫描潜在的受害者及存在安全隐患的系统。

2．攻击工具越来越复杂

攻击工具的开发者正在利用更先进的技术武装攻击工具，攻击工具的特征比以前更难发现，它们已经具备了反侦破、动态行为、攻击工具更加成熟等特点。

反侦破是指黑客越来越多地采用具有隐蔽攻击工具特性的技术，使安全专家需要耗费更多的时间来分析新出现的攻击工具和了解新的攻击行为。

动态行为是指现在的自动攻击工具可以根据随机选择、预先定义的决策路径或通过入侵者直接管理，来变化它们的模式和行为，而不是像早期的攻击工具那样，仅能够以单一确定的顺序执行攻击步骤。

攻击工具更加成熟，是指攻击工具已经发展到可以通过升级或更换工具的一部分迅速变化自身，进而发动迅速变化的攻击，且在每一次攻击中会出现多种不同形态的攻击工具；同时，攻击工具也越来越普遍地支持多操作系统平台运行；在实施攻击时，许多常见的攻击工具使用了如 IRC 或 HTTP 等协议从攻击者处向受攻击计算机发送数据或命令，使得人们区别正常、合法的网络传输流与攻击信息流变得越来越困难。

3．黑客利用安全漏洞的速度越来越快

新发现的各种系统与网络安全漏洞每年都要增加一倍，每年都会发现安全漏洞的新类型，网络管理员需要不断用最新的软件补丁修补这些漏洞。黑客经常能够抢在厂商修补这些漏洞前发现这些漏洞并发起攻击。

4．防火墙被攻击者渗透的情况越来越多

配置防火墙目前仍然是防范网络入侵者的主要保护措施，但是，现在出现了越来越多的攻击技术，可以实现绕过防火墙的攻击，例如，黑客可以利用 Internet 打印协议（Internet printing protocal，IPP）和基于 Web 的分布式创作与翻译绕过防火墙实施攻击。

5．安全威胁的不对称性在增加

Internet 上的安全是相互依赖的，每台与 Internet 连接的计算机遭受攻击的可能性，与连接到全球 Internet 上其他计算机系统的安全状态直接相关。由于攻击技术的进步，攻击者可以较容易地利用分布式攻击系统对受害者发动破坏性攻击。随着黑客软件部署自动化程度和攻击工具管理技巧的提高，安全威胁的不对称性将继续增加。

6．攻击网络基础设施产生的破坏效果越来越大

由于用户越来越多地依赖计算机网络提供各种服务，完成日常业务，黑客攻击网络基础设施造成的破坏影响越来越大。人们越来越怀疑计算机网络能否确保服务的安全性。黑客攻击网络基础设施的主要手段有分布式拒绝服务攻击、蠕虫病毒攻击、对 Internet 域名系统 DNS 的攻击和对路由器的攻击。

分布式拒绝服务攻击是攻击者操纵多台计算机系统攻击一个或多个受害系统，导致被攻击系统拒绝向其合法用户提供服务。

蠕虫病毒是一种自我繁殖的恶意代码，与需要被感染计算机进行某种动作才触发繁殖功能的普通计算机病毒不同，蠕虫病毒能够利用大量系统安全漏洞自我繁殖，导致大量计算机系统在几个小时内受到攻击。对 DNS 的攻击包括伪造 DNS 缓存信息（DNS 缓存区中毒）、破坏修改提供给用户的 DNS 数据、迫使 DNS 拒绝服务或域劫持等。

对路由器的攻击包括修改、删除全球 Internet 的路由表，使得应该发送到一个网络的信息流改向传送到另一个网络，从而造成对两个网络的拒绝服务攻击。尽管路由器保护技术早已可广泛使用，但仍然有许多用户没有利用已有的技术保护自己网络的安全。

7.3 信息收集技术

信息收集是指黑客为了更加有效地实施攻击而在攻击前或攻击过程中对目标主机进行的所有探测活动。信息收集有时也被称为"踩点"。通常"踩点"包括以下内容：目标主机的域名、IP 地址、操作系统类型、开放了哪些端口，以及这些端口后面运行着什么样的应用程序，这些应用程序有没有漏洞等。

信息收集技术通常包括扫描技术和网络嗅探技术。

扫描技术是一种检测本地主机或远程主机安全性的程序。根据网络扫描的阶段性特征，可分为主机扫描技术、端口扫描技术及漏洞扫描技术。其中端口扫描和漏洞扫描是网络扫描的核心。主机扫描的目的是确认目标网络上的主机是否处于启动状态及其主机的相关信息。端口扫描最大的作用是提供目标主机的使用端口清单。漏洞扫描则建立在端口扫描的基础之上，主要通过基于漏洞库的匹配检测方法或模拟攻击的方法来检查目标主机是否存在漏洞。此外，信息收集型攻击还包括会话劫持、信息服务利用、电磁泄露技术等。

网络嗅探技术主要指通过截获网络上传输的数据流来对目标网络进行分析的技术。网络嗅探技术要优于主要的扫描技术，因为网络嗅探技术不易被发现，让管理员难以察觉。而嗅探的设备可以是软件，也可以是硬件。

7.3.1 网络扫描技术

网络扫描，是基于 Internet 的探测远端网络或主机信息的一种技术，也是保证系统和网络安全必不可少的一种手段。通过网络扫描，系统管理员能够发现所维护的 Web 服务器的各种 TCP/IP 端口的分配、开放的服务、Web 服务软件版本和这些服务及软件呈现在 Internet 上的安全漏洞。网络扫描的目的是收集目标网络和主机的信息，是维护网络安全的第一步。网络扫描技术事实上也是一把双刃剑：入侵者利用它来寻找对系统发起攻击的途径，而系统管理员则利用它来有效防范黑客入侵。

端口扫描技术和漏洞扫描技术是网络安全扫描技术中的两种核心技术，并且广泛运用于当前较成熟的网络扫描器中。

1. 扫描器

扫描器是一种自动检测远程或本地主机安全性弱点的程序，通过使用扫描器可以不留痕迹地发现远程服务器的各种 TCP 端口的分配及其提供的服务，以及它们的软件版本。通过这些信息可以间接或直观地了解到远程主机所存在的安全问题。

扫描器通过选用远程 TCP/IP 不同的端口的服务，并记录目标给予的回答，可以收集很多关于目标主机的各种有用的信息，比如，是否能用匿名登录，是否有可写的 FTP 目录，是否能用远程登录（Telnet）等。

扫描器并不是一个直接的攻击网络漏洞的程序，它仅能帮助发现目标主机的某些内在的弱点。一个好的扫描器能对它得到的数据进行分析，帮助查找目标主机的漏洞。但它不会提供进入一个系统的详细步骤。

扫描器应该有下述功能：

① 扫描目标主机识别其工作状态（开/关机）；

② 识别目标主机端口的状态（监听/关闭）；

③ 识别目标主机系统及服务程序的类型和版本；

④ 根据已知漏洞信息，分析系统脆弱点；

⑤ 生成扫描结果报告。

常用的扫描器有 SATAN、strobe、Pinger、Portscan、Superscan 等。

2．端口扫描技术

Internet 上的主机大部分都提供 WWW、Mail、FTP、BBS 等网络信息服务，基本上每一台主机都同时提供几种服务，一台主机为何能够提供如此多的服务呢？一般提供服务的操作系统（如 UNIX 等）是多用户多任务的系统，将网络服务划分为许多不同的端口，每一个端口提供一种不同的服务，一个服务会有一个程序时刻监视端口活动，并给予应有的应答。并且端口的定义已经成为标准，例如，FTP 服务的端口是 21，Telnet 服务的端口是 23，WWW 服务的端口是 80 等。如果使用软件扫描目标计算机，得到目标计算机打开的端口，也就了解了目标计算机提供了哪些服务。我们都知道，提供服务就可能有服务软件的漏洞，根据这些漏洞，攻击者可以达到对目标计算机的初步了解。

端口扫描是黑客或者网络攻击常用的手段。有许多网络入侵都是从端口扫描开始的。一个端口就是一个潜在的通信通道，即入侵通道。黑客就是对目标计算机进行端口扫描，得到有用的信息。扫描的方法就是通过对返回的数据包进行分析，获取有关端口的信息。因此，有必要了解 TCP/IP 协议的数据包头结构和连接过程。

TCP 是一种面向连接的可靠的传输层协议。一次正常的 TCP 传输需要通过在客户端和服务器之间建立特定的虚电路连接来完成，该过程通常被称为"三次握手"。TCP 通过数据分段中的序列号保证所有传输的数据可以在远端按照正常的次序进行重组，而且通过确认保证数据传输的完整性。图 7-1 所示为 TCP 数据包格式。

源端口							目的端口	
序列码 (Sequence Number)								
确认编号 (Acknowlegment Number)								
头长度		U R K	A C K	P S H	R S T	S Y N	F I N	窗口尺寸
校验和							应急指针	
选项							填充	

图 7-1　TCP 数据包格式

一个 TCP 头包含 6 个标志位。

SYN：用来建立连接，让连接双方同步序列号。如果 SYN=1，而 ACK=0，则表示该数据包为连接请求；如果 SYN=1，而 ACK=1 则表示接受连接。

FIN：表示发送端已经没有数据要求传输了，希望释放连接。

RST：用来复位一个连接。RST 标志置位的数据包称为复位包。一般情况下，如果 TCP 收到的一个分段明显不是属于该主机上的任何一个连接，则向远端发送一个复位包。

URG：紧急数据标志。如果它为 1，表示本数据包中包含紧急数据。此时紧急数据指针有效。

ACK：确认标志位。如果为 1，表示包中的确认号是有效的；否则，包中的确认号无效。

PSH：如果置位，接收端应尽快把数据传送给应用层。

ICMP 协议：从技术角度来说，ICMP 就是一个"错误侦测与回报机制"，其目的就是让用户能够检测网路的连线状况，也能确保连线的准确性。其功能主要有：

① 侦测远端主机是否存在；

② 建立及维护路由资料；

③ 重导信息传送路径；

④ 信息流量控制。

ICMP 数据包格式如图 7-2 所示。

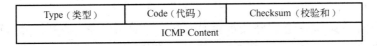

Type（类型）	Code（代码）	Checksum（校验和）
ICMP Content		

图 7-2　ICMP 数据包格式

（1）TCP connect() 扫描

这是最基本的 TCP 扫描。操作系统提供的 connect()系统调用，用来与每一个感兴趣的目标计算机的端口进行连接。如果端口处于侦听状态，那么 connect()就能成功；否则，这个端口是不能用的，即没有提供服务。这个技术的一个最大的优点在于不需要任何权限。系统中的任何用户都有权利使用这个调用。另一个好处就是速度。如果对每个目标端口以线性的方式使用单独的 connect()调用，那么将会花费相当长的时间，用户可以通过同时打开多个套接字，从而加速扫描。使用非阻塞 I/O 允许设置一个低的时间用尽周期，同时观察多个套接字。但这种方法的缺点是很容易被发觉，并且被过滤掉。目标计算机的 logs 文件会显示一连串连接和连接时出错的服务消息，并且能很快使它关闭。TCP connect()扫描过程如图 7-3 所示。

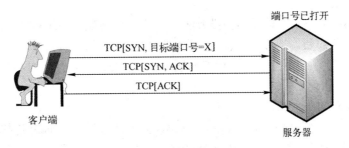

图 7-3　TCP connect() 扫描过程

（2）TCP SYN 扫描

TCP connect()扫描需要建立一个完整的 TCP 连接，这样很容易被对方发现。TCP SYN 技术通常被认为是"半开放"扫描（如图 7-4 所示），因为扫描程序不必打开一个完全的 TCP 连接。扫描程序发送一个 SYN 数据包，就好像准备打开一个实际的连接并等待 ACK 一样。如果返回 SYN|ACK，表示端口处于侦听状态；如果返回 RST，就表示端口没有处于侦听状态。如果收到一个 SYN|ACK，则扫描程序必须再发送一个 RST 信号来关闭这个连接过程。TCP SYN 扫描技术的优点就在于一般不会在目标计算机上留下记录。但它的前提

是：必须要有 Root 权限才可以建立自己的 SYN 数据包。

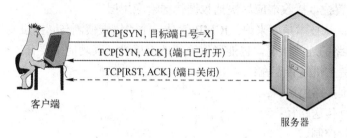

图 7-4　TCP SYN 扫描

（3）TCP FIN 扫描

正常情况下，防火墙和包过滤器都会对一些指定的端口进行监视，并且可以检测和过滤掉 TCP SYN 扫描。但是，FIN 数据包就可以没有任何阻拦地通过。TCP FIN 扫描技术的思想是关闭的端口会用适当的 RST 来回复 FIN 数据包。另外，打开的端口会忽略对 FIN 数据包的回复（见图 7-5）。这里要注意的是：有的系统不管端口是否打开，都会回复 RST 信号，在这种情况下，TCP FIN 扫描就无法使用了。

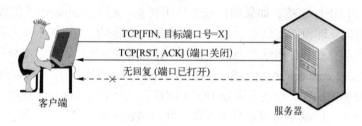

图 7-5　TCP FIN 扫描

（4）IP 段扫描

IP 段扫描本身并不是一种新的扫描方法，而是其他扫描技术的变种，特别是 SYN 扫描和 FIN 扫描。其思想是，把 TCP 包分成很小的分片，从而让它们能够通过包过滤防火墙，注意，有些防火墙会丢弃太小的包，而有些服务程序在处理这样的包时会出现异常，或者性能下降，或者出现错误。

（5）TCP 反向 Ident 扫描

Ident 协议（identification protocol，标识协议）允许看到通过 TCP 连接的任何进程的拥有者的用户名，即使这个连接不是由这个进程开始的。举个例子，连接到 HTTP 端口，然后用 Ident 来发现服务器是否正在以 Root 权限运行。这种方法只能在与目标端口建立了一个完整的 TCP 连接后才能看到。

（6）FTP 返回攻击

FTP 协议的一个特点是它支持代理（proxy）FTP 连接。当某台主机与目标主机在 FTP server-PI（协议解释器）上建立一个控制连接后，可以通过对 server-PI 进行请求来激活一个有效的 server-DTP（数据传输进程），并使用这个 server-DTP 向网络上的其他主机发送数据。

利用这种特性，可以借助一个代理 FTP 服务器来扫描 TCP 端口。其实现过程是：首先连接到 FTP 服务器上，然后向 FTP 服务器写入数据，最后激活数据传输过程，由 FTP 服务器把数据发送到目标主机上的端口。

对于端口扫描，可先利用 FTP 和 PORT 命令来设定主机和端口，然后执行其他 FTP 文件命令，根据命令的响应码可以判断出端口的状态。这种方法的优点是能穿过防火墙和不被怀疑，缺点是速度慢，以及完全依赖于代理 FTP 服务器。

（7）UDP 扫描

在 UDP 扫描中，是向目标端口发送一个 UDP 分组。如果目标端口是以一个 "ICMP port unreachable"（ICMP 端口不可到达）消息来作为响应的，那么该端口是关闭的。相反，如果没有收到这个消息，那就可以推断该端口是打开的。还有就是一些特殊的 UDP 回馈，比如 SQL Server 服务器，对其 1434 号端口发送 "x02" 或者 "x03" 就能够探测到其连接端口。由于 UDP 是无连接的不可靠协议，因此这种技巧的准确性很大程度上取决于与网络及系统资源的使用率相关的多个因素。另外，当试图扫描一个大量应用分组过滤功能的设备时，UDP 扫描将是一个非常缓慢的过程。如果要在互联网上执行 UDP 扫描，那么结果就是不可靠的。

3．防止端口扫描的方法

黑客通过"端口扫描"可以知道被扫描的计算机哪些服务、端口是打开而没有被使用的（可以理解为寻找通往计算机的通道）。那么如果防范端口扫描呢？防范端口扫描的方法有两个：

（1）关闭闲置和有潜在危险的端口

将所有用户需要用到的正常计算机端口外的其他端口都关闭掉。因为每个打开的端口都可能成为攻击的目标。也就是说"计算机的所有对外通信的端口都存在潜在的危险"，在保证不影响正常业务的需要的境况下关闭不用的端口，可以大大减少这种危险。

在 Windows NT 核心系统（Windows 2000/XP/2003）中要关闭掉一些闲置端口是比较方便的，可以打开本地连接的"属性→Internet 协议（TCP/IP）→属性→高级→选项→TCP/IP 筛选属性"，然后都选上"只允许"（见图 7-6）。请注意，如果发现某个常用的网络工具不能起作用时，请搞清它在主机所开的端口，然后在"TCP/IP 筛选"中添加相应的端口。

Windows 7 以后的系统将上面用到的关闭端口的 TCP/IP 筛选功能纳入系统自带的防火墙了，可以在防火墙中去设置，具体方法是：打开"控制面板"→"系统和安全"→"Windows 防火墙"→"高级设

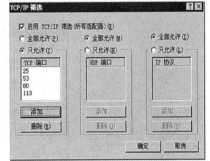

图 7-6　TCP/IP 筛选属性

置"→"入站规则"或"出站规则"→"新建规则"选择"端口"，并单击"下一步"，只是用系统默认防火墙的不多，具体可以到使用的防火墙中找相关的设置。

（2）利用防火墙检查各端口，有端口扫描的症状时，立即屏蔽该端口

防火墙的工作原理是：首先检查每个到达你的计算机的数据包，在这个包被你机上运行的任何软件看到之前，防火墙有完全的否决权，可以禁止你的计算机接收 Internet 上的任何东西。当第一个请求建立连接的包被你的计算机回应后，一个"TCP/IP 端口"被打开；

端口扫描时，对方计算机不断和本地计算机建立连接，并逐渐打开各个服务所对应的"TCP/IP 端口"及闲置端口，防火墙经过自带的拦截规则判断，就能够知道对方是否正进行端口扫描，并拦截掉对方发送过来的所有扫描需要的数据包，如图 7-7 所示。

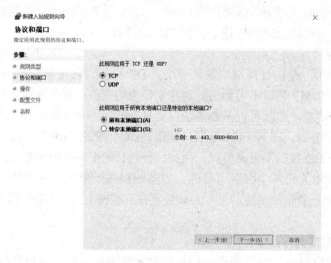

图 7-7　Win10 端口属性设置

（3）开启 Windows 自带的网络防火墙或者安装个人防火墙

从 Windows XP SP2 开始，Windows 操作系统就有自带的防火墙。可以针对不同的网络环境轻松进行不同定义设置。只需要打开 Windows 防火墙即可分别对家庭或工作局域网以及公用网络设置不同的安全规则。在 Windows XP 下打开本地连接的"属性→高级"（见图 7-8），启用防火墙之后，单击"设置"按钮可以设置系统开放或关闭哪些服务。一般来说，这些服务都可以不要，关闭这些服务后，这些服务涉及的端口就不会被轻易打开了。

图 7-8　开启 Windows XP 自带的网络防火墙

对于个人用户，安装一套好的个人防火墙是非常实际而且有效的方法。现在许多公司都开发了个人防火墙，这些防火墙往往具有智能防御核心，发现攻击，并进行自动防御，保护内部网络的安全。当黑客用扫描器扫描防火墙或防火墙保护的服务器时，将扫描不到任何端口，使黑客无从下手；同进还具有实时告警功能，系统对受到的攻击设有完备的记录功能，记录方式有简短记录、详细记录、发出警告、记录统计（包括流量、连接时间、次数等）等记录。

4. 漏洞扫描

漏洞是在硬件、软件、协议的具体实现或系统安全策略上存在的缺陷，从而可以使攻击者能够在未授权的情况下访问或破坏系统。漏洞是受限制的计算机、组件、应用程序或其他联机资源的无意中留下的不受保护的入口点。

由于漏洞存在的普遍性，任何系统软件或应用软件都会在逻辑设计或在编写时产生缺陷或错误，这些缺陷或错误可以被不法者或者计算机黑客利用，通过植入木马、病毒等方式来攻击或控制整个计算机，从而窃取计算机中的重要资料和信息，甚至破坏计算机系统。

漏洞扫描通常是指基于漏洞数据库，通过扫描等手段，对指定的远程或者本地计算机系统的安全脆弱性进行检测，发现可利用的漏洞的一种安全检测（渗透攻击）行为。漏洞扫描通常使用漏洞扫描器进行，漏洞扫描器是一种硬件设备或纯软件系统。

正常情况下，系统管理员通过使用漏洞扫描器，能够发现所维护的 Web 服务器的各种 TCP 端口的分配、提供的服务、Web 服务软件版本和这些服务及软件呈现在 Internet 上的安全漏洞，从而在计算机网络系统安全保卫战中做到"有的放矢"，及时修补漏洞，构筑坚固的安全长城。

另外，由于利用漏洞攻击系统是现在黑客最常用的手法，漏洞扫描器已成为黑客必备的工具，黑客在攻击系统之前，一般会先用漏洞扫描器对欲攻击的系统进行扫描寻找可利用的漏洞。

7.3.2　网络嗅探技术

嗅探器（sniffer）是一种在网络上常用的收集有用信息的软件，可以用来监视网络的状态、数据流动情况及网络上传输的信息。对黑客来说，通过嗅探技术能以非常隐蔽的方式攫取网络中的大量敏感信息，与主动扫描相比，嗅探行为更难被察觉，也更容易操作。对安全管理人员来说，借助嗅探技术，可以对网络活动进行实时监控，并发现各种网络攻击行为。

利用嗅探器进行网络嗅探是黑客经常用的一种方法（见图 7-9），很多黑客入侵时都把网络嗅探作为其最基本的步骤和手段，原因是想用这种方法获取其他方法难以得到的信息（如用户密码等）。

1. 嗅探器的工作原理

嗅探器最初是作为网络管理员检测网络通信的一种工具，它既可以是软件，又可以是一个硬件设备。软件 sniffer 应用方便，针对不同的操作系统平台都有多种不同的软件 sniffer，而且很多都是免费的；硬件 sniffer 通常被称作协议分析器，其价格一般都很高昂。在局域网中，由于以太网的共享式特性决定了嗅探能够成功。因为以太网是基于广播方式传送数据的，所有的物理信号都会被传送到每一个主机结点。此外，网卡可以被设置成混杂接收模式（promiscuous），这种模式下，无论监听到的数据帧目的地址如何，网卡都能予以接收。而 TCP/IP 协议栈中的应用协议大多数明文在网络上传输，这些明文数据中，往往包含一些敏感信息（如密码、账号等），因此使用 sniffer 可以悄无声息地监听到所有局域网内的数据通信，得到这些敏感信息。同时 sniffer 的隐蔽性好，它只是"被动"接收数据，而不向外发送数据，所以在传输数据的过程中，根本无法觉察到有人监听。当然，sniffer 的局限性是只能在局域网的冲突域中进行，或者是在点到点连接的中间结点上进行监听。

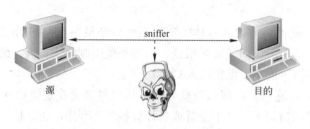

图 7-9　网络嗅探

在交换网络中，虽然避免了利用网卡混杂模式进行的嗅探。但交换机并不会解决所有的问题，在一个完全由交换机连接的局域网内，同样可以进行网络嗅探。主要有以下三种可行的办法：MAC 洪水（MAC flooding）、MAC 复制（MAC duplicating）、ARP 欺骗，其中最常用的是 ARP 欺骗。

（1）MAC 洪水

交换机要负责建立两个结点间的"虚电路"，就必须维护一个交换机端口与 MAC 地址的映射表，这个映射表是放在交换机内存中的，但由于内存数量的有限，地址映射表可以存储的映射表项也有限。如果恶意攻击者向交换机发送大量的虚假 MAC 地址数据，有些交换机在应接不暇的情况下，就会像一台普通的 Hub 那样只是简单地向所有端口广播数据，嗅探者就可以借机达到窃听的目的。当然，并不是所有交换机都采用这样的处理方式，况且，如果交换机使用静态地址映射表，这种方法就失灵了。

（2）MAC 复制

MAC 复制实际上就是修改本地的 MAC 地址，使其与欲嗅探主机的 MAC 地址相同，这样，交换机将会发现，有两个端口对应相同的 MAC 地址，于是到该 MAC 地址的数据包将同时从这两个交换机端口发送出去。这种方法与后面将要提到的 ARP 欺骗有本质的不同，前者是欺骗交换机，后者是毒害主机的 ARP 缓存而与交换机没有关系。但是，只要简单设置交换机使用静态地址映射表，这种欺骗方式也就失效了。

（3）ARP 欺骗

按照 ARP 协议的设计，为了减少网络上过多的 ARP 数据通信，一台主机，即使收到的 ARP 应答并非自己请求得到的，它也会将其插入到自己的 ARP 缓存表中，这样，就造成了"ARP 欺骗"的可能。如果黑客想探听同一网络中两台主机之间的通信，他会分别给这两台主机发送一个 ARP 应答包，让两台主机都"误"认为对方的 MAC 地址是第三方的黑客所在的主机，这样，双方看似"直接"的通信连接，实际上都是通过黑客所在的主机间接进行的。黑客一方面得到了想要的通信内容，另一方面，只需要更改数据包中的一些信息，成功地做好转发工作即可。在这种嗅探方式中，黑客所在主机是不需要设置网卡的混杂模式的，因为通信双方的数据包在物理上都是发给黑客所在的中转主机的。

2．嗅探造成的危害

sniffer 是作用在网络基础结构的底层。通常情况下，用户并不直接和该层打交道，有些甚至不知道有这一层存在。所以，应该说 sniffer 的危害相当大，它可能造成的危害有以下几方面。

（1）口令

sniffer 可以记录到明文传送的 userid 和 passwd。就算在网络传送过程中使用了加密的数据，sniffer 记录的数据一样有可能想办法算出所用的算法。

（2）金融账号

许多用户很放心在网上使用自己的信用卡或现金账号，然而 sniffer 可以很轻松截获在网上传送的用户姓名、口令、信用卡号码、截止日期、账号和 pin 码。

（3）偷窥机密或敏感的信息数据

通过拦截数据包，入侵者可以很方便记录别人之间敏感的信息传送，或者干脆拦截整个的 E-mail 会话过程。

（4）窥探低级的协议信息

通过对底层的信息协议记录，比如记录两台主机之间的网络接口地址、远程网络接口 IP 地址、IP 路由信息和 TCP 连接的字节顺序号码等。这些信息由非法入侵的人掌握后将对网络安全构成极大的危害。

3．嗅探器的检测与防范

检测嗅探器程序是比较困难的，因为它是被动的，只收集数据包而不发送数据包。但实际上可以找到检测嗅探器的一些方法。如果某个嗅探器程序只具有接收数据的功能，那么它不会发送任何包；但如果某个嗅探器程序还包含其他功能，它通常会发送包，比如为了发现与 IP 地址有关的域名信息而发送 DNS 反向查询数据。而且，由于设置成"混杂模式"，嗅探器对某些数据的反应会有所不同，因此通过构造特殊的数据包，就可能检测到它的存在。

（1）ARP 广播地址探测

正常情况下，即非混乱模式下，网卡检测广播地址时要比较收到的目的以太网址是否等于 FF-FF-FF-FF-FF-FF，是则认为是广播地址。在混乱模式时，网卡检测广播地址只看收到包的目的以太网址的第一个八位组值，是 0xFF 则认为是广播地址。只要发一个目的地址是 FF-00-00-00-00-00 的 ARP 包，如果某台主机以自己的 MAC 地址回应这个包，那么它就运行在混杂模式下。

（2）Ping 方法

大多数嗅探器运行在网络中安装了 TCP/IP 协议栈的主机上。这就意味着如果向这些机器发送一个请求，它们将产生回应。Ping 方法就是向可疑主机发送包含正确 IP 地址和错误 MAC 地址的 Ping 包。具体步骤及结论如下：

① 假设可疑主机的 IP 地址为 192.168.10.10，MAC 地址是 AA-BB-CC-DD-EE-EE，检测者和可疑主机位于同一网段；

② 稍微改动可疑主机的 MAC 地址，假设改成 AA-BB-CC-DD-EE-EF；

③ 向可疑主机发送一个 Ping 包，包含它的 IP 和改动后的 MAC 地址；

④ 没有运行嗅探器的主机将忽略该帧，不产生回应，如果看到回应，那么说明可疑主机确实在运行嗅探器程序。

（3）DNS 方法

如前所述，嗅探器程序会发送 DNS 反向查询数据，因此，可以通过检测它产生的 DNS 传输流进行判断。检测者需要监听 DNS 服务器接收到的反向域名查询数据。只要 Ping 网内所有并不存在的主机，那么对这些地址进行反向查询的机器就是在查询包中所包含的 IP 地址，也就是说在运行嗅探器程序。

此外，还可以使用著名的检测工具，如 Anti-sniff。Anti-sniff 是由著名黑客组织（现在是安全公司）L0pht 开发的工具，用于检测本地网络是否有机器处于混杂模式（即监听模式）。该工具以多种方式测试远程系统是否正在捕捉和分析那些并不是发送给它的数据包。这些测试方法与其操作系统本身无关。Anti-sniff 运行在本地以太网的一个网段上。如果在非交换式的 C 类网络中运行，Anti-sniff 能监听整个网络；如果网络交换机按照工作组来隔离，则每个工作组中都需要运行一个 Anti-sniff。原因是某些特殊的测试使用了无效的以太网地址，另外某些测试需要进行混杂模式下的统计（如响应时间、包丢失率等）。Anti-sniff 的用法非常简便，在工具的图形界面中选择需要进行检查的机器，并且指定检查频率。对于除网络响应时间检查外的测试，每一台机器会返回一个确定的正值或负值。返回正值表示该机器正处于混杂模式，这就有可能已经被安装了 sniffer。

7.4 缓冲区溢出攻击

缓冲区溢出攻击是利用缓冲区溢出漏洞所进行的攻击行为。缓冲区溢出是一种非常普遍、非常危险的漏洞，在各种操作系统、应用软件中广泛存在，黑客利用缓冲区溢出漏洞攻击，可以导致程序运行失败、系统崩溃及重新启动等后果。更为严重的是，可以利用缓冲区溢出执行非授权指令，甚至取得系统特权，进而进行各种非法操作。

缓冲区溢出是不分系统、不分程序广泛存在的一个漏洞，也是被黑客使用得最多的攻击漏洞。

7.4.1 攻击的原理

要了解缓存溢出的机理，首先要清楚堆栈的概念。从物理上讲，堆栈是就是一段连续分配的内存空间。在一个程序中，会声明各种变量。静态全局变量位于数据段并且在程序开始运行时被加载。而程序动态的局部变量则分配在堆栈里面。

从操作上来讲，堆栈是一个先入后出的队列。其生长方向与内存的生长方向正好相反。我们规定内存的生长方向为向上，则堆栈的生长方向为向下。压栈的操作 push=ESP-4，出栈的操作是 pop=ESP+4。换句话说，堆栈中老的值，其内存地址反而比新的值要大。请牢牢记住这一点，因为这是堆栈溢出的基本理论依据。

在一次函数调用中，堆栈中将被依次压入：参数、返回地址、EBP。如果函数有局部变量，接下来，就在堆栈中开辟相应的空间以构造变量，如图 7-10 所示。函数执行结束，这些局部变量的内容将被丢失，但不被清除。在函数返回时，弹出 EBP，恢复堆栈到函数调用的地址，弹出返回地址到 EIP 以继续执行程序。

函数调用调用过程的分三个步骤：

① 保存当前的栈基址（EBP）；

② 调用参数和返回地址（EIP）压栈，跳转到函数入口；

③ 恢复调用者原有栈。

堆栈溢出就是不顾堆栈中分配的局部数据块大小，向该数据块写入了过多的数据，导致数据越界，结果覆盖了老的堆栈数据。

例如，有下面一段程序：

```
#include
int main ( )
{
        char name[8];
        printf("Please type your name: ");
        gets(name);
        printf("Hello, %s!", name);
        return 0;
}
```

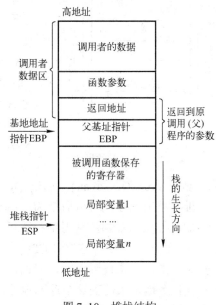

图 7-10　堆栈结构

编译并且执行，输入 ipxodi，就会输出 Hello,ipxodi!。程序运行中，堆栈是怎么操作的呢？

在 main 函数开始运行时，堆栈里面将被依次放入返回地址，EBP，如图 7-11（a）所示。

首先程序把 EBP 保存下来，然后 EBP 等于现在的 ESP，这样 EBP 就可以用来访问本函数的局部变量。之后 ESP 减 8，就是堆栈向上增长 8 个字节，用来存放 name[]数组。现在堆栈的布局如图 7-11（b）所示。最后，main 返回，弹出 ret 里的地址，赋值给 EIP，CPU 继续执行 EIP 所指向的指令。

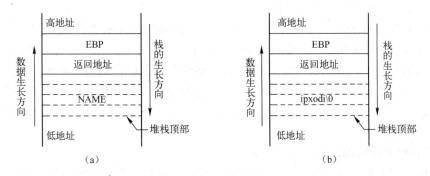

图 7-11　函数调用前后的堆栈

gets(name)表示将直接把输入的字符写入 name 中。这样只要输入的长度大于 8，就会造成 name 的溢出，使程序运行出错。例如，再执行一次程序，输入 ipxodiAAAAAAAAAAAAAAAA，执行完 gets (name)之后，堆栈如图 7-12 所示。

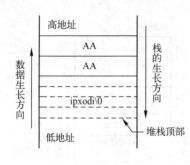

图 7-12　溢出时的堆栈

由于输入的 name 字符串太长，name 数组容纳不下，只好向内存顶部继续写"A"。

由于堆栈的生长方向与内存的生长方向相反，这些 A 覆盖了堆栈中老的元素。如图 7-12 所示，可以发现，EBP，ret 都已经被 A 覆盖了。在 main 返回时，就会把"AAAA"的 ASCII 码"0x41414141"作为返回地址，CPU 会试图执行 0x41414141 处的指令，结果出现错误。这就是一次堆栈溢出。

存在像 gets() 这种问题的标准函数还有 fgetc()，getchar()，strcpy()，strcat()，sprintf()，vsprintf()，gets()，scanf()等。

堆栈溢出的原理可以概括为：由于字符串处理函数（gets，strcpy，等等）没有对数组越界加以监视和限制，利用字符数组写越界，覆盖堆栈中老元素的值，就可以修改返回地址。在上面的例子中，这导致 CPU 去访问一个不存在的指令，结果出错。

事实上，当堆栈溢出时，我们已经完全控制了这个程序下一步的动作。如果用一个实际存在指令地址来覆盖这个返回地址，CPU 就会转而执行我们的指令。在 UINX 系统中，指令可以执行一个 shell，这个 shell 将获得与堆栈溢出的程序相同的权限。如果这个程序是 setuid 的（UNIX 系统函数，用于设置进程的实际用户标识符），那么就可以获得 root shell。

7.4.2　缓冲区溢出漏洞攻击方式

1．在程序的地址空间里安排适当的代码

在程序的地址空间里安排适当的代码往往是相对简单的。如果要攻击的代码在所攻击程序中已经存在了，那么就简单地对代码传递一些参数，然后使程序跳转到目标中就可以完成了。攻击代码要求执行"exec('/bin/sh')"，而在 libc 库中的代码执行"exec(arg)"，其中的"arg"是一个指向字符串的指针参数，只要把传入的参数指针修改指向"/bin/sh"，然后再跳转到 libc 库中的响应指令序列就可以了。

当然，很多时候这个可能性是很小的，那么就得用一种叫"植入法"的方式来完成了。当向要攻击的程序里输入一个字符串时，程序就会把这个字符串放到缓冲区里，这个字符串包含的数据是可以在这个所攻击的目标的硬件平台上运行的指令序列。缓冲区可以设在：堆栈（自动变量）、堆（动态分配的）和静态数据区（初始化或者未初始化的数据）等的任何地方。也可以不必为达到这个目的而溢出任何缓冲区，只要找到足够的空间来放置这些攻击代码就够了。

2．控制程序转移到攻击代码的形式

缓冲区溢出漏洞攻击都是在寻求改变程序的执行流程，使它跳转到攻击代码，最为基本的就是溢出一个没有检查或者其他漏洞的缓冲区，这样做就会扰乱程序的正常执行次序。通过溢出某缓冲区，可以改写相近程序的空间而直接跳转过系统对身份的验证。原则上来讲，攻击时所针对的缓冲区溢出的程序空间可为任意空间。但因不同地方的定位相异，所以也就带出了多种转移方式。

（1）函数指针（function pointers）

在程序中，"void（* foo）（）"声明了一个返回值为"void"函数指针的变量"foo"。函数指针可以用来定位任意地址空间，攻击时只需要在任意空间里的函数指针邻近处找到一个能够溢出的缓冲区，然后用溢出来改变函数指针。当程序通过函数指针调用函数，程序的流程就会实现。

（2）激活记录（activation records）

当一个函数调用发生时，堆栈中会留驻一个激活记录，它包含函数结束时返回的地址。执行溢出这些自动变量，使这个返回的地址指向攻击代码，再通过改变程序的返回地址，当函数调用结束时，程序就会跳转到事先所设定的地址，而不是原来的地址。这样的溢出方式也是较常见的。

（3）长跳转缓冲区（longjmp buffers）

在 C 语言中包含了一个简单的检验/恢复系统，称为"setjmp/longjmp"，意思是在检验点设定"setjmp(buffer)"，用"longjmp(buffer)"来恢复检验点。如果攻击时能够进入缓冲区的空间，感觉"longjmp(buffer)"实际上是跳转到攻击的代码。像函数指针一样，长跳转缓冲区能够指向任何地方，所以找到一个可供溢出的缓冲区是最先应该做的事情。

3．植入代码和流程控制

常见的溢出缓冲区攻击类是在一个字符串里综合了代码植入和激活记录。攻击时定位在一个可供溢出的自动变量，然后向程序传递一个很大的字符串，在引发缓冲区溢出改变激活记录的同时植入代码。因为 C 语言在习惯上只为用户和参数开辟很小的缓冲区，因此这种漏洞攻击的实例十分常见。

代码植入和缓冲区溢出不一定要在一次动作内完成。攻击者可以在一个缓冲区内放置代码，这是不能溢出的缓冲区。然后，攻击者通过溢出另一个缓冲区来转移程序的指针。这种方法一般用来解决可供溢出的缓冲区不够大（不能放下全部的代码）的情况。

如果攻击者试图使用已经常驻的代码而不是从外部植入代码，他们通常必须把代码作为参数调用。举例来说，在 libc（几乎所有的 C 程序都要它来连接）中的部分代码段会执行"exec(something)"，其中 somthing 就是参数。攻击者然后使用缓冲区溢出改变程序的参数，然后利用另一个缓冲区溢出使程序指针指向 libc 中的特定的代码段。

7.4.3　缓冲区溢出的防范

目前有四种基本的方法保护缓冲区免受缓冲区溢出的攻击和影响。

1．强制写正确的代码的方法

编写正确的代码是一件非常有意义但耗时的工作，特别像编写 C 语言那种具有容易出错倾向的程序（如字符串的零结尾）。最简单的方法就是用 grep 来搜索源代码中容易产生漏洞的库的调用，比如对 strcpy 和 sprintf 的调用，这两个函数都没有检查输入参数的长度。事实上，各个版本的 C 语言标准库均有这样的问题存在。尽管可以采用 strncpy 和 snprintf 这些替代函数来防止缓冲区溢出的发生，但是由于编写代码的问题，仍旧会有这种情况发生。为了对付这些问题，人们开发了一些高级的查错工具，如 fault injection 等。这些工具通过人为随机地产生一些缓冲区溢出来寻找代码的安全漏洞。还有一些静态分析工具可用于侦测缓冲区溢出的存在。虽然这些查错工具可以查找到一些漏洞，但是由于 C 语言的特点，这些工具不可能找出所有的缓冲区溢出漏洞，只能起到减少缓冲区溢出的作用。

2．通过操作系统使得缓冲区不可执行，从而阻止攻击者植入攻击代码

这种方法有效地阻止了很多缓冲区溢出的攻击，但是攻击者并不一定要植入攻击代码来实现缓冲区溢出的攻击，所以这种方法还是存在很多弱点的。

3．利用编译器的边界检查来实现缓冲区的保护

数组边界检查完全没有缓冲区溢出的产生，所以只要保证数组不溢出，那么缓冲区溢出攻击也就只能是望梅止渴了。实现数组边界检查，所有对数组的读写操作都应该被检查，这样可以保证对数组的操作在正确的范围之内。检查数组是一件叫人头疼的事情，所以利用一些优化技术来检查就减少了负担。可以使用 Compaq 公司专门为 Alpha CPU 开发的Compaq C 编译器、Jones&Kelly 的 C 的数组边界检查、Purify 存储器存取检查等来检查。这个方法使得缓冲区溢出不可能出现，从而完全消除了缓冲区溢出的威胁，但是相对而言代价比较大。

4．在程序指针失效前进行完整性检查

虽然这种方法不能使得所有的缓冲区溢出失效，但它的确可以阻止绝大多数的缓冲区溢出攻击，并且能够逃脱这种方法保护的缓冲区溢出也很难实现。全自动的指针保护需要对每个变量加入附加字节，这样使得指针边界检查在某些情况下具有优势。

程序指针完整性检查在程序指针被引用之前检测到它的改变，这时即使有人改变程序的指针，也因为系统事先已经检测到指针的改变而不会造成指针利用。但程序指针完整性检查不能解决所有的缓冲区溢出问题，如果有人使用其他的缓冲区溢出，那么程序指针完整性检查就不可能检测到。但是程序指针完整性检查在性能上有着很大的优势，并且有良好的兼容性。

7.5　拒绝服务攻击

拒绝服务攻击（DoS）是一种针对 TCP/IP 协议的缺陷进行的网络攻击手段，它可以出现在任何平台上。拒绝服务攻击的原理并不复杂且易于实现，通过向目标主机发送海量的数据包，占据大量的共享资源（这里的资源可以是处理器的时间、磁盘的空间、打印机和调制解调器，甚至也涉及系统管理员的时间），使系统没有其他的资源来给其他用户使用，或使网络服务器中充斥了大量要求回复的信息，消耗网络带宽或系统正常的网络服务。

拒绝服务攻击降低了资源的可用性，其结果是停止和失去服务，甚至主机崩溃。通过简单的工具就能在因特网上引发极度的混乱，而且这种攻击工具很容易得到并使用，更糟的是目前还没有一个有效的对付方法。

7.5.1　拒绝服务攻击的类型

可用于发动拒绝服务攻击的工具很多，比较常见的可以分为以下四种类型。

1．带宽消耗

带宽消耗攻击的本质就是攻击者消耗掉某个网络的所有可用的带宽。这种攻击可以发生在局域网上，不过更常见的是攻击者远程消耗资源。达到这一目的有两种方法：一种方法是攻击者通过使用更多的带宽造成受害者网络的拥塞；另一种方法是攻击者通过征用多个站点集中拥塞受害者的网络连接来放大 DoS 攻击效果，这样带宽消耗攻击者就能够轻易地汇集相当高的带宽，成功地实现对目标站点的完全堵塞。

2．系统资源消耗

攻击者通过盗用、滥用目标主机的资源访问权，消耗目标主机的 CPU 利用率、内存、文件系统限额和系统进程总数之类的系统资源，造成文件系统变慢、进程被挂起直至系统崩溃，从而使合法用户无法使用系统的资源。

3．编程缺陷

攻击者利用应用程序、操作系统或嵌入式逻辑芯片在处理异常情况时的失败，而向目标主机发送非常规的数据包分组，导致内核发生混乱，从而使系统崩溃。

4．路由和 DNS 攻击

在基于路由的 DoS 攻击中，攻击者操纵路由表以拒绝向合法系统或网络提供服务。例如，路由信息协议和边界网关协议之类较早版本的路由协议没有或只有很弱的认证机制，这就给攻击者变换合法路径提供了良好的前提，往往通过假冒源 IP 地址就能创建 DoS 攻击。这种攻击的后果是受害者网络的分组或者经由攻击者的网络路由，或者被路由到不存在的黑洞网络上。

7.5.2　拒绝服务攻击原理

DoS 的攻击方式有很多种，最基本的 DoS 攻击就是利用合理的服务请求来占用过多的服务资源，从而使合法用户无法得到服务，如图 7-13 所示。

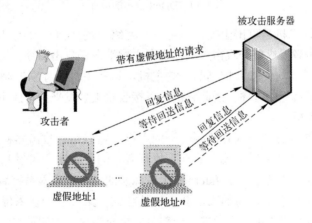

图 7-13　DoS 攻击的原理

从图 7-13 中可以看出 DoS 攻击的基本过程：首先攻击者向服务器发送众多的带有虚假地址的请求，服务器发送回复信息后等待回传信息，由于地址是伪造的，所以服务器一直等不到回传的消息，分配给这次请求的资源就始终没有被释放。当服务器等待一定的时间后，连接会因超时而被切断，攻击者会再度传送一批新的请求，在这种反复发送伪地址请求的情况下，服务器资源最终会被耗尽。

DDoS（distributed denial of service，分布式拒绝服务）是一种基于 DoS 的特殊形式的拒

绝服务攻击，是一种分布协作的大规模攻击方式，主要瞄准比较大的站点，像商业公司、搜索引擎和政府部门的站点等。DoS 攻击只要一台单机和一个 Modem 就可实现；而 DDoS 攻击是利用一批受控制的机器向一台机器发起攻击，这样来势迅猛的攻击令人难以防备，因此具有较大的破坏性，如图 7-14 所示。

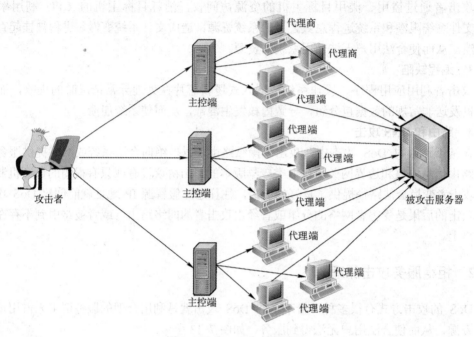

图 7-14　DDoS 攻击的原理

攻击者所用的计算机是攻击主控台，可以是网络上的任何一台主机，甚至可以是一个活动的便携机。攻击者操纵整个攻击过程，它向主控端发送攻击命令。

主控端是攻击者非法侵入并控制的一些主机，这些主机还分别控制大量的代理主机。主控端主机上安装了特定的程序，因此它们可以接收攻击者发来的特殊指令，并且可以把这些指令发送到代理主机上。

代理端同样也是攻击者侵入并控制的一批主机。它们运行攻击器程序，接收和运行主控端发来的命令。代理端主机是攻击的真正执行者，向受害者主机发起攻击。攻击者发起 DDoS 攻击的第一步，就是寻找在 Internet 上有漏洞的主机，进入系统后在其上安装后门程序；攻击者入侵的主机越多，他的攻击队伍就越壮大。第二步是在入侵主机上安装攻击程序，其中一部分主机充当攻击的主控端，一部分主机充当攻击的代理端。最后各部分主机各司其职，在攻击者的调遣下对攻击对象发起攻击。由于攻击者在幕后操纵，所以在攻击时不会受到监控系统的跟踪，身份不容易被发现。

7.5.3　常见的拒绝服务攻击方法与防御措施

DoS 攻击是最容易实施的攻击行为，常见的 DoS 工具有：Smurf 攻击、UDP 洪水攻击、SYN 洪水攻击、泪滴（teardrop）攻击、Land 攻击、死亡之 Ping、Fraggle 攻击、电子邮件炸弹、畸形消息攻击、DDoS 攻击等。下面分别对这些黑客经常使用的拒绝服务攻击方法与防御措施进行介绍。

1．Smurf 攻击

原理：一个简单的 Smurf 攻击可以通过将回复地址设置成受害网络的广播地址，使用 ICMP 应答请求，（ping）数据包来淹没受害主机的方式进行，最终导致该网络的所有主机都对此 ICMP 应答请求作出答复，导致网络阻塞，比死亡之 Ping 洪水的流量高出一个或两个数量级。更加复杂的 Smurf 攻击将源地址改为第三方的受害者，最终导致第三方雪崩。

防御：为了防止黑客利用网络攻击他人，关闭外部路由器或防火墙的广播地址特性。为防止被攻击，在防火墙上设置规则，丢弃 ICMP 包。

2．UDP 洪水

原理：UDP 洪水攻击是导致基于主机的服务拒绝攻击的一种。UDP 是一种无连接的协议，而且它不需要用任何程序建立连接来传输数据。当攻击者随机地向受害系统的端口发送 UDP 数据包时，就可能发生了 UDP 洪水攻击。当受害系统接收到一个 UDP 数据包时，它会确定目的端口正在等待中的应用程序。当它发现该端口中并不存在正在等待的应用程序，它就会产生一个目的地址无法连接的 ICMP 数据包发送给该伪造的源地址。如果向受害者计算机端口发送了足够多的 UDP 数据包时，整个系统就会瘫痪。

防御：关掉不必要的 TCP/IP 服务，或者对防火墙进行配置，阻断来自 Internet 的请求这些服务的 UDP 请求。

3．SYN 洪水

原理：一些 TCP/IP 栈的实现只能等待从有限数量的计算机发来的 ACK 消息，因为它们只有有限的内存缓存区用于创建连接，如果这一缓冲区充满了虚假连接的初始信息，该服务器就会对接下来的连接停止响应，直到缓冲区里的连接超时。在一些创建连接不受限制的实现里，SYN 洪水具有类似的影响。

防御：在防火墙上过滤来自同一主机的后续连接。

未来的 SYN 洪水令人担忧，由于释放 SYN 洪水主机的并不寻求响应，所以无法将其从一个简单高容量的传输中鉴别出来。

4．泪滴攻击

原理：Teardrop 是基于 UDP 的病态分片数据包的攻击方法，其工作原理是向被攻击者发送多个分片的 IP 包（IP 分片数据包中包括该分片数据包属于哪个数据包及在数据包中的位置等信息），某些操作系统收到含有重叠偏移的伪造分片数据包时将会出现系统崩溃、重启等现象。

防御：服务器应用最新的服务包，或者在设置防火墙时对分段进行重组，而不是转发它们。

5．Land 攻击

原理：使用一个特别打造的 SYN 包，它的源地址和目的地址都被设置成某一个服务器地址，这将导致接收服务器向它自己的地址发送 SYN-ACK 消息，结果这个地址又发回 ACK 消息并创建一个空连接，每一个这样的连接都将保留直到超时。不同的操作系统对 Land 攻击的反应不同，不少 UNIX 系统受到攻击后就将崩溃，而 Windows NT 会变得极其缓慢。

防御：打最新的补丁，或者在防火墙进行配置，将那些在外部接口上入栈的含有内部源地址过滤掉（包括 10 域、127 域、192.168 域、172.16 域、172.31 域）。

6. 死亡之 Ping

原理：由于在早期的阶段，路由器对包的最大尺寸都有限制，许多操作系统对 TCP/IP 栈的实现在 ICMP 包上都是规定为 64 KB，并且在对包的标题头进行读取之后，要根据该标题头里包含的信息来为有效载荷生成缓冲区。攻击者发送一个长度超过 64 KB 的 Echo Request 数据包，目标主机在重组分片时会造成事先分配的 64 KB 缓冲区溢出，就会出现内存分配错误，导致 TCP/IP 堆栈崩溃，致使接收方死机。

防御：现在所有的标准 TCP/IP 实现都已实现对付超大尺寸的包，并且大多数防火墙能够自动过滤这些攻击，包括从 Windows 98 之后的 Windows NT（SP3 以上版本）/2000，Linux、Solaris、和 Mac OS 都具有抵抗一般死亡之 Ping 攻击的能力。此外，对防火墙进行配置，阻断 ICMP 及任何未知协议，都能防止此类攻击。

7. Fraggle 攻击

原理：Fraggle 攻击对 Smurf 攻击作了简单的修改，使用的是 UDP 应答消息而非 ICMP。

防御：在防火墙上过滤掉 UDP 应答消息。

8. 电子邮件炸弹

原理：电子邮件炸弹是最古老的匿名攻击之一，通过设置使一台机器不断大量地向同一地址发送电子邮件，攻击者能够耗尽接收者网络的宽带。由于这种攻击方式简单易用，也有很多发匿名邮件的工具，而且只要对方获悉电子邮件地址就可以进行攻击，所以这是最应防范的一个攻击手段。

防御：对邮件地址进行配置，自动删除来自同一主机的过量或重复的消息。

9. 畸形消息攻击

原理：目前 Windows、UNIX、Linux 等各类操作系统上的许多服务都存在安全隐患问题，由于这些服务在处理信息之前没有进行适当正确的错误校验，所以一旦收到畸形的信息就有可能会崩溃。

防御：打最新的服务补丁。

7.6 IP 欺骗攻击

IP 欺骗是适用于 TCP/IP 环境的一种复杂的技术攻击，它由若干部分组成。目前，在 Internet 领域中，它成为黑客攻击时采用的一种重要手段，因此有必要充分了解它的工作原理和防范措施，以充分保护自己的合法权益。

7.6.1 IP 欺骗原理

1. 信任关系

IP 欺骗是利用主机之间的正常信任关系来发动的，所以在介绍 IP 欺骗攻击之前，先说明一下什么是信任关系及信任关系是如何建立的。

在 UNIX 领域中，信任关系能够很容易得到。假如在主机 A 和 B 上各有一个 Alice 账户，在使用过程中会发现，在主机 A 上使用时需要输入 Alice 在 A 上的相应账户，在主机

B 上使用时 Alice 必须输入在 B 上的账户，主机 A 和 B 把 Alice 当作两个互不相关的用户，显然有些不便。为了减少这种不便，可以在主机 A 和主机 B 中建立起两个账户的相互信任关系。在主机 A 和主机 B 上 Alice 的 home 目录中创建.rhosts 文件。从主机 A 上，在 Alice 的 home 目录中输入'echo " B username " > ~/.rhosts'；从主机 B 上，在 Alice 的 home 目录中输入'echo " A username " > /.rhosts'。这时，就能毫无阻碍地使用任何以 r* 打头的远程登录，如 rlogin，rcall，rsh 等，而无口令验证的烦恼。这些命令将允许以地址为基础的验证，或者允许或者拒绝以 IP 地址为基础的存取服务。这里的信任关系是基于 IP 地址的。

当/etc/hosts.equiv 中出现一个"+"或者$HOME/.rhosts 中出现"++"时，表明任意地址的主机可以无须口令验证而直接使用 r 命令登录此主机，这是十分危险的，而这偏偏又是某些管理员不重视的地方。下面看一下 rlogin 的用法。

rlogin 是一个简单的客户-服务器程序，它利用 TCP 传输。rlogin 允许用户从一台主机登录到另一台主机上，并且，如果目标主机信任它，rlogin 将允许在不应答口令的情况下使用目标主机上的资源。安全验证完全是基于源主机的 IP 地址。因此，根据以上所举的例子，能利用 rlogin 从 B 远程登录到 A，而且不会被提示输入口令。

2．IP 欺骗的理论依据

看到上面的说明，每个黑客都会想到：既然主机 A 和主机 B 之间的信任关系是基于 IP 址而建立起来的，那么假如能够冒充主机 B 的 IP，就可以使用 rlogin 登录到主机 A，而不需任何口令验证。这就是 IP 欺骗的最根本的理论依据。

但是，事情远没有想像中那么简单！虽然，可以通过编程的方法随意改变发出的包的 IP 地址，但 TCP 协议对 IP 进行了进一步的封装，它是一种相对可靠的协议，不会让黑客轻易得逞。先来看一下一次正常的 TCP/IP 会话的建立过程。

在 TCP/IP 协议中，TCP 协议提供可靠的连接服务，采用三次握手建立一个连接，如图 7-15 所示。

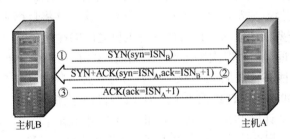

图 7-15 TCP/IP 握手过程

第一次握手：B 发送带有 SYN 标志的数据段通知 A 需要建立 TCP 连接，并将 TCP 报头中的序列号设置成自己本次连接的初始值 ISN_B。

第二次握手：A 回传给 B 一个带有 SYN+ACK 标志的数据段，告之自己的 ISN_A，并确认 B 发送来的第一个数据段，将 ACK 设置成 B 的 $ISN_B + 1$。

第三次握手：B 确认收到的 A 的数据段，将 ACK 设置成 A 的 $ISN_A + 1$。

TCP 使用的数据包序列号是一个 32 位的计数器，计数范围为 0～4 294 967 295。TCP 为每一个连接选择一个初始序列号（initial sequence number，ISN），为了防止因为延迟、重传等事件对三次握手过程的干扰，ISN 不能随便选取，不同系统有不同算法。对于 IP 欺骗攻击来说，最重要的就是理解 TCP 如何分配 ISN，以及 ISN 随时间变化的规律。在此规定这一 32 位的序列号之值每隔 4 ms 加 1。在 UNIX 中，初始序列号是由 tcpinit()函数确定的。ISN 值每秒增加 128 000，如果有连接出现，每次连接将把计数器的数值增加 64 000，这使得用于表示 ISN 的 32 位计数器在没有连接的情况下，每 9.32 小时复位一次。这样，将有利于最大限度地减少旧有连接的信息干扰当前连接的机会。

非常重要的一点就是对 ISN 的选择算法。事实上，由于 ISN 的选择不是随机的，而是有规律可循的，这就为黑客欺骗目标系统创造了条件。很多进行 IP 欺骗的黑客软件也主要着眼于计算 ISN 和伪造数据包这两个方面。

由于 IP 欺骗技术是针对协议本身的缺陷来实现的，所以其影响范围也十分广泛。

3．IP 欺骗的攻击过程

IP 欺骗由若干步骤组成，这里先简要地描述一下，随后再做详尽的解释。先做以下假定：首先，目标主机已经选定；其次，信任模式已被发现，并找到了一个被目标主机信任的主机。黑客为了进行 IP 欺骗，进行以下工作：使得被信任的主机丧失工作能力，同时采样目标主机发出的 TCP 序列号，猜测出它的数据序列号；然后，伪装成被信任的主机，同时建立起与目标主机基于地址验证的应用连接；如果成功，黑客可以使用一种简单的命令放置一个系统后门，以进行非授权操作。

（1）使被信任主机丧失工作能力

一旦发现被信任的主机，为了伪装成它，往往使其丧失工作能力。由于攻击者将要代替真正的被信任主机，他必须确保真正被信任的主机不能接收到任何有效的网络数据，否则将会被揭穿。有许多方法可以做到这些，如前面介绍的 DoS 攻击。

（2）序列号取样和猜测

前面已经提到，要对目标主机进行攻击，必须知道目标主机使用的数据序列号。现在来介绍黑客是如何进行预测的。他们先与被攻击主机的一个端口（SMTP 是一个很好的选择）建立起正常的连接。通常，这个过程被重复若干次，并将目标主机最后所发送的 ISN 存储起来。黑客还需要估计他的主机与被信任主机之间的往返延时时间（round-trip time，RTT），这个 RTT 时间是通过多次统计平均求出的。RTT 对于估计下一个 ISN 是非常重要的。前面已经提到每秒 ISN 增加 128 000，每次连接增加 64 000。现在就不难估计出 ISN 的大小了，它是 128 000 乘以 RTT 的一半，如果此时目标主机刚刚建立过一个连接，那么再加上一个 64 000。再估计出 ISN 大小后，立即就可以开始进行攻击。当黑客的虚假 TCP 数据包进入目标主机时，根据估计的准确度不同，会发生不同的情况：

① 如果估计的序列号是准确的，进入的数据将被放置在接收缓冲器以供使用；

② 如果估计的序列号小于期待的数字，那么将被放弃；

③ 如果估计的序列号大于期待的数字，并且在滑动窗口（前面讲的缓冲）之内，那么，该数据被认为是一个未来的数据，TCP 模块将等待其他缺少的数据。如果估计的序列号大于期待的数字，并且不在滑动窗口（前面讲的缓冲）之内，那么，TCP 将会放弃该数据并返回一个期望获得的数据序列号。下面将要提到，黑客的主机并不能收到返回的数据序列号。

IP 攻击如图 7-16 所示，基本过程如下。

① 攻击者 Z 伪装成被信任主机 B 的 IP 地址，此时，该主机 B 仍然处在停顿状态（前

面讲的丧失处理能力），然后向目标主机 A 的 513 端口（rlogin 的端口号）发送连接请求。

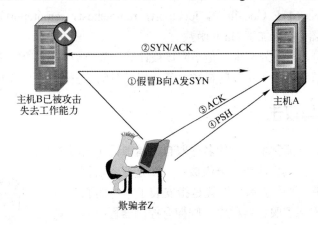

②SYN/ACK

①假冒B向A发SYN

③ACK

④PSH

主机B已被攻击
失去工作能力

主机A

欺骗者Z

图 7-16　IP 攻击过程

② 目标主机 A 对连接请求做出反应，发送 SYN/ACK 数据包给被信任主机 B（如果被
信任主机处于正常工作状态，那么会认为是错误并立即向目标主机返回 RST 数据包，但此
时它处于停顿状态）。按照计划，被信任主机 B 会抛弃该 SYN/ACK 数据包。

③ 攻击者向目标主机发送 ACK 数据包，该 ACK 使用前面估计的序列号加 1（因为是
在确认）。如果攻击者估计正确的话，目标主机将会接收该 ACK。

④ 至此，将开始数据传输。一般地，攻击者将在系统中放置一个后门，以便侵入。经
常会使用'cat ++ >> ~/.rhosts'.之所以这样，是因为这个办法迅速、简单地为下一次侵入铺平
了道路。

7.6.2　IP 欺骗的防止

1．抛弃基于地址的信任策略

阻止 IP 欺骗的一种非常容易的办法就是放弃以地址为基础的验证。不允许 r*类远程调
用命令的使用，删除.rhosts 文件，清空/etc/hosts.equiv 文件。这将迫使所有用户使用其他远
程通信手段，如 Telnet，SSH，Skey，等等。

2．进行包过滤

如果网络是通过路由器接入 Internet 的，那么可以利用路由器来进行包过滤。确信只有
内部 LAN 可以使用信任关系，而内部 LAN 上的主机对于 LAN 以外的主机要慎重处理。路
由器可以帮助滤掉所有来自外部而希望与内部建立连接的请求。

3．使用加密方法

阻止 IP 欺骗的另一种明显的方法是在通信时要求加密传输和验证。当有多种手段并存
时，加密方法可能最为适用。

4．使用随机化的初始序列号

黑客攻击得以成功实现的一个很重要的因素就是，序列号不是随机选择的或者随机增
加的。Bellovin 描述了一种弥补 TCP 不足的方法，就是分割序列号空间。每个连接将有自
己独立的序列号空间。序列号将仍然按照以前的方式增加，但是在这些序列号空间中没有明

显的关系。可以通过下列公式来说明：

ISN =M+F（localhost，localport，remotehost，remoteport）

M 为 4μs 定时器，F 为加密 Hash 函数。

F 产生的序列号，对于外部来说是不应该被计算出或者被猜测出的。Bellovin 建议 F 是一个结合连接标识符和特殊矢量（随机数，基于启动时间的密码）的 Hash 函数。

7.7　特洛伊木马攻击

特洛伊木马（以下简称木马）的名称取自希腊神话（见图 7-17）。

完整的木马程序一般由两个部分组成：一个是服务器程序，另一个是控制器程序。"中了木马"就是指安装了木马的服务器程序，若计算机被安装了服务器程序，则拥有控制器程序的人就可以通过网络控制计算机为所欲为，这时计算机上的各种文件、程序，以及在计算机上使用的账号、密码就无安全可言了。

7.7.1　木马的原理

图 7-17　特洛伊木马

1．木马的植入

目前木马入侵的主要途径还是先通过一定的方法把木马执行文件植入被攻击者的计算机系统里，植入的途径有邮件附件、浏览网页、下载软件等（如图 7-18 所示），然后通过一定的提示故意误导被攻击者打开执行文件，比如故意谎称这个木马执行文件，是朋友送的贺卡，可能打开这个文件后，确实有贺卡的画面出现，但这时木马可能已经悄悄在后台运行了。一般的木马执行文件非常小，大部分都是几 KB 到几十 KB，如果把木马捆绑到其他正常文件上，很难发现，所以，有一些网站提供的软件下载往往是捆绑了木马文件的，执行这些下载文件的同时也运行了木马。

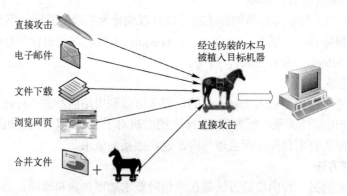

图 7-18　木马的植入

木马也可以通过 Script、ActiveX 及 Asp.CGI 交互脚本的方式植入，由于微软的浏览器在执行 Script 脚本时存在一些漏洞，攻击者可以利用这些漏洞传播病毒和木马，甚至直接对浏览者计算机进行文件操作等控制。曾出现一个利用微软 Scripts 脚本漏洞对浏览者硬盘进行格式化的 HTML 页面。如果攻击者有办法把木马执行文件下载到攻击主机的一个可执行 WWW

目录夹里面，他可以通过编制 CGI 程序在攻击主机上执行木马目录。此外，木马还可以利用系统的一些漏洞进行植入，如微软著名的 US 服务器溢出漏洞，通过一个 IISHACK 攻击程序即可使 IIS 服务器崩溃，并且同时攻击服务器，执行远程木马执行文件。

2．木马的隐藏方式

（1）在任务栏里隐藏

在 Windows 系统中运行程序，一定会在 Windows 的任务栏里出现该程序的图标，若出现一个莫名其妙的图标，很容易就可以判断出是木马程序。因此，木马程序通常要采取手段在任务栏里隐藏自己，编程实现在任务栏中的隐藏是很容易实现的。例如以 VB 为例，只要把 from 的 Visible 属性设置为 False，ShowInTaskBar 设为 False，程序就不会出现在任务栏里了。

（2）在任务管理器里隐藏

要查看正在运行的进程，最简单的方法就是按下 Ctrl+Alt+Del 键，调出任务管理器。如果按下 Ctrl+Alt+Del 键，木马程序也出现在任务管理器中，就很容易被发现。所以，木马会千方百计地伪装自己，使自己不出现在任务管理器里。木马制造者只要把木马程序设为"系统服务"就可以不出现在任务管理器里。

（3）端口

一台机器有 65 536 个端口，一般用户只会用到 1024 以下的端口，大多数木马使用的端口在 1024 以上，而且呈现出越来越大的趋势；这样木马占用的端口就不会与用户发生冲突，也就不容易被发现。当然也有占用 1024 以下端口的木马，但这些端口是常用端口，占用这些端口可能会造成系统不正常，这样的话，木马就会很容易暴露。

（4）隐藏通信

隐藏通信也是木马经常采用的手段之一。任何木马运行后都要和攻击者进行通信连接，或者通过即时连接，如攻击者通过客户端直接接入被植入木马的主机，或者通过间接通信，如通过电子邮件的方式，木马把侵入主机的敏感信息送给攻击者。现在大部分木马一般在占领主机后，会在 1024 以上不易发现的高端口上驻留。有一些木马会选择一些常用的端口，如80、23，有一种非常先进的木马还可以做到在占领 80HTTP 端口后，收到正常的 HTTP 请求仍然把它交予 Web 服务器处理，只有收到一些特殊约定的数据包后，才调用木马程序。

（5）隐藏加载方式

木马程序的加载通常是悄无声息的，当然不会指望用户每次启动后单击"木马"图标来运行服务端，木马会在每次用户启动时自动装载服务端，Windows 系统启动时自动加载应用程序的方法，木马都会用上，如启动组、win.ini、system.ini、注册表等都是"木马"藏身的好地方。

3．木马程序建立连接技术

木马在被植入攻击主机后，它一般会通过一定的方式把入侵主机的信息，如主机的 IP地址、木马植入的端口等发送给攻击者，攻击者用这些信息才能够与木马里应外合控制攻击主机。这样就必须建立与控制端的连接，连接方法有很多种，其中最常见的要属 TCP，UDP 传输数据的方法了，通常是利用 Winsock 与目标主机的指定端口建立起连接，使用send 和 recv 等 API 进行数据的传递，但是由于这种方法的隐蔽性比较差，往往容易被一些工具软件查看到，最简单的，比如在命令行状态下使用 netstat 命令，就可以查看到当前活动的 TCP，UDP 连接。因此，一般木马程序都采取了一些躲避侦察的手段。

（1）合并端口法

使用特殊的手段，在一个端口上同时绑定两个 TCP 或者 UDP 连接，通过把自己的木马端口绑定于特定的服务端口之上，（如 80 端口的 HTTP）从而达到隐藏端口的目的。

（2）使用 ICMP 协议进行数据的发送

原理是修改 ICMP 头的构造，加入木马的控制字段，这样的木马具备很多新的特点，如不占用端口，使用户难以发觉。同时，使用 ICMP 可以穿透一些防火墙，从而增加了防范的难度。之所以具有这种特点，是因为 ICMP 不同于 TCP，UDP 和 ICMP 工作于网络的应用层，不使用 TCP 协议。

（3）反弹端口连接模式

普通木马的都是由客户端（控制端）发送请求服务端（被控制端）来连接，但有些另类的木马就不是这样，它由服务端（被控制端）向客户端（控制端）发送请求。这样做有什么好处呢？大家知道，网络防火墙都有监控网络的作用，但它们大多都只监控由外面进来的数据，对由里向外的数据却不闻不问。反弹端口木马正好利用了这一点来躲开网络防火墙的阻挡，以使自己顺利完成任务。大名鼎鼎的"网络神偷"就是这样一类木马。它由服务端（被控制端）发送一个连接请求，客户端（控制端）的数据在经过防火墙时，防火墙会以为是发出去的正常数据（一般向外发送的数据，防火墙都以为是正常的）的返回信息，于是不予拦截，这就给了它可钻的空子。

4．木马的装载运行技术

（1）自动启动

木马一般会存在三个地方：注册表、win.ini 和 system.ini 中，因为计算机启动时，需要装载这三个文件。

（2）捆绑方式启动

木马 phAse 1.0 版本和 NetBus 1.53 版本就可以以捆绑方式装到目标计算机上，它可以捆绑到启动程序或一般常用程序上。捆绑方式是一种手动的安装方式。非捆绑方式的木马因为会在注册表等位置留下痕迹，所以，很容易被发现，而捆绑木马可以由黑客自己确定捆绑方式、捆绑位置、捆绑程序等，位置的多变使木马具有很强的隐蔽性。

（3）修改文件关联

如用木马取代 notepad.exe 来打开 txt 文件。

5．木马的远程控制技术

远程控制实际上是包含有服务器端和客户端的一套程序，服务器端程序驻留在目标计算机里，随着系统启动而自行启动。此外，使用传统技术的程序会在某端口进行监听，若接收到数据就对其进行识别，然后按照识别后的命令在目标计算机上执行一些操作（如窃取口令，拷贝或删除文件，或重启计算机等）。

攻击者一般在入侵成功后，将服务端程序拷贝到目标计算机中，并设法使其运行，从而留下后门。日后，攻击者就能够通过运行客户端程序，来对目标计算机进行操作。

7.7.2　木马的防治

在对付特洛伊木马程序方面，有以下几种办法。

① 必须提高防范意识，不要打开陌生人信中的附件，哪怕他说的天花乱坠，熟人的也要确认一下来信的原地址是否合法。

② 多读 readme.txt 文件。许多人出于研究目的下载了一些特洛伊木马程序的软件包，在没有弄清软件包中程序的具体功能前，就匆匆地执行其中的程序，这样往往就错误地执行了木马的服务器端程序而使用户的计算机成为特洛伊木马的牺牲品。软件包中经常附带的 readme.txt 文件会有程序的详细功能介绍和使用说明，有必要养成在安装使用任何程序前先读 readme.txt 的好习惯。

值得一提的是，有许多程序说明做成可执行的 readme.exe 形式，readme.exe 往往捆绑有病毒或特洛伊木马程序，或者干脆就是由病毒程序、特洛伊木马的服务器端程序改名而得到的，目的就是让用户误以为是程序说明文件去执行它，所以从互联网上得来的 readme.exe 最好不要执行它。

③ 使用杀毒软件。现在国内的杀毒软件都推出了清除某些特洛伊木马的功能，可以不定期地在脱机的情况下进行检查和清除。另外，有的杀毒软件还提供网络实时监控功能，这一功能可以在黑客从远端执行用户机器上的文件时，提供报警或让执行失败，使黑客向用户机器上载可执行文件后无法正确执行，从而避免了进一步的损失。但它不是万能的。

④ 立即挂断。尽管造成上网速度突然变慢的原因有很多，但有理由怀疑这是由特洛伊木马造成的，当入侵者使用特洛伊木马的客户端程序访问目标主机时，会与正常访问抢占宽带，特别是当入侵者从远端下载用户硬盘上的文件时，正常访问会变得奇慢无比。这时，可以双击任务栏右下角的连接图标，仔细观察一下"已发送字节"项，如果数字变化成 1～3 Kbps，几乎可以确认有人在下载硬盘文件，除非正在使用 FTP 上传功能。对 TCP/IP 端口熟悉的用户，可以在"MS-DOS 方式"下输入"netstat-a"命令来观察与主机相连的当前所有通信进程，当有具体的 IP 正使用不常见的端口（一般大于 1024）通信时，这一端口很可能就是特洛伊木马的通信端口。当发现上述可疑迹象后，立即挂断，然后对硬盘有无特洛伊木马进行认真的检查。

⑤ 观察目录。普通用户应当经常观察位于 c:\，c:\windows 和 c:\windows\system 这三个目录下的文件。用"记事本"逐一打开 c:\下的非执行类文件（除 exe、bat、com 以外的文件），查看是否发现特洛伊木马、击键程序的记录文件，在 c:\Windows 或 c:\Windows\system 下如果存在只有文件名没有图标的可执行程序，应该把它们删除，然后再用杀毒软件进行认真的清理。

⑥ 在删除木马之前，最最重要的一项工作是备份，需要备份注册表，防止系统崩溃，备份认为是木马的文件，如果不是木马就可以恢复，如果是木马就可以对木马进行分析。

7.8　Web 攻击及防御技术

利用计算机上网，实际上就是运用基于 Web 技术提供的网络来实现信息交流过程。Web 技术发展到今天，基于 Web 环境的互联网应用越来越广泛，目前很多业务都依赖于互联网，例如网上银行、网络购物、网游、电子政务等，使得人们可以利用网络便捷的获取自己想要的任何信息。

Web 业务的迅速发展也引起了黑客们的强烈关注，他们将注意力从以往对传统网络服务器的攻击逐步转移到了对 Web 业务的攻击上。当前网络上 80%的攻击是针对 Web 的，黑客利用网站操作系统的漏洞和 Web 程序的 SQL 注入漏洞等得到 Web 服务器的控制权限，轻则篡改网页内容，重则窃取重要内部数据，更为严重的则是在网页中植入恶意代码，使得网站访问者受到侵害。

常见的 Web 攻击可分为三类：一是利用 Web 服务器的漏洞进行攻击，如 CGI、缓冲区溢出（见 7.4 节）、目录遍历漏洞利用等攻击；二是利用网页自身的安全漏洞进行攻击，如 SQL 注入、跨站脚本攻击、Cookie 假冒、认证逃避、非法输入、强制访问、隐藏变量篡改等；三是利用僵尸网络的分布式 DoS 攻击（见 7.5 节），造成网站拒绝服务。这些攻击可能导致网站遭受声誉损失、经济损失，甚至造成政治影响。

7.8.1 SQL 注入攻击

SQL 注入（SQL injection），是黑客对 Web 数据库进行攻击的常用手段之一。SQL 注入的出现是 Web 安全史上的一个里程碑，它最早出现大概是在 1999 年，并很快就成为 Web 安全的头号大敌。就如同缓冲区溢出出现时一样，程序员们不得不夜以继日地去修改程序中存在的漏洞。黑客们发现通过 SQL 注入攻击，可以获取很多重要的、敏感的数据，甚至能够通过数据库获取系统访问权限，这种效果并不比直接攻击系统软件差。SQL 注入漏洞至今仍然是 Web 安全领域中的一个重要组成部分。

1. SQL 注入的原理

SQL 是结构化查询语言的英文简称，它是访问数据库的事实标准。目前，大多数 Web 应用都使用 SQL 数据库来存放应用程序的数据。几乎所有的 Web 应用在后台都使用某种 SQL 数据库。跟大多数语言一样，SQL 语法允许数据库命令和用户数据混杂在一起的。如果开发人员不细心的话，用户数据就有可能被解释成命令，这样的话，远程用户就不仅能向 Web 应用输入数据，而且还可以在数据库上执行任意命令了。

SQL 注入式攻击的主要形式有两种。一是直接将代码插入到与 SQL 命令串联在一起并使得其以执行的用户输入变量。由于其直接与 SQL 语句捆绑，故也被称为直接注入式攻击法。二是一种间接的攻击方法，它将恶意代码注入要在表中存储或者作为原数据存储的字符串。在存储的字符串中会连接到一个动态的 SQL 命令中，以执行一些恶意的 SQL 代码。注入过程的工作方式是提前终止文本字符串，然后追加一个新的命令。例如以直接注入式攻击为例，就是在用户输入变量的时候，先用一个分号结束当前的语句，然后再插入一个恶意 SQL 语句即可。由于插入的命令可能在执行前追加其他字符串，因此攻击者常常用注释标记"—"来终止注入的字符串。执行时，系统会认为此后的语句为注释，故后续的文本将被忽略，不被编译与执行。

可以通过一个例子来简要说明一下 SQL 注入的原理。假如有一个 users 表，里面有两个字段 name 和 pwd。对一个用户进行认证，实际上就是将用户的输入即用户名和口令与表中的各行进行比较，如果某行中的用户名和口令与用户的输入完全匹配，那么该用户就会通过认证，并得到该行中的 ID。假如用户提供的用户名和口令分别为 myId 和 mypassword，那么检查用户 ID 过程如下所示：

```
SELECT id FROM user_table WHERE username='myid' AND password='mypassword'
```

如果该用户位于数据库的表中，这个 SQL 命令将返回该用户相应的 ID，这就意味着该用户通过了认证；否则，这个 SQL 命令的返回为空，这意味着该用户没有通过认证。

如果在表单中 username 的输入框中输入' or 1=1-- ，password 的表单中随便输入一些东西，假如这里输入 123。此时所要执行的 SQL 语句就变成了：

SELECT id FROM user_table WHERE username=' or 1=1--　' AND password='123'

来看一下这个 SQL，因为 1=1 是 true，后面 and password = '123'被注释掉了。所以这里完全跳过了 SQL 验证。

2．SQL 注入的危害

SQL 注入的危害有以下几个方面：

① 未经授权状况下操作数据库中的数据，比如管理员密码、用户密码等信息；

② 恶意篡改网页内容，宣传虚假信息等；

③ 私自添加系统账号或者是数据库使用者账号；

④ 网页挂广告、木马病毒等；

⑤ 上传 webshell，进一步得到系统权限，控制计算机，获得肉鸡。

3．SQL 注入的特点

（1）广泛性

SQL 注入攻击可以跨越 Windows、UNIX、Linux 等各种操作系统进行攻击，其攻击目标非常广泛。而且当前 Web 应用程序应用广泛，存在的漏洞也都大体具有相似性。

（2）隐蔽性

SQL 注入是从正常的 WWW（80）端口访问，该端口是为 HTTP 协议开放的，是 WWW 使用最多的协议。通过该端口的数据都是被防火墙所许可的，因此防火墙不会对 SQL 注入的攻击进行拦截，这使得攻击者可以顺利地通过防火墙。如果管理员没查看 IIS 日志的习惯，可能被入侵了很长时间都不会发觉。

（3）攻击时间短

可在短短几秒到几分钟内完成一次数据窃取、一次木马种植、完成对整个数据库或 Web 服务器的控制。

（4）危害大

一方面，目前的电子商务等都是基于 Web 的服务，交易量巨大，一旦遭到攻击后果不堪设想。另一方面，是关于个人信息的窃取，用之前的 CSDN 用户资料泄露来说引起了很大的社会反响。

7.8.2　跨站脚本攻击

几乎所有的网页都包含链接，用户可以通过点击链接方便地跳转到其他相关网页或相关网站。攻击者通过在链接中插入恶意代码，就能够盗取用户信息。跨站脚本攻击（cross site script，为了区别于 CSS 简称为 XSS）指入侵者在远程 Web 页面的 HTML 代码中插入具有恶意目的的数据，用户认为该页面是可信赖的，但是当浏览器下载该页面，嵌入其中的脚本将被解释执行。由于 HTML 语言允许使用脚本进行简单交互，入侵者便通过技术手段在某个页面里插入一个恶意 HTML 代码，例如记录论坛保存的用户信息（cookie），由于

cookie 保存了完整的用户名和密码资料，用户就会遭受安全损失。

跨站脚本攻击本身对 Web 服务器没有直接危害，它借助网站进行传播，使网站的大量用户受到攻击。攻击者一般通过留言、电子邮件或其他途径向受害者发送一个精心构造的恶意 URL，当受害者在 Web 浏览器中打开该 URL 的时候，恶意脚本会在受害者的计算机上悄悄执行。

XSS 现在是网站漏洞中最容易出现的一种，据说在现今的各大网站中都存在此漏洞，包括 Google、腾讯等大型网站都频繁出现过，为什么 XSS 跨站漏洞会如此普遍和流行？这是由多个因素造成的。

① Web 浏览器本身的设计是不安全的。浏览器包含了解析和执行 JavaScript 等脚本语言的能力，这些语言可用来创建各种格式丰富的功能，而浏览器只会执行，不会判断数据和程序代码是否恶意。

② 输入与输出是 Web 应用程序最基本的交互，在这过程之中若没做好安全防护，Web 程序很容易会出现 XSS 漏洞。

③ 现在的应用程序大部分是通过团队合作完成的，程序员之间的水平参差不齐，很少有人受过正规的安全培训，因此，开发出来的产品难免存在问题。

④ 不管是开发人员还是安全工程师，很多都没有真正意识到 XSS 漏洞的危害，导致这类漏洞普遍受到忽视。很多企业甚至缺乏专门的安全工程师，或者不愿意在安全问题上花费更多的时间和成本。

⑤ 触发跨站脚本的方式非常简单，只要向 HTML 代码中注入脚本即可，而且执行此类攻击的手段众多，譬如利用 CSS、Flash 等。XSS 技术的运用如此灵活多变，要做到完全防御是一件相当困难的事情。

⑥ 随着 Web 2.0 的流行，网站上交互功能越来越丰富。Web 2.0 鼓励信息分享与交互，这样用户就有了更多的机会去查看和修改他人的信息，比如通过论坛、Blog 或社交网络，于是黑客也就有了更广阔的空间发动 XSS 攻击。

1. 跨站脚本漏洞的产生

大部分 Web 漏洞都源于没有处理好用户的输入，跨站脚本也不例外。传统的 XSS 攻击是一种反射式的 HTML 注入攻击，借此，一个 Web 应用程序接受在 HTTP 请求中的用户输入。该 Web 应用程序会返回一个 HTTP 响应，其主体中将包含原封不动的用户输入。如果该服务器的响应跟用户的原始输入完全一致，那么这些用户输入就会被浏览器当作有效的 HTML，VBScript 或者 JavaScript 进行解释。考虑下列的服务器端 PHP 代码：

```
<?PHP
echo "<script>";
echo "var yourname = '".$_GET['name']."';";
echo "</script>";
?>
```

分析 PHP 代码输出的页面，很容易构造出 XSS 攻击测试：

URL：http://localhost/test.php? name=a';alert(123456);//

实际上是利用单引号闭合了 JavaScript 代码的变量赋值，然后再执行 alert 函数（因为

PHP5 在默认情况下是会自动对传入的单引号转义，这里只是为了演示，所以认为此处单引号不被转义。即假设 PHP 的 magic_quote_gpc 为 Off）。

得到的返回页面如下：

```
<script>
var yourname = 'a';alert(XSS);//';
</script>
```

然后又看到那个显示 XSS 表示脚本被执行的演示对话框了。同样的道理，如果是用双引号做变量赋值就需要传双引号进去破坏掉原来的 JavaScript 代码。

2. XSS 攻击防范措施

① 防堵跨站漏洞。阻止攻击者利用在被攻击网站上发布跨站攻击语句，不可以信任用户提交的任何内容。首先代码里对用户输入的地方和变量都需要仔细检查长度和对"<""＞""；""'"等字符做过滤；其次任何内容写到页面之前都必须加以 encode，避免不小心把 HTML 标签弄出来。这一个层面做好，至少可以堵住超过一半的 XSS 攻击。

② cookie 防盗。首先，避免直接在 cookie 中泄露用户隐私，例如 E-mail、密码，等等。其次，通过使 cookie 和系统 IP 绑定来降低 cookie 泄露后的危险。这样攻击者得到的 cookie 没有实际价值，不可能拿来重放。

③ 尽量采用 POST 而非 GET 提交表单。POST 操作不可能绕开 JavaScript 的使用，这会给攻击者增加难度，减少可利用的跨站漏洞。

④ 严格检查 refer。检查 http refer 是否来自预料中的 URL。这可以阻止第 2 类攻击手法发起的 HTTP 请求，也能防止大部分第 1 类攻击手法，除非正好在特权操作的引用页上种了跨站访问。

⑤ 将单步流程改为多步，在多步流程中引入校验码。多步流程中每一步都产生一个验证码作为 hidden 表单元素嵌在中间页面，下一步操作时这个验证码被提交到服务器，服务器检查这个验证码是否匹配。首先，这为来自内部的攻击者大大增加了麻烦。其次，攻击者必须在多步流程中拿到上一步产生的校验码才有可能发起下一步请求，这在来自外部的攻击中是几乎无法做到的。

⑥ 引入用户交互。简单的一个看图识数可以堵住几乎所有的非预期特权操作。

⑦ 只在允许 anonymous 访问的地方使用动态的 JavaScript。

⑧ 对于用户提交信息的中的 img 等 link，检查是否有重定向回本站、不是真的图片等可疑操作。

此外，还有内部管理网站的问题。很多时候，内部管理网站往往疏于关注安全问题，只是简单地限制访问来源。这种网站往往对 XSS 攻击毫无抵抗力，需要多加注意。安全问题需要长期的关注，从来不是一锤子买卖。XSS 攻击相对其他攻击手段更加隐蔽和多变，和业务流程、代码实现都有关系，不存在什么一劳永逸的解决方案。此外，面对 XSS，往往要牺牲产品的便利性才能保证完全的安全，如何在安全和便利之间平衡也是一件需要考虑的事情。

小结

网络攻击是黑客利用网络存在的漏洞和安全缺陷对网络系统的硬件、软件及其系统中的数据进行的攻击。日益猖獗的网络攻击，对网络安全造成了很大的威胁。要抵御黑客的疯狂攻击，必须首先了解了他们的攻击手段和常用的技术。本章需要掌握的知识点如下。

1．网络攻击的步骤

黑客攻击包含了五个步骤：搜索、扫描、获得权限、保持连接和消除痕迹。

2．缓冲区溢出攻击

缓冲区溢出是一种非常普遍、非常危险的漏洞，在各种操作系统、应用软件中广泛存在。利用缓冲区溢出攻击，可以执行非授权指令，甚至可以取得系统特权，进而进行各种非法操作。

3．网络嗅探

网络嗅探是指利用计算机的网络接口截获目的地址为其他计算机的数据报文的一种手段。

4．端口扫描

对目标计算机进行端口扫描，能得到许多有用的信息，从而发现系统的安全漏洞。

5．拒绝服务攻击

拒绝服务攻击即攻击者想办法让目标机器停止提供服务或资源访问，是黑客常用的攻击手段之一。

6．IP 欺骗攻击

IP 欺骗是利用主机之间的正常信任关系而进行攻击的技术，使一个入侵者可以假冒一个主机的名义通过一个特殊的路径来获得某些被保护数据。

7．特洛伊木马攻击

攻击者利用木马技术渗透到对方的主机系统里，从而实现对远程目标主机的控制，从而任意地修改用户的计算机的参数设定、复制文件、窥视整个硬盘中的内容等。特洛伊木马经过多年的演变发展，其功能越来越强，采用的隐蔽技术也越来越高。

8．Web 攻击及防御技术

Web 的攻击手段多种多样，然而目前主流的手段是 XSS 跨站攻击和 SQL 注入。

XSS 跨站攻击是指攻击者利用网站程序对用户输入过滤不足，输入可以显示在页面上对其他用户造成影响的 HTML 代码，从而盗取用户资料、利用用户身份进行某种动作或者对访问者进行病毒侵害的一种攻击方式。XSS 漏洞有很多种，大概可以分为：反射性和存储型两大类。

SQL 注入攻击指的是通过构建特殊的输入作为参数传入 Web 应用程序，而这些输入大都是 SQL 语法里的一些组合，通过执行 SQL 语句进而执行攻击者所要的操作。其主要原因是程序没有细致地过滤用户输入的数据，致使非法数据侵入系统。

习题

一、选择题

1．关于"黑客"的描述，下列说法合适的是_____。

　A．黑客是在网上行侠仗义的人

　B．黑客是网上合法的编程高手

　　C．黑客是指未经授权而侵入他人计算机系统的人

　　D．专门在网上搜集别人隐私的人

2．黑客是_____。

　　A．专门利用计算机搞破坏或恶作剧的人

　　B．长得黑的人

　　C．喜欢穿黑衣服的人

　　D．对计算机安全不会构成大的威胁的人

3．拒绝服务攻击的后果是_____。

　　A．被攻击服务器资源耗尽　　　　　B．无法提供正常的服务

　　C．被攻击者系统崩溃　　　　　　　D．ABC 都可能

4．下面不是网络扫描器的功能的是_____。

　　A．探测联网主机　　　　　　　　　B．探测开放端口

　　C．探测系统漏洞　　　　　　　　　D．收集网络上传输的信息

5．下列关于网络监听工具的描述错误的是_____。

　　A．网络监听工具也称嗅探器

　　B．网络监听工具可监视网络的状态

　　C．网络监听工具可监视网络上数据流动情况

　　D．网络监听工具也称扫描器

6．下面不是常见的端口防范技术的是_____。

　　A．检查各端口，有端口扫描的症状时，立即屏蔽该端口

　　B．基于状态的防火墙可以防范端口扫描

　　C．利用防病毒软件可以防范端口扫描

　　D．关闭闲置和有潜在危险的端口

7．使网络服务器中充斥着大量要求回复的信息，消耗带宽，导致网络或系统停止正常服务，这属于_____。

　　A．拒绝服务　　　　B．文件共享　　　　C．BIND 漏洞　　　　D．远程过程调用

8．向有限的空间输入超长的字符串属于_____。

　　A．缓冲区溢出　　　B．网络监听　　　　C．拒绝服务　　　　D．IP 欺骗

9．下面的安全攻击中不属于主动攻击的是_____。

　　A．假冒　　　　　　B．拒绝服务　　　　C．重放　　　　　　D．流量分析

10．下列行为不属于攻击的是_____。

　　A．对一段互联网 IP 进行扫描　　　　B．发送带病毒和木马的电子邮件

　　C．用字典猜解服务器密码　　　　　D．从 FTP 服务器下载一个 10 GB 的文件

11．以下有关木马入侵的说法中，错误的是_____。

　　A．木马隐藏在计算机中进行特定工作

　　B．木马是一个 C/S 结构的程序，黑客计算机上运行的是服务器端，目标计算机上是客户端

　　C．黑客可能利用系统或软件的漏洞可能植入木马

　　D．木马植入后，黑客可以进行远程遥控，操作对方的 Windows 系统、程序、键盘等

12. 缓冲区溢出_____。

　　A. 只是系统层漏洞

　　B. 只是应用层漏洞

　　C. 既是系统层漏洞，也是应用层漏洞

　　D. 不是一种广泛存在的漏洞

13. 扫描工具_____。

　　A. 只能作为攻击工具

　　B. 只能作为防范工具

　　C. 既可作为攻击工具，也可作为防范工具

　　D. 不能够用来检查安全漏洞

14. 下面不属于 Web 攻击的是_____。

　　A. SQL 注入　　　　　　　　B. cookie 欺骗

　　C. 跨站脚本攻击　　　　　　D. DoS 攻击

15. 以下措施对处理 SQL 注入带来的风险没有实际效果的是_____。

　　A. 编写 Web 程序时采用参数化查询方式

　　B. 部署防火墙

　　C. 最小化供 Web 程序使用的数据库账户权限

　　D. 过滤 URL 中单引号等特殊字符

16. 丢弃所有来自路由器外部端口的使用内部源地址的数据包的方法是用来挫败_____。

　　A. 源路由攻击　　　　　　　B. 源 IP 地址欺骗式攻击

　　C. Ping of death　　　　　　D. 特洛伊木马攻击

17. 关于 Smurf 攻击，下面描述不正确的是_____。

　　A. Smurf 攻击是一种拒绝服务攻击，由于大量的网络拥塞，可能造成中间网络或
　　　　目的网络的拒绝服务

　　B. 攻击者发送一个 echo request 广播包到中间网络，而这个包的源地址伪造成目
　　　　的主机的地址。中间网络上许多"活"的主机会响应这个源地址。攻击者的主
　　　　机不会接收到这些冰雹般的 echo replies 响应，目的主机将接收到这些包

　　C. Smurf 攻击过程利用 IP 地址欺骗的技术

　　D. Smurf 攻击是与目标机器建立大量的 TCP 半连接，耗尽系统的连接资源，达到
　　　　拒绝服务攻击的目的

18. ARP 欺骗工作在_____。

　　A. 数据链路层　　　　　　　B. 网络层

　　C. 传输层　　　　　　　　　D. 应用层

19. 黑客拟获取远程主机的操作系统类型，下面可以选用的工具是_____。

　　A. nmap　　　B. whisker　　　C. net　　　D. nbstat

20. 对某网站，采用经典的 1=1，1=2 测试法，测试发现 1=1 时网页显示正常，1=2 时报错，则下列说法正确的是_____。

　　A. 该网站可能存在 SQL 漏洞

B．该网站没有 SQL 注入漏洞

C．有报错信息信息，说明该网站可能存在 SQL 漏洞

D．该网站没有采取注入防御措施

21．网管人员在监测网络运行状态时，发现服务器上有大量的 TCP 连接，收到了大量源地址各异、用途不明的数据包，网管人员的判断是_____。

  A．受到了 ARP 攻击　　　　　　　B．受到了 DDoS 攻击

  C．受到了 SQL 注入攻击　　　　　D．受到了 DNS 欺骗攻击

22．网管人员在监测网络运行状态时，发现服务器收到大量的 ARP 报文，网管人员的判断是_____。

  A．漏洞攻击　　　　　　　　　　B．DNS 欺骗攻击

  C．ARP 欺骗攻击　　　　　　　　D．DDoS 攻击

23．下面关于数据库注入攻击的说法错误的是_____。

  A．它的主要原因是程序对用户的输入缺乏过滤

  B．一般情况下防火墙对它无法防范

  C．对它进行防范时要关注操作系统的版本和安全补丁

  D．注入成功后可以获取部分权限

24．以下对跨站脚本攻击（XSS）的解释最准确的一项是_____。

  A．引诱用户点击虚假网络连接的一种攻击方法

  B．构造精妙的关系数据库的结构化查询语言对数据库进行非法的访问

  C．一种很强大的木马攻击手段

  D．将恶意代码嵌入到用户浏览的 Web 网页中，从而达到恶意的目的

25．以下关于 DoS 攻击的描述，正确的是_____。

  A．不需要侵入受攻击的系统

  B．以窃取目标系统上的机密信息为目的

  C．导致目标系统无法处理正常用户的请求

  D．如果目标系统没有漏洞，远程攻击就不可能成功

二、填空题

1．对于黑客还有另外一种分类方式，根据他们在进行安全弱点调查时所"戴"的帽子颜色来区分，将其分为_____、_____和_____。

2．在 TCP SYN 扫描中，如果应答是 RST，那么说明端口是_____的，按照设定就探听其他端口；如果应答中包含 SYN 和 ACK，说明目标端口处于_____状态。

3．在信息系统的安全属性中，_____是指通信双方不能抵赖或否认已完成的操作和承诺。

4．sniffer 通过将网卡的工作模式由正常改变为_____，就可以对所有听到的数据帧都产生一个硬件中断以提交给主机进行处理。

5．黑客的英文为_____，骇客的英文为_____。

6．由于在 SYN 扫描时，全连接尚未建立，所以这种技术通常被称为_____扫描。

7．请说出常见的三种嗅探工具：_____、_____、_____。

8．假设发送方发送的数据报的序列号为 200，那么接收方正确接收到这个数据报后发

送的确认号为_____。

9．ICMP 建立在 IP 层上，用于主机之间或主机与路由器之间_____。

10．分布式拒绝服务（DDoS）攻击指借助于_____技术，将多个计算机联合起来作为攻击平台，对一个或多个目标发动 DoS 攻击。

11．交换式网络上的嗅探共有_____、_____、_____几种方法。

12．网卡的工作状态有正常模式和_____模式两种。

13．共享式局域网的典型设备是_____，该设备把一个端口接收的信号向所有其他端口分发出去。

14．黑客攻击的目标就是要破坏系统的安全属性，从而获取用户甚至是_____的权限，以及进行不许可的操作。

15．_____扫描向目标主机的选择端口发送 SYN 数据段。

16．最常见的 DoS 攻击有_____攻击和_____攻击。

三、简答题

1．为什么进行 DoS 攻击时，攻击端通常要伪造不存在的 IP 地址或未启动主机的 IP 地址？

2．简述溢出式攻击工作原理及防范方法。

3．扫描器法是利用什么原理实现的？端口扫描技术有何特点？

4．什么是特洛伊木马？如何检查和清除 Windows 系统中的木马程序？

5．缓冲区溢出攻击是如何实现的？

6．拒绝服务攻击是最常见的攻击形式之一，它攻击的目的是什么？

7．如何实现网络监听？网络监听将造成哪些危害？如何防止网络监听？

8．电子欺骗攻击能够成功的关键是什么？如何防止电子欺骗攻击？

9．木马通常的传播途径是什么（请列举不少于三种）？

10．如何有效地防止 SQL 注入攻击？

第 8 章　安全防护技术

随着计算机及网络的发展，其开放性、共享性、互连程度扩大，计算机和网络的重要性和对社会的影响也越来越大。由于计算机及网络本身有其脆弱性，会受到各种威胁和攻击。必须采取有效的方法对计算机进行防护。计算机安全的防护涉及多方面的内容，本章主要从技术角度介绍计算机安全防护方面的知识，学习内容包括：防火墙技术、虚拟 VPN 技术、入侵检测技术 IDS、入侵防护技术 IPS、Web 防火墙技术和网页防篡改技术等。

8.1　防火墙技术

防火墙（firewall）原是建筑物里用来防止火灾蔓延的隔断墙，在网络中，防火墙是指一种将内部网和公众访问网（如 Internet）分开的方法，它实际上是一种隔离技术。防火墙是在两个网络通信时执行的一种访问控制尺度，它能允许"同意"的人和数据进入网络，同时将"不同意"的人和数据拒之门外，最大限度地阻止网络中的黑客来访问网络。

在逻辑上，防火墙是一个分离器，一个限制器，也是一个分析器，有效地监控了内部网和 Internet 之间的任何活动，保证了内部网络的安全。

8.1.1　防火墙概述

防火墙由软件和硬件设备组合而成的，在内部网和外部网之间、专用网与公共网之间的界面上构造的保护屏障，是一种获取安全性方法的形象说法，它是一种计算机硬件和软件的结合，使 Internet 与 Intranet 之间建立起一个安全网关（security gateway），从而保护内部网免受非法用户的侵入。防火墙主要由服务访问规则、验证工具、包过滤和应用网关 4 个部分组成。

1. 防火墙的基本特性

典型的防火墙具有以下三个方面的基本特性。

（1）内部网络和外部网络之间的所有网络数据流都必须经过防火墙

这是防火墙所处网络位置特性，同时也是一个前提。因为只有当防火墙是内、外部网络之间通信的唯一通道，才可以全面、有效地保护企业内部网络不受侵害。

根据美国国家安全局制定的《信息保障技术框架》，防火墙适用于用户网络系统的边界，属于用户网络边界的安全保护设备。所谓网络边界即是采用不同安全策略的两个网络连接处，比如用户网络与 Internet 之间连接、与其他业务往来单位的网络连接、用户内部网络不同部门之间的连接等。防火墙的目的就是在网络连接之间建立一个安全控制点，通过允许、拒绝或重新定向经过防火墙的数据流，实现对进、出内部网络的服务和访问的审计和控制。

典型的防火墙体系网络结构如图 8-1 所示。从图 8-1 中可以看出，防火墙的一端连接企事业单位内部的局域网，而另一端则连接着互联网。所有的内、外部网络之间的通信都要经过防火墙。

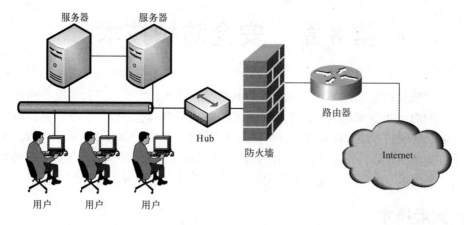

图 8-1　典型防火墙体系

（2）只有符合安全策略的数据流才能通过防火墙

防火墙最基本的功能是确保网络流量的合法性，并在此前提下将网络的流量快速地从一条链路转发到另外的链路上。现从最早的防火墙模型开始谈起，原始的防火墙是一台"双穴主机"，即具备两个网络接口，同时拥有两个网络层地址。防火墙将网络上的流量通过相应的网络接口接收上来，按照 OSI 协议栈的七层结构顺序上传，在适当的协议层进行访问规则和安全审查，然后将符合通过条件的报文从相应的网络接口送出，而对于那些不符合通过条件的报文则予以阻断。因此，从这个角度上来说，防火墙是一个类似于桥接或路由器的、多端口的（网络接口≥2）转发设备，它跨接于多个分离的物理网段之间，并在报文转发过程中完成对报文的审查工作，如图 8-2 所示。

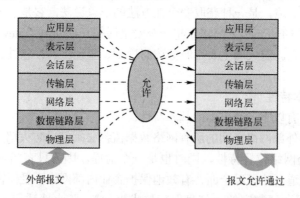

图 8-2　符合安全策略的数据流才能通过防火墙

（3）防火墙自身应具有非常强的抗攻击免疫力

这是防火墙之所以能担当企业内部网络安全防护重任的先决条件。防火墙处于网络边缘，它就像一个边界卫士一样，每时每刻都要面对黑客的入侵，这样就要求防火墙自身要具有非常强的抗击入侵本领。防火墙之所以具有这么强的本领，防火墙操作系统本身是关键，只有自身具有完整信任关系的操作系统才可以谈论系统的安全性。其次就是防火墙自身具有非常低的服务功能，除了专门的防火墙嵌入系统外，再没有其他应用程序在防火墙上运行。当然这些安全性也只能说是相对的。

2. 防火墙的功能

简单而言，防火墙是位于一个或多个安全的内部网络和非安全的外部网络（如 Internet）之间进行网络访问控制的网络设备。防火墙的目的是防止不期望的或未授权的用户和主机访问内部网络，确保内部网正常、安全地运行。一般来说，防火墙具有以下几种功能。

（1）对进出内部网络的数据包进行有效的监控

防火墙是在内部网络和外部网络间的一个检查点。所有进出内部网络的数据包都要通过这个检查点。通过检查点，防火墙设备就可以监视，过滤和检查所有进来和出去的数据包。

（2）隔离不同网络，防止内部信息的外泄

这是防火墙的最基本功能，它通过隔离内、外部网络来确保内部网络的安全。也限制了局部重点或敏感网络安全问题对全局网络造成的影响。一个内部网络中不引人注意的细节可能包含了有关安全的线索而引起外部攻击者的兴趣，甚至因此而暴露了内部网络的某些安全漏洞。使用防火墙就可以隐蔽那些透漏内部细节的服务如 Finger，DNS 等。Finger 显示了主机上所有用户的注册名、真名、最后登录时间和使用 shell 类型等。但是 Finger 显示的信息非常容易被攻击者所截获，攻击者通过所获取的信息可以知道一个系统使用的频繁程度，这个系统是否有用户正在连线上网等信息。防火墙可以同样阻塞有关内部网络中的 DNS 信息，这样一台主机的域名和 IP 地址就不会被外界所了解。

（3）强化网络安全策略

通过以防火墙为中心的安全方案配置，能将所有安全软件（如口令、加密、身份认证、审计等）配置在防火墙上。与将网络安全问题分散到各个主机上相比，防火墙的集中安全管理更经济。各种安全措施的有机结合，更能有效地对网络安全性能起到加强作用。

（4）有效地审计和记录内、外部网络上的活动

防火墙可以对内、外部网络存取和访问进行监控审计。如果所有的访问都经过防火墙，那么，防火墙就能记录下这些访问并进行日志记录，同时也能提供网络使用情况的统计数据。当发生可疑动作时，防火墙能进行适当的报警，并提供网络是否受到监测和攻击的详细信息。这为网络管理人员提供非常重要的安全管理信息，可以使管理员清楚防火墙是否能够抵挡攻击者的探测和攻击，并且清楚防火墙的控制是否充足。

3. 防火墙的发展简史

防火墙是网络安全政策的有机组成部分。1983 年，第一代防火墙诞生，到今天，已经推出了第五代防火墙，见图 8-3。

第一代防火墙：1983 年第一代防火墙技术出现，它几乎是与路由器同时问世的。它采用了包过滤（packet filter）技术，可称为简单包过滤（静态包过滤）防火墙。

第二代、第三代防火墙：1989 年，贝尔实验室的 Dave Presotto 和 Howard Trickey 推出了第二代防火墙，即电路层防火墙，同时提出了第三代防火墙——应用层防火墙（代理防火墙）的初步结构。

第四代防火墙：1992 年，USC 信息科学院的 Bob Braden 开发出了基于动态包过滤

（dynamic packet filter）技术的第四代防火墙，后来演变为目前所说的状态监视（stateful inspection）技术。1994 年，以色列的 CheckPoint 公司开发出了第一个采用这种技术的商业化的产品。

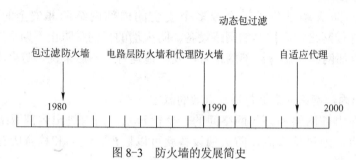

图 8-3　防火墙的发展简史

第五代防火墙：1998 年，NAI 公司推出了一种自适应代理（adaptive proxy）技术，并在其产品 Gauntlet Firewall for NT 中得以实现，给代理类型的防火墙赋予了全新的意义。

8.1.2　防火墙的实现技术与种类

当前所采用的防火墙技术共分为三类：包过滤防火墙、应用代理网关技术防火墙和状态检测防火墙。

1．包过滤防火墙

包过滤防火墙是防火墙中的初级产品，其技术依据是网络中的分包传输技术。我们知道，网络上的数据都是以"包"为单位进行传输的，数据被分割成为一定大小的数据包，而这些数据包中都会含有一些特定的头信息，如该包的源地址、目的地址、TCP/UDP 源端口和目的端口等。包过滤防火墙将对每个接收到的包做出允许或拒绝的决定（见图 8-4）。具体地讲，它针对每一个数据包的头，按照包过滤规则进行判定，与规则相匹配的包依据路由信息继续转发，否则就丢弃。包过滤是在 IP 层实现的，包过滤根据数据包的源 IP 地址、目的 IP 地址、协议类型（TCP 包、UDP 包、ICMP 包）、源端口、目的端口等报头信息及数据包传输方向等信息来判断是否允许数据包通过。

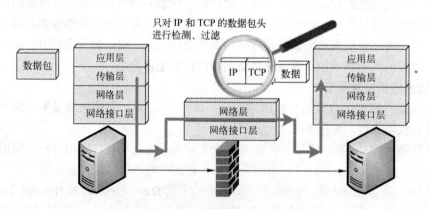

图 8-4　包过滤防火墙工作原理

数据包过滤一般使用过滤路由器来实现，这种路由器与普通的路由器有所不同。普通的路由器只检查数据包的目的地址，并选择一个达到目的地址的最佳路径。它处理数据包是以目的地址为基础的，存在两种可能性：若路由器可以找到一个路径到达目的地址则发送出去；若路由器不知道如何发送数据包则通知数据包的发送者"数据包不可达"。

过滤路由器会更加仔细地检查数据包，除了决定是否有到达目的地址的路径外，还要决定是否应该发送数据包。"应该与否"是由路由器的过滤策略决定并强行执行的。

包过滤技术的优点：

- ↳ 对于一个小型的、不太复杂的站点，包过滤比较容易实现；
- ↳ 因为过滤路由器工作在 IP 层和 TCP 层，所以处理包的速度比代理服务器快；
- ↳ 过滤路由器为用户提供了一种透明的服务，用户不需要改变客户端的任何应用程序，也不需要用户学习任何新的东西；
- ↳ 过滤路由器在价格上一般比代理服务器便宜。

包过滤技术的缺点如下：

- ↳ 在机器中配置包过滤规则比较困难；
- ↳ 对包过滤规则设置的测试也很麻烦；
- ↳ 许多产品的包过滤功能有这样或那样的局限性，要找一个比较完整的包过滤产品很难。

2．应用代理网关技术

应用代理网关技术通常也称作应用级防火墙。前面介绍的包过滤防火墙可以按照 IP 地址来禁止未授权者的访问，但是它不适合单位用来控制内部人员访问外界的网络，对于这样的企业来说应用代理网关防火墙是更好的选择。应用代理网关防火墙彻底隔断内网与外网的直接通信，内网用户对外网的访问变成防火墙对外网的访问，然后再由防火墙转发给内网用户。所有通信都必须经应用层代理软件转发，任何时候访问者都不能与服务器建立直接的 TCP 连接，应用层的协议会话过程必须符合代理的安全策略要求。

应用代理网关的优点是可以检查应用层、传输层和网络层的协议特征，对数据包的检测能力比较强，应用代理网关工作原理如图 8-5 所示。

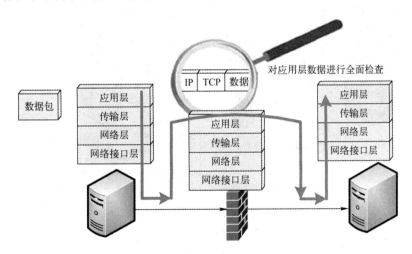

图 8-5　应用代理网关工作原理

缺点也非常突出，主要有以下几点。

- ↻ 难以配置。由于每个应用都要求单独的代理进程，这就要求网管能理解每项应用协议的弱点，并能合理地配置安全策略，由于配置烦琐，难以理解，容易出现配置失误，最终影响内网的安全防范能力。

- ↻ 处理速度非常慢。断掉所有的连接而由防火墙重新建立连接，理论上可以使应用代理防火墙具有极高的安全性，但是实际应用中并不可行。因为对于内网的每个 Web 访问请求，应用代理都需要开一个单独的代理进程，它要保护内网的 Web 服务器、数据库服务器、文件服务器、邮件服务器及业务程序等，就需要建立一个个的服务代理，以处理客户端的访问请求。这样，应用代理的处理延迟会很大，内网用户的正常 Web 访问不能及时得到响应。

3. 状态监视器技术

我们知道，Internet 上传输的数据都必须遵循 TCP/IP 协议，根据 TCP 协议，每个可靠连接的建立都需要经过"客户端同步请求""服务器应答""客户端再应答"三个阶段（三次握手），我们最常用到的 Web 浏览、文件下载、收发邮件等都要经过这三个阶段。这反映出数据包并不是独立的，而是前后之间有着密切的状态联系，基于这种状态变化，引出了状态检测技术。

状态检测防火墙摒弃了包过滤防火墙仅考查数据包的 IP 地址等几个参数，而不关心数据包连接状态变化的缺点，在防火墙的核心部分建立状态连接表，并将进出网络的数据当成一个个的会话，利用状态表跟踪每个会话状态。状态监测对每个包的检查不仅根据规则表，更考虑了数据包是否符合会话所处的状态，因此提供了完整的对传输层的控制能力，见图 8-6。

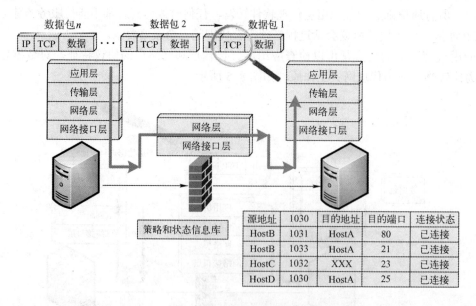

图 8-6　状态检测技术原理

前面介绍的应用代理网关技术防火墙的主要缺点是处理的流量有限，状态检测技术在提高安全防范能力的同时也改进了流量处理速度。状态监测技术采用了一系列优化技术，使防火墙性能大幅度提升，能应用在各类网络环境中，尤其是在一些规则复杂的大型网络上。

状态检测技术是防火墙近几年才应用的新技术，采用的是一种基于连接的状态检测机制，将属于同一连接的所有包作为一个整体的数据流看待，构成连接状态表，通过规则表与状态表的共同配合，对表中的各个连接状态因素加以识别。这里动态连接状态表中的记录可以是以前的通信信息，也可以是其他相关应用程序的信息，因此，与传统包过滤防火墙的静态过滤规则表相比，它具有更好的灵活性和安全性。

状态检测防火墙读取、分析和利用了全面的网络通信信息和状态，包括以下几个方面。

（1）通信信息

通信信息即所有 7 层协议的当前信息。防火墙的检测模块位于操作系统的内核，在网络层之下，能在数据包到达网关操作系统之前对它们进行分析。防火墙先在低协议层上检查数据包是否满足企业的安全策略，对于满足的数据包，再从更高协议层上进行分析。它验证数据的源地址、目的地址和端口号、协议类型、应用信息等多层的标志，因此具有更全面的安全性。

（2）通信状态

通信状态即以前的通信信息。对于简单的包过滤防火墙，如果要允许 FTP 通过，就必须做出让步而打开许多端口，这样就降低了安全性。状态检测防火墙在状态表中保存以前的通信信息，记录从受保护网络发出的数据包的状态信息，如 FTP 请求的服务器地址和端口、客户端地址和为满足此次 FTP 临时打开的端口，然后，防火墙根据该表内容对返回受保护网络的数据包进行分析判断，这样，只有响应受保护网络请求的数据包才被放行。这里，对于 UDP 或者 RPC 等无连接的协议，检测模块可创建虚会话信息用来进行跟踪。

（3）应用状态

应用状态即其他相关应用的信息。状态检测模块能够理解并学习各种协议和应用，以支持各种最新的应用，它比代理服务器支持的协议和应用要多得多；并且，它能从应用程序中收集状态信息存入状态表中，以供其他应用或协议做检测策略。例如，已经通过防火墙认证的用户可以通过防火墙访问其他授权的服务。

（4）操作信息

操作信息即在数据包中能执行逻辑或数学运算的信息。状态监测技术采用强大的面向对象的方法，基于通信信息、通信状态、应用状态等多方面因素，利用灵活的表达式形式，结合安全规则、应用识别知识、状态关联信息及通信数据，构造更复杂的、更灵活的、满足用户特定安全要求的策略规则。

8.1.3　防火墙的硬件体系结构

防火墙的硬件体系结构曾经历过通用 CPU 架构、ASIC 架构和网络处理器架构，它们各自的特点如下。

1．通用 CPU 架构

通用 CPU 架构最常见的是基于 Intel X86 架构的防火墙，在百兆防火墙中 Intel X86 架构的硬件以其高灵活性和扩展性一直受到防火墙厂商的青睐；由于采用了 PCI 总线接口，Intel X86 架构的硬件虽然理论上能达到 2 Gbps 的吞吐量甚至更高，但是在实际应用中，尤其是在小包情况下，远远达不到标称性能，通用 CPU 的处理能力也很有限。

2．ASIC 架构

ASIC（application specific integrated circuit，专用集成电路）技术是国外高端网络设备曾广泛采用的技术。由于采用了硬件转发模式、多总线技术、数据层面与控制层面分离等技术，ASIC 架构防火墙解决了带宽容量和性能不足的问题，稳定性也得到了很好的保证。

ASIC 技术的性能优势主要体现在网络层转发上，而对于需要强大计算能力的应用层数据的处理则不占优势，而且面对频繁变异的应用安全问题，其灵活性和扩展性也难以满足要求。

由于该技术有较高的技术和资金门槛，主要是国内外知名厂商在采用，国外主要代表厂商是 Netscreen，国内主要代表厂商为天融信、网御神州。

3．网络处理器架构

由于网络处理器所使用的微码编写有一定技术难度，难以实现产品的最优性能，因此网络处理器架构的防火墙产品难以占有大量的市场份额。

8.1.4　防火墙的体系结构

目前，防火墙的体系结构一般有以下几种：屏蔽路由器，双重宿主主机体系结构，被屏蔽主机体系结构，被屏蔽子网体系结构。

1．屏蔽路由器

屏蔽路由器（见图 8-7）可以由厂家专门生产的路由器实现，也可以用主机来实现。屏蔽路由器作为内外连接的唯一通道，要求所有的报文都必须在此通过检查。路由器上可以安装基于 IP 层的报文过滤软件，实现报文过滤功能。许多路由器本身带有报文过滤配置选项，但一般比较简单。单纯由屏蔽路由器构成的防火墙的危险包括路由器本身及路由器允许访问的主机。屏蔽路由器的缺点是一旦被攻陷后很难发现，而且不能识别不同的用户。

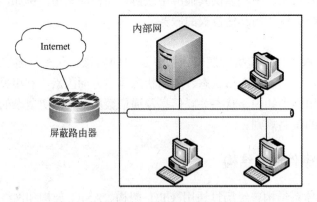

图 8-7　屏蔽路由器

2．双重宿主主机体系结构

双重宿主主机体系结构中用一台装有两块网卡的堡垒主机做防火墙，如图 8-8 所示。两块网卡各自与受保护网和外网相连。堡垒主机上运行着防火墙软件，可以转发应用程序，提供服务等。与屏蔽路由器相比，堡垒主机的系统软件可用于维护护系统日志、硬件拷贝日志或远程日志。但弱点也比较突出，一旦黑客侵入堡垒主机并使其只具有路由功能，任何网上用户均可以随便访问内部网。

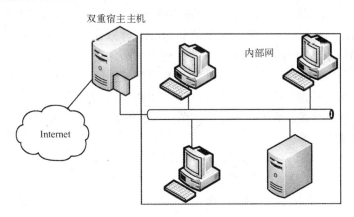

图 8-8 双重宿主主机体系结构

3．被屏蔽主机体系结构

双重宿主主机体系结构防火墙没有使用路由器。而被屏蔽主机体系结构防火墙则使用一个路由器把内部网络和外部网络隔离开，如图 8-9 所示。在这种体系结构中，主要的安全由数据包过滤提供（如数据包过滤用于防止人们绕过代理服务器直接相连）。

这种体系结构涉及堡垒主机。堡垒主机是 Internet 上的主机能连接到的唯一的内部网络上的系统。任何外部的系统要访问内部的系统或服务都必须先连接到这台主机。因此堡垒主机要保持更高等级的主机安全。

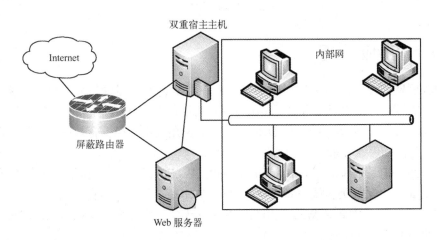

图 8-9 被屏蔽主机体系结构

数据包过滤容许堡垒主机开放可允许的连接（可允许的连接由用户站点的特殊的安全策略决定）到外部世界。

在屏蔽的路由器中数据包过滤配置可以按下列方案之一执行。

① 允许其他的内部主机为了某些服务开放到 Internet 上的主机连接（允许那些经由数据包过滤的服务）。

② 不允许来自内部主机的所有连接（强迫那些主机经由堡垒主机使用代理服务）。

4．被屏蔽子网体系结构

被屏蔽子网体系结构添加额外的安全层到被屏蔽主机体系结构，即通过添加周边网络更进一步地把内部网络和外部网络（通常是 Internet）隔离开。

被屏蔽子网体系结构的最简单的形式为：两个屏蔽路由器（每一个都连接到周边网），一个位于周边网与内部网络之间，另一个位于周边网与外部网络（通常为 Internet）之间。这样就在内部网络与外部网络之间形成了一个"隔离带"。为了侵入用这种体系结构构筑的内部网络，侵袭者必须通过两个路由器，如图 8-10 所示。即使侵袭者侵入堡垒主机，他将仍然必须通过内部路由器。

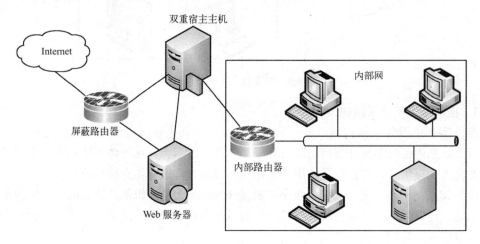

图 8-10　被屏蔽子网体系结构

8.2　Web 应用防火墙

随着互联网的发展。Web 应用越来越为丰富，Web 服务器以其强大的计算能力、处理性能及蕴含的较高价值逐渐成为主要攻击目标。为了保证 Web 应用安全，需要针对目前泛滥的 SQL 注入、跨站脚本、应用层 DDoS 等 Web 应用攻击，提供有效检测、防护，降低攻击的影响，从而确保业务系统的连续性和可用性。

Web 应用防护系统（web application firewall，WAF）代表了一类新兴的信息安全技术，用以解决诸如防火墙一类传统设备束手无策的 Web 应用安全问题。与传统防火墙不同，WAF 工作在应用层，因此对 Web 应用防护具有先天的技术优势。WAF 对来自 Web 应用程序客户端的各类请求进行内容检测和验证，确保其安全性与合法性，对非法的请求予以实时阻断，从而对各类网站站点进行有效防护。

1．WAF 的主要功能

Web 应用防火墙是集 Web 防护、网页保护、负载均衡、应用交付于一体的 Web 整体安全防护设备。它集成全新的安全理念与先进的创新架构，保障用户核心应用与业务持续稳定的运行。其主要功能包括：

① 事前主动防御，智能分析应用缺陷、屏蔽恶意请求、防范网页篡改、阻断应用攻

击，全方位保护 Web 应用；

② 事中智能响应，快速 P2DR 建模、模糊归纳和定位攻击，阻止风险扩散，将"安全事故"消除于萌芽之中；

③ 事后行为审计，深度挖掘访问行为、分析攻击数据、提升应用价值，为评估安全状况提供详尽报表；

④ 面向客户的应用加速，提升系统性能，改善 Web 访问体验；

⑤ 面向过程的应用控制，细化访问行为，强化应用服务能力；

⑥ 面向服务的负载均衡，扩展服务能力，适应业务规模的快速壮大。

2．WAF 使用的主要技术

Web 应用防火墙的技术如下。

（1）异常检测协议

Web 应用防火墙会对 HTTP 的请求进行异常检测，拒绝不符合 HTTP 标准的请求。并且，它也可以只允许 HTTP 协议的部分选项通过，从而减少攻击的影响范围。甚至，一些 Web 应用防火墙还可以严格限定 HTTP 协议中那些过于松散或未被完全制定的选项。

（2）增强的输入验证

增强输入验证，可以有效防止网页篡改、信息泄露、木马植入等恶意网络入侵行为，从而减小 Web 服务器被攻击的可能性。

（3）及时补丁

修补 Web 安全漏洞，是 Web 应用开发者最头痛的问题，没人会知道下一秒有什么样的漏洞出现，会为 Web 应用带来什么样的危害。现在 WAF 可以做这项工作了——只要有全面的漏洞信息，WAF 就能在不到一个小时的时间内屏蔽掉这个漏洞。当然，这种屏蔽掉漏洞的方式不是非常完美的，并且没有安装对应的补丁本身就是一种安全威胁，但在没有选择的情况下，任何保护措施都比没有保护措施更好。

（4）基于规则的保护和基于异常的保护

基于规则的保护可以提供各种 Web 应用的安全规则，WAF 生产商会维护这个规则库，并时时为其更新。用户可以按照这些规则对应用进行全方面检测。还有的产品可以基于合法应用数据建立模型，并以此为依据判断应用数据的异常。但这需要对用户企业的应用具有十分透彻的了解才可能做到，可现实中这是十分困难的一件事情。

（5）状态管理

WAF 能够判断用户是否是第一次访问并且将请求重定向到默认登录页面并且记录事件。通过检测用户的整个操作行为可以更容易识别攻击。状态管理模式还能检测出异常事件（比如登录失败），并且在达到极限值时进行处理。这对暴力攻击的识别和响应是十分有利的。

（6）其他防护技术

WAF 还有一些安全增强的功能，可以用来解决 Web 程序员过分信任输入数据带来的问题。比如：隐藏表单域保护、抗入侵规避技术、响应监视和信息泄露保护。

8.3 虚拟专用网 VPN

随着 Internet 和电子商务的蓬勃发展，越来越多的用户认识到，经济全球化的最佳途径是发展基于 Internet 的商务应用。随着商务活动的日益频繁，各企业开始允许其生意伙伴、供应商也能够访问本企业的局域网，从而大大简化信息交流的途径，增加信息交换速度。这些合作和联系是动态的，并依靠网络来维持和加强，于是各企业发现，这样的信息交流不但带来了网络的复杂性，还带来了管理和安全性的问题，因为 Internet 是一个全球性和开放性的、基于 TCP/IP 技术的、不可管理的国际互联网络，因此，基于 Internet 的商务活动就面临非善意的信息威胁和安全隐患。还有一类用户，随着自身的发展壮大与国际化，企业的分支机构不仅越来越多，而且相互间的网络基础设施互不兼容也更为普遍。因此，用户的信息技术部门在连接分支机构方面也感到日益棘手。用户的需求正是虚拟专用网技术诞生的直接原因。移动用户或远程用户通过拨号方式远程访问公司或企业内部专用网络的时候，采用传统的远程访问方式不但通信费用比较高，而且在与内部专用网络中的计算机进行数据传输时，不能保证通信的安全性。虚拟专用网 VPN 就是为了避免以上的问题的技术。

8.3.1　VPN 概述

1．什么是 VPN

VPN 的英文全称是 "virtual private network"，翻译过来就是 "虚拟专用网络"。顾名思义，虚拟专用网不是真的专用网络，但却能够实现专用网络的功能。虚拟专用网指的是依靠 ISP（Internet 服务提供商）和其他 NSP（网络服务提供商），在公用网络中建立专用的数据通信网络的技术。在虚拟专用网中，任意两个结点之间的连接并没有传统专用网所需的端到端的物理链路，而是利用某种公众网的资源动态组成的。IETF 草案理解基于 IP 的 VPN 为："使用 IP 机制仿真出一个私有的广域网"，是通过私有的隧道技术在公共数据网络上仿真一条点对点的专线技术。所谓虚拟，是指用户不再需要拥有实际的长途数据线路，而是使用 Internet 公众数据网络的长途数据线路。所谓专用网络，是指用户可以为自己制定一个最符合自己需求的网络。

VPN 是对企业内部网的扩展。它可以帮助远程用户、公司分支机构、商业伙伴及供应商与公司的内部网建立可信的安全连接，并保证数据的安全传输，如图 8-11 所示。VPN 的核心就是利用公共网络建立虚拟私有网，为用户提供一条安全的数据传输通道。

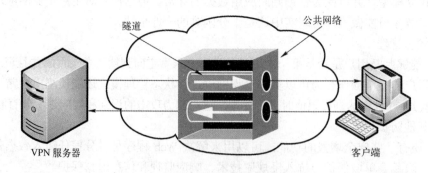

图 8-11　虚拟专用网示意图

2．VPN 的特点

（1）安全保障

虽然实现 VPN 的技术和方式很多，但所有的 VPN 均应保证通过公用网络平台传输数据的专用性和安全性。在非面向连接的公用 IP 网络上建立一个逻辑的、点对点的连接，称为建立一个隧道，可以利用加密技术对经过隧道传输的数据进行加密，以保证数据仅被指定的发送者和接收者了解，从而保证数据的私有性和安全性。在安全性方面，由于 VPN 直接构建在公用网上，实现起来简单、方便、灵活，但同时其安全问题也更为突出。企业必须确保其 VPN 上传送的数据不被攻击者窥视和篡改，并且要防止非法用户对网络资源或私有信息的访问。Extranet VPN 将企业网扩展到合作伙伴和客户，对安全性提出了更高的要求。

（2）服务质量保证

VPN 网应当为企业数据提供不同等级的服务质量保证（QoS）。不同的用户和业务对服务质量保证的要求差别较大。例如，对于移动办公用户，提供广泛的连接和覆盖性是保证 VPN 服务的一个主要因素；而对于拥有众多分支机构的专线 VPN 网络，交互式的内部企业网应用则要求网络能提供良好的稳定性；对于其他应用（如视频等）则对网络提出了更明确的要求，如网络时延及误码率等。所有以上网络应用均要求网络根据需要提供不同等级的服务质量。在网络优化方面，构建 VPN 的另一重要需求是充分有效地利用有限的广域网资源，为重要数据提供可靠的带宽。广域网流量的不确定性使其带宽的利用率很低，在流量高峰时引起网络阻塞，产生网络瓶颈，使实时性要求高的数据得不到及时发送；而在流量低谷时又造成大量的网络带宽空闲。QoS 通过流量预测与流量控制策略，可以按照优先级分配带宽资源，实现带宽管理，使得各类数据能够被合理地先后发送，并预防阻塞的发生。

（3）可扩充性和灵活性

VPN 必须能够支持通过 Intranet 和 Extranet 的任何类型的数据流，方便增加新的结点，支持多种类型的传输媒介，可以满足同时传输语音、图像和数据等新应用对高质量传输及带宽增加的需求。

（4）可管理性

从用户角度和运营商角度应可方便地进行管理、维护。在 VPN 管理方面，VPN 要求企业将其网络管理功能从局域网无缝地延伸到公用网，甚至是客户和合作伙伴。虽然可以将一些次要的网络管理任务交给服务提供商去完成，企业自己仍需要完成许多网络管理任务。所以，一个完善的 VPN 管理系统是必不可少的。VPN 管理的目标为：减小网络风险、具有高扩展性、经济性、高可靠性等优点。事实上，VPN 管理主要包括安全管理、设备管理。

8.3.2　VPN 的实现技术

VPN 实现的两个关键技术是隧道技术和加密技术，同时 QoS 技术对 VPN 的实现也至关重要。

1. 隧道技术

隧道技术是 VPN 的基本技术，类似于点对点连接技术，它在公用网建立一条数据通道（隧道），让数据包通过这条隧道传输。隧道技术简单地说，就是原始报文在 A 地进行封装，到达 B 地后把封装去掉还原成原始报文，这样就形成了一条由 A 到 B 的通信隧道（见图 8-12）。

隧道是由隧道协议形成的，分为第二、三层隧道协议，两者的本质区别在于用户的数据包是被封装到哪一层的数据包在隧道里传输。第二层隧道协议是先把各种网络协议封装到

PPP 中，再把整个数据包装入隧道协议中。这种双层封装方法形成的数据包靠第二层协议进行传输。第二层隧道协议有 PPTP、L2F、L2TP 等。第三层隧道协议是把各种网络协议直接装入隧道协议中，形成的数据包依靠第三层协议进行传输。第三层隧道协议有 VTP、IP Sec、GRE 等。

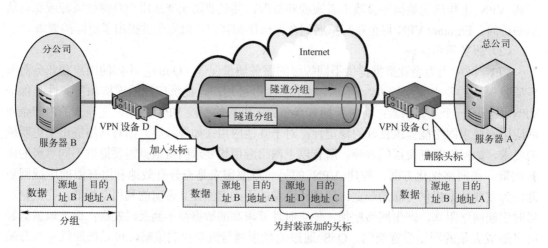

图 8-12　隧道技术

2. 常用隧道协议简介

（1）PPTP（point to point tunneling protocol 点对点隧道协议）

PPTP 是 VPN 的基础。PPTP 的封装在数据链路层产生，PPTP 采用扩展的 GRE（generic routing encapsulation）头对 PPP/SLIP 报进行封装。PPTP 是一种网络协议，其通过跨越基于 TCP/IP 的数据网络创建 VPN 实现了从远程客户端到专用企业服务器之间数据的安全传输。PPTP 支持通过公共网络（例如 Internet）建立按需的、多协议的、虚拟专用网络。PPTP 允许加密 IP 通信，然后在要跨越公司 IP 网络或公共 IP 网络（如 Internet）发送的 IP 头中对其进行封装。PPTP 连接只要求通过基于 PPP 的身份验证协议进行用户级身份验证。

（2）L2F（Layer 2 Forwarding）

L2F 可在多种介质（如 ATM、帧中继、IP 网）上建立多协议的安全虚拟专用网，它将链路层的协议（如 PPP 等）封装起来传送。

因此网络的链路层完全独立于用户的链路层协议。

（3）L2TP（Layer 2 Tunneling Protocol）

L2TP 协议是一种工业标准的 Internet 隧道协议，功能大致与 PPTP 协议类似（见图 8-13），比如同样可以对网络数据流进行加密等。不过也有不同之处，比如 PPTP 要求网络为 IP 网络，L2TP 要求面向数据包的点对点连接；PPTP 使用单一隧道，L2TP 使用多隧道；L2TP 提供包头压缩、隧道验证，而 PPTP 不支持。由 IETF 是融合 PPTP 与 L2F 而形成的，它结合了 PPTP 和 L2F 协议的优点，几乎能实现 PPTP 和 L2F 协议能实现的所有服务，并且更加强大、灵活。L2TP 允许加密 IP 通信，然后在任何支持点对点数据包交付的媒体上（如 IP）进行发送。L2TP 实现使用 Internet 协议安全（IP Sec）加密来保护从 VPN 客户端到

VPN 服务器之间的数据流。IP Sec 隧道模式允许加密 IP 数据包，然后在要跨越公司 IP 网络或公共 IP 网络（如 Internet）发送的 IP 头中对其进行封装。

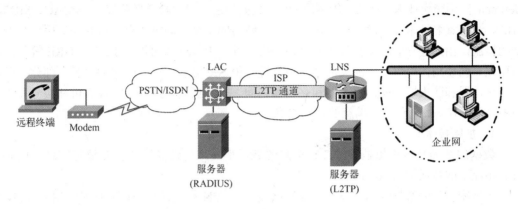

图 8-13　L2TP 协议

（4）IP Sec

在 IP 层提供通信安全的一套协议簇，包括封装的安全负载 ESP 和认证报头 AH、ISAKMP，它对所有链路层上的数据提供安全保护和透明服务。AH 用于通信双方验证数据在传输过程中是否被更改并能验证发送方的身份，实现访问控制、数据完整性、数据源的认证功能。ISAKMP 用于通信双方协商加密密钥和加密算法，并且用户的公钥和私钥是由可信任的第三方产生。IP Sec 上的 L2TP 连接不仅需要相同的用户级身份验证，而且还需要使用计算机凭据进行计算机级身份验证。

（5）GRE

GRE 主要用于源路由和终路由之间所形成的隧道。例如，将通过隧道的报文用一个新的报头（GRE 报头）进行封装然后带着隧道终点地址放入隧道中。当报文到达隧道终点时，GRE 报头被剥掉，继续原始报文的目的地址进行寻址。GRE 隧道通常是点对点的，即隧道只有一个源地址和一个目的地址。然而也有一些实现允许点对多点，即一个源地址对多个目的地址。

3．VPN 协议比较

PPTP、L2F、L2TP 和 VTP、IP Sec、GRE，它们各自有自己的优点，但对于隧道的加密和数据加密问题都密钥最佳的解决方案。同时，无论何种隧道技术，一旦进行加密或验证，都会影响系统的性能。

与 PPTP 相比，L2TP 能够提供差错和流量控制。两者共有的缺点：其一，认证的只是终端的实体，密钥对信息流（通道中的数据包）进行认证，对于地址欺骗、非法复制包难以防范；其二，由于缺乏认证信息，如果向通道发送一些错误信息，则可能导致服务的关闭，这也成为常用的攻击手段。

GRE 只提供了数据包的封装，它并没有使用加密功能来防止网络侦听和攻击。在实际环境中它常和 IP Sec 一起使用，由 IP Sec 提供用户数据的加密，从而给用户提供更好的安全性。

PPTP 和 L2TP 都使用 PPP 协议对数据进行封装，然后添加附加包头用于数据在互联网络上的传输。尽管两个协议非常相似，但是仍存在以下几方面的不同。

IP Sec 协议集合了多种安全技术，建立了一个安全可靠的隧道。这些技术包括 Diffie-Hellman 密钥交换技术、DES、RC4、IDEA 数据加密技术、哈希散列算法 HMAC、MD5、SHA、数字签名技术等。IP Sec 不仅可以保证隧道的安全，同时还有一整套保证用户数据安全的措施，由此建立的隧道更具有安全性和可靠性。IP Sec 还可以和 L2TP、GRE 等其他隧道协议一同使用，提供更大的灵活性和可靠性。IP Sec 可以运行于网络的任意一部分，可以用在路由器和防火墙之间、路由器和路由器之间、PC 机和服务器之间、PC 机和拨号和访问设备之间。IP Sec 是目前较满意的解决方案。

4．加密技术

数据加密的基本思想是通过变换信息的表示形式来伪装需要保护的敏感信息，使非受权者不能了解被保护信息的内容。

加解密技术是数据通信中一项较成熟的技术，VPN 可直接利用现有技术。用于 VPN 上的加密技术由 IPSec 的 ESP（encapsulationg security payload）实现。主要是发送者在发送数据之前对数据加密，当数据到达接收者时由接收者对数据进行解密的处理过程。算法种类主要有：对称加密（单钥加密）算法、不对称加密（公钥加密）算法等，如 DES、IDEA、RSA。加密技术可以在协议栈的任意层进行，可以对数据或报头进行加密。

5．QoS 技术

QoS 是网络的一种安全机制，是用来解决网络延迟和阻塞等问题的一种技术。

通过隧道技术和加密技术，已经能够建立起一个具有安全性、互操作性的 VPN。但是该 VPN 性能上不稳定，管理上不能满足企业的要求，这就要加入 QoS 技术。QoS 应该在主机网络中实现，即 VPN 所建立的隧道这一段，这样才能建立一条性能符合用户要求的隧道。

不同的应用对网络通信有不同的要求，这些要求可用如下参数给予体现。

① 带宽：网络提供给用户的传输率。

② 反应时间：用户所能容忍的数据报传递延时。

③ 抖动：延时的变化。

④ 丢失率：数据包丢失的比率。

网络资源是有限的，有时用户要求的网络资源得不到满足，可通过 QoS 机制对用户的网络资源分配进行控制以满足应用的需求。

8.3.3 VPN 类型

针对不同的用户要求，VPN 有三种解决方案，包括：远程访问虚拟网（Access VPN）、企业内部虚拟网（Intranet VPN）和企业扩展虚拟网（Extranet VPN），这三种类型的 VPN 分别与传统的远程访问网络、企业内部的 Intranet，以及企业网和相关合作伙伴的企业网所构成的 Extranet（外部扩展）相对应。

（1）远程访问虚拟专网（Access VPN）

Access VPN 与传统的远程访问网络相对应，它通过一个拥有与专用网络相同策略的共享基础设施，提供对企业内部网或外部网的远程访问，见图 8-14。在 Access VPN 方式下，远端用户不再像传统的远程网络访问那样通过长途电话拨号到公司远程接入端口，而是拨号接入到远端用户本地的 ISP，采用 VPN 技术在公众网上建立一个虚拟的通道。Access VPN 能使用户随时随地以其所需的方式访问企业资源。Access VPN 包括模拟拨号、综合业务数字网（integrated services digital network，ISDN）、数字用户线路（digital subscriber line，xDSL）、移动 IP 和电缆技术，能够安全地连接移动用户、远程工作者或分支机构。

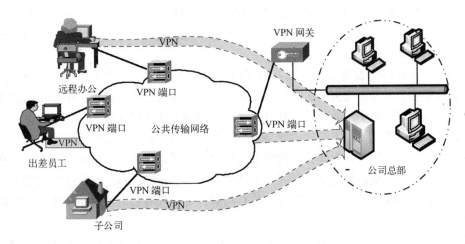

图 8-14　远程访问虚拟专网

（2）企业内部虚拟专网（Intranet VPN）

越来越多的企业需要在全国乃至世界范围内建立各种办事机构、分公司、研究所等，各个分公司之间传统的网络连接方式一般是租用专线。显然，在分公司增多、业务开展越来越广泛时，网络结构趋于复杂，费用昂贵。利用 VPN 特性可以在 Internet 上组建世界范围内的 Intranet VPN。利用 Internet 的线路保证网络的互连性，而利用隧道、加密等 VPN 特性可以保证信息在整个 Intranet VPN 上安全传输。Intranet VPN 通过一个使用专用连接的共享基础设施，连接企业总部、远程办事处和分支机构。企业拥有与专用网络的相同政策，包括安全、服务质量（QoS）、可管理性和可靠性。

（3）扩展的企业内部虚拟专网（Extranet VPN）

信息时代的到来使各个企业越来越重视各种信息的处理，希望可以提供给客户最快捷方便的信息服务，通过各种方式了解客户的需要；同时各个企业之间的合作关系也越来越多，信息交换日益频繁。Internet 为这样的一种发展趋势提供了良好的基础，而如何利用 Internet 进行有效的信息管理，是企业发展中不可避免的一个关键问题。利用 VPN 技术可以组建安全的 Extranet VPN，既可以向客户、合作伙伴提供有效的信息服务，又可以保证自身的内部网络的安全。其在网络组织方式上与 Intranet VPN 没有本质的区别，但由于是不同公司的网络相互通信，所以要更多地考虑设备的互连、地址的协调、安全策略的协商等问题。

8.4　入侵检测系统

但随着网络技术的发展，网络结构日趋复杂，传统防火墙在使用的过程中暴露出以下的不足和弱点：

　　① 入侵者可以伪造数据绕过防火墙或者找到防火墙中可能敞开的后门，就像恐怖分子可以伪造身份证件上飞机一样；

　　② 防火墙不能防止来自网络内部的袭击，通过调查发现，将近 65%的攻击都来自网络内部，对于那些对企业心怀不满或假意卧底的员工来说，防火墙形同虚设，就像恐怖分子可以收买机场人员一样；

　　③ 传统防火墙不具备对应用层协议的检查过滤功能，无法对 Web 攻击、FTP 攻击等做出响应，防火墙对于病毒蠕虫的侵袭也是束手无策，就像金属探测器检测不出来非金属的攻击武器、易燃易爆品一样。

　　正因如此，在网络世界里，人们开始了对入侵检测技术的研究及开发。入侵检测技术很像在机场安装了多台摄像头，实时观察旅客的行为，以发现安全问题。IDS 可以弥补防火墙的不足，为网络提供实时的监控，并且在发现入侵的初期采取相应的防护手段。

　　IDS 从专业上讲就是依照一定的安全策略，对网络、系统的运行状况进行监视，尽可能发现各种攻击企图、攻击行为或者攻击结果，以保证网络系统资源的机密性、完整性和可用性。做一个形象的比喻：假如防火墙是一幢大楼的门锁，那么 IDS 就是这幢大楼里的监视系统。一旦小偷爬窗进入大楼，或内部人员有越界行为，只有实时监视系统才能发现情况并发出警告。

　　在本质上，入侵检测系统是一个典型的"窥探设备"。它不跨接多个物理网段（通常只有一个监听端口），无须转发任何流量，而只需要在网络上被动的、无声息地收集它所关心的报文即可。对收集来的报文，入侵检测系统提取相应的流量统计特征值，并利用内置的入侵知识库，与这些流量特征进行智能分析比较匹配。根据预设的阈值，匹配耦合度较高的报文流量将被认为是进攻，入侵检测系统将根据相应的配置进行报警。

8.4.1　基本概念

　　入侵检测是指"通过对行为、安全日志或审计数据或其他网络上可以获得的信息进行操作，检测到对系统的闯入或闯入的企图"。入侵检测技术是动态安全技术的最核心技术之一。传统的操作系统加固技术和防火墙隔离技术等都是静态安全防御技术，对网络环境下日新月异的攻击手段缺乏主动的反应。入侵检测技术通过对入侵行为的过程与特征的研究，使安全系统对入侵事件和入侵过程能做出实时响应。利用防火墙，通常能够在内外网之间提供安全的网络保护，降低了网络安全风险。但是，仅仅使用防火墙网络安全还远远不够，例如，入侵者可能寻找防火墙背后可能敞开的后门，入侵者可能就在防火墙内；由于性能的限制，防火墙通常不能提供实时的入侵检测能力。

　　入侵检测是防火墙的合理补充，帮助系统对付网络攻击，扩展了系统管理员的安全管理能力（包括安全审计、监视、进攻识别和响应），提高了信息安全基础结构的完整性。入侵检测被认为是防火墙之后的第二道安全闸门，提供对内部攻击、外部攻击和误操作的实时保护。这些都通过它执行以下任务来实现：

　　① 监视、分析用户及系统活动，查找非法用户和合法用户的越权操作；

　　② 系统构造和弱点的审计，并提示管理员修补漏洞；

　　③ 识别反映已知进攻的活动模式并向相关人士报警，能够实时对检测到的入侵行为进

行反应；

　　④ 异常行为模式的统计分析，发现入侵行为的规律；

　　⑤ 评估重要系统和数据文件的完整性，如计算和比较文件系统的校验和；

　　⑥ 操作系统的审计跟踪管理，并识别用户违反安全策略的行为。

　　对一个成功的入侵检测系统来讲，它应该能够使系统管理员时刻了解网络系统（包括程序、文件和硬件设备等）的任何变更；为网络安全策略的制订提供指南；管理、配置应该简单，从而使非专业人员非常容易地获得网络安全；入侵检测的规模应根据网络威胁、系统构造和安全需求的改变而改变；入侵检测系统在发现入侵后，应及时做出响应，包括切断网络连接、记录事件和报警等。

　　在本质上，入侵检测系统是一个典型的"窥探设备"。它不跨接多个物理网段（通常只有一个监听端口），无须转发任何流量，而只需要在网络上被动的、无声息地收集它所关心的报文即可。对收集来的报文，入侵检测系统提取相应的流量统计特征值，并利用内置的入侵知识库，与这些流量特征进行智能分析比较匹配。根据预设的阈值，匹配耦合度较高的报文流量将被认为是进攻，入侵检测系统将根据相应的配置进行报警或进行有限度的反击。典型的入侵检测系统如图 8-15 所示。

图 8-15　入侵检测系统

8.4.2　入侵检测系统的类型

　　入侵检测系统以信息来源的不同和检测方法的差异分为几类。根据信息来源可分为基于主机的入侵检测系统和基于网络的入侵检测系统，根据检测方法又可分为异常入侵检测和误用入侵检测系统两种类型。

　　1．按信息来源分类

　　（1）基于主机的入侵检测系统

　　基于主机的入侵检测系统（host-based intrusion detection system，HIDS）通常是安装在被重点检测的主机之上（见图 8-16），主要是对该主机的网络实时连接和系统审计日志进行智能分析和判断。如果其中主体活动十分可疑（特征或违反统计规律），入侵检测系统就会采取相应措施。

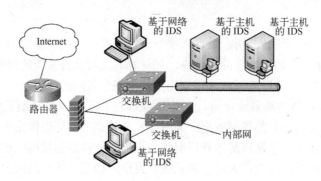

图 8-16 基于主机的入侵检测系统

基于主机的入侵检测系统使用验证记录，并发展了精密的可迅速做出响应的检测技术。通常，基于主机的入侵检测系统可监测系统、事件和 Windows NT 下的安全记录及 UNIX 环境下的系统记录。当有文件发生变化时，入侵检测系统将新的记录条目与攻击标记相比较，看它们是否匹配。如果匹配，系统就会向管理员报警并向别的目标报告，以采取措施。

基于主机的入侵检测系统在发展过程中融入了其他技术。对关键系统文件和可执行文件的入侵检测的一个常用方法，是通过定期检查校验和来进行的，以便发现意外的变化。反应的快慢与轮询间隔的频率大小有直接的关系。最后，许多系统都是监听端口的活动，并在特定端口被访问时向管理员报警。这类检测方法将基于网络的入侵检测的基本方法融入基于主机的检测环境中。

相对于后面介绍的基于网络的入侵检测系统，基于主机的入侵检测有以下优点。

- ↻ 性价比高。在主机数量较少的情况下，这种方法的性价比可能更高。
- ↻ 更加细致。这种方法可以很容易地监测一些活动，如对敏感文件、目录、程序或端口的存取，而这些活动很难在基于协议的线索中被发现。
- ↻ 视野集中。一旦入侵者得到了一个主机的用户名和口令，基于主机的代理是最有可能区分正常的活动和非法活动的。
- ↻ 易于用户剪裁。每一个主机有其自己的代理，用户剪裁更方便。
- ↻ 较少的主机。基于主机的方法不需要增加专门的硬件平台。
- ↻ 对网络流量不敏感。用代理的方式一般不会因为网络流量的增加而丢失对网络行为的监视。

当然，基于主机入侵检测系统也有以下局限性。

- ↻ 操作系统局限。不像基于网络的入侵检测系统，厂家可以自己定制一个足够安全的操作系统来保证基于网络的入侵检测系统自身的安全，基于主机的入侵检测系统的安全性受其所在主机操作系统的安全性限制。
- ↻ 系统日志限制。基于主机的入侵检测系统会通过监测系统日志来发现可疑的行为，但有些程序的系统日志并不详细，或者没有日志。有些入侵行为本身不会被具有系统日志的程序记录下来。
- ↻ 被修改过的系统核心能够骗过文件检查。如果入侵者修改系统核心，则可以骗过基于文件一致性检查的工具。

（2）基于网络的入侵检测系统

基于网络的入侵检测系统（network intrusion detection system，NIDS）放置在比较重要的网段内，不停地监视网段中的各种数据包，对每一个数据包进行特征分析。如果数据包与系统内置的某些规则吻合，入侵检测系统就会发出警报甚至直接切断网络连接。目前，大部分入侵检测系统是基于网络的。

下面展示一个典型基于网络的入侵检测系统。一个传感器被安装在防火墙外以探查来自 Internet 的攻击，另一个传感器安装在网络内部以探查那些已穿透防火墙的入侵，以及内部网络入侵和威胁。

基于网络的入侵检测系统（见图 8-17）使用原始网络包作为数据源。它通常利用一个运行在随机模式下的网络适配器来实时监视并分析通过网络的所有通信业务。它的攻击辨识模块通常使用四种常用技术来识别攻击标志：模式、表达式或字节匹配；频率或穿越阈值；低级事件的相关性；统计学意义上的非常现象检测。

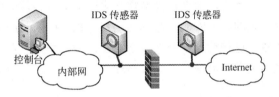

图 8-17 基于网络的入侵检测系统

一旦检测到了攻击行为，入侵检测系统的响应模块就提供多种选项以通知、报警并对攻击采取相应的反应。反应因系统而异，但通常都包括通知管理员、中断连接并且/或为法庭分析和证据收集而做的会话记录。

基于网络的入侵检测系统已经广泛成为安全策略的实施中的重要组件，它有许多仅靠基于主机的入侵检测法无法提供的优点。

（3）基于主机和基于网络的入侵检测系统的比较

基于主机和基于网络的入侵检测系统的比较见表 8-1。

表 8-1 基于主机和基于网络的入侵检测系统的比较

基于网络的入侵检测系统	基于主机的入侵检测系统
可以检测到基于主机所忽略的攻击：DoS，BackOfice	可以检测到基于网络所忽略的攻击：来自关键服务器键盘的攻击（内部，不经过网络）等攻击者
攻击者更难抹去攻击的证据	可以事后比较成功和失败的攻击
实时检测并响应	接近实时检测和响应
检测不成功的攻击和恶意企图	监测系统特定的行为
独立于操作系统	很好地适应加密和交换网络环境
可以监测活动的会话情况	不能
给出网络原始数据的日志	不能
终止 TCP 连接	终止用户的登录
重新设置防火墙	封杀用户账号
探针可以分布在整个网络并向管理站报告	只能保护配置引擎或代理的主机

基于网络的入侵检测系统和基于主机的入侵检测系统都有不足之处，单纯使用一类系统会造成主动防御体系不全面。但是，它们可以互补。如果这两类系统能够无缝结合起来部署在网络内，则会构架成一套完整立体的主动防御体系，综合了基于网络和基于主机两种结构特点的入侵检测系统，既可发现网络中的攻击信息，也可从系统日志中发现异常情况。

2．按分析方法分类

（1）异常检测模型

异常检测模型（anomaly detection）用于检测与可接受行为之间的偏差。如果可以定义每项可接受的行为，那么每项不可接受的行为就应该是入侵。首先总结正常操作应该具有的特征（用户轮廓），当用户活动与正常行为有重大偏离时即被认为是入侵。这种检测模型漏报率低，但误报率高。因为不需要对每种入侵行为进行定义，所以能有效检测未知的入侵。

（2）误用检测模型

误用检测模型（misuse detection）用于检测与已知的不可接受行为之间的匹配程度。如果可以定义所有的不可接受行为，那么每种能够与之匹配的行为都会引起警报。收集非正常操作的行为特征，建立相关的特征库，当监测的用户或系统行为与库中的记录相匹配时，系统就认为这种行为是入侵。这种检测模型误报率低，但漏报率高。对于已知的攻击，它可以详细、准确地报告出攻击类型，但是对未知攻击却效果有限，而且特征库必须不断更新。

8.4.3　入侵检测系统的工作流程及部署

1．入侵检测系统的工作流程

入侵检测系统的工作流程大致分为以下几个步骤。

（1）信息收集

信息收集的内容包括网络流量的内容、用户连接活动的状态和行为。入侵检测利用的信息一般来自以下 4 个方面：

① 系统日志；

② 目录以及文件中的异常改变；

③ 程序执行中的异常行为；

④ 物理形式的入侵信息。

（2）数据分析

对上述收集到的信息，一般用 4 种方法进行分析：模式匹配、统计分析、智能化入侵检测和完整性分析。其中前三种方法用于实时的入侵检测，而完整性分析则用于事后分析。具体的技术形式如下所述。

模式匹配就是将收集到的信息与已知的网络入侵和系统误用模式数据库进行比较，从而发现违背安全策略的行为。该过程可以很简单（如通过字符串匹配以寻找一个简单的条目或指令），也可以很复杂（如利用正规的数学表达式来表示安全状态的变化）。一般来讲，一种进攻模式可以用一个过程（如执行一条指令）或一个输出（如获得权限）来表示。该方法的一大优点是只需收集相关的数据集合，显著减少系统负担，且技术已相当成熟。它与病毒防火墙采用的方法一样，检测准确率和效率都相当高。但是，该方法存在的弱点是需要不断升级以对付不断出现的黑客攻击手法，不能检测到从未出现过的黑客攻击手段。

统计分析方法首先给信息对象（如用户、连接、文件、目录和设备等）创建一个统计描述，统计正常使用时的一些测量属性（如访问次数、操作失败次数和延时等）。测量属性的平均值将被用来与网络、系统的行为进行比较，任何观察值在正常偏差之外时，就认为有入侵发生。例如，统计分析可能标识一个不正常行为，因为它发现一个在晚八点至早六点不登录的账户却在凌晨两点试图登录。其优点是可检测到未知的入侵和更为复杂的入侵，缺点是误报、漏报率高，且不适应用户正常行为的突然改变。具体的统计分析方法如基于专家系统的、基于模型推理的和基于神经网络的分析方法，目前正处于研究热点和迅速发展之中。

智能化入侵检测是指使用智能化的方法与手段来进行入侵检测。所谓的智能化方法，现阶段常用的有神经网络、遗传算法、模糊技术、免疫原理等方法，这些方法常用于入侵特征的辨识与泛化。利用专家系统的思想来构建入侵检测系统也是常用的方法之一。特别是具有自学习能力的专家系统，实现了知识库的不断更新与扩展，使设计的入侵检测系统的防范能力不断增强，应具有更广泛的应用前景。应用智能体的概念来进行入侵检测的尝试也已有报道。较为一致的解决方案应为高效常规意义下的入侵检测系统与具有智能检测功能的检测软件或模块的结合使用。

完整性分析主要关注某个文件或对象是否被更改，包括文件和目录的内容及属性，它在发现被更改的、被特洛伊化的应用程序方面特别有效。完整性分析利用强有力的加密机制（称为消息摘要函数，如 MD5），能识别极其微小的变化。其优点是不管模式匹配方法和统计分析方法能否发现入侵，只要是成功的攻击导致了文件或其他对象的任何改变，它都能够发现。缺点是一般以批处理方式实现，不用于实时响应。这种方式主要应用于基于主机的入侵检测系统（HIDS）。

（3）实时记录、报警或有限度反击

IDS 根本的任务是要对入侵行为做出适当的反应，这些反应包括详细日志记录、实时报警和有限度的反击攻击源。

2．入侵检测系统的部署

一个网络型的入侵检测系统由入侵检测控制台（console）及探测器（sensor）组成（见图 8-18）。

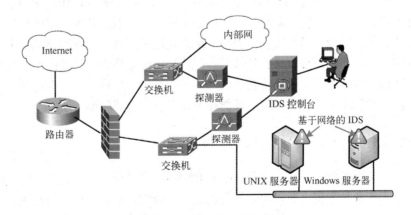

图 8-18　入侵检测系统一般部署结构

控制台、探测器可以是现成的硬件产品，也可以是软件产品，安装在服务器上

（UNIX，NT 系统都可以）。

　　探测器负责侦听网络中的所有数据包，控制台负责搜集探测器汇报上来的侦听数据并与数据库中的特征库进行匹配，然后产生报警日志等提示信息。

　　在企业中，入侵检测系统只需监视特定的重要区域的网络行为即可。最简单的探测器部署位置是监听防火墙 DMZ 口连接的重要服务器区域，以及监听防火墙的内口，这样既可以对入侵服务器区域的网络行为进行监视，也可以监视穿透防火墙的一些网络行为。这样就构成了 1 个控制台 2 个探测器的经典入侵检测网络结构。

　　由于入侵检测系统在网络中扮演的是一个"聆听者"的角色，并不需要和网络中的其他设备发生通信，因此出于安全性的考虑，把入侵检测的控制台和探测器组建成专用网络。入侵检测系统专用网络即以带外（out of band）管理入侵检测系统引擎。这样能够更好地突出入侵检测系统的自身安全，也防止被监测的网络发生问题，例如在像 Nimda，CodeRed 病毒造成的网络阻塞情况发生时，入侵检测系统管理控制中心及时地发现问题，让系统管理员及时了解网络情况，重新配置网络引擎，解决网络发生的问题。

　　入侵检测系统应当挂接在所有所关注流量都必须流经的链路上。在这里，"所关注流量"指的是来自高危网络区域的访问流量和需要进行统计、监视的网络报文。入侵检测系统在交换式网络中的位置一般尽可能靠近攻击源，尽可能靠近受保护资源。

　　这些位置通常是在服务器区域的交换机上、Internet 接入路由器之后的第一台交换机上、重点保护网段的局域网交换机上。

8.5　入侵防御系统

　　防火墙是实施访问控制策略的系统，对流经的网络流量进行检查，拦截不符合安全策略的数据包。入侵检测技术通过监视网络或系统资源，寻找违反安全策略的行为或攻击迹象，并发出报警。传统的防火墙旨在拒绝那些明显可疑的网络流量，但仍然允许某些流量通过，因此防火墙对于很多入侵攻击仍然无计可施。绝大多数入侵检测系统都是被动的，而不是主动的。也就是说，在攻击实际发生之前，它们往往无法预先发出警报。IPS 是英文"intrusion prevention system"的缩写，中文的意思是入侵防御系统。IPS 倾向于提供主动防护，其设计宗旨是预先对入侵活动和攻击性网络流量进行拦截，避免其造成损失，而不是简单地在恶意流量传送时或传送后才发出警报。IPS 是通过直接嵌入到网络流量中实现这一功能的，即通过一个网络端口接收来自外部系统的流量，经过检查确认其中不包含异常活动或可疑内容后，再通过另外一个端口将它传送到内部系统中。这样一来，有问题的数据包，以及所有来自同一数据流的后续数据包，都能在 IPS 设备中被清除掉。

8.5.1　IPS 工作原理

　　IPS 实现实时检查和阻止入侵的原理在于 IPS 拥有数目众多的过滤器，能够防止各种攻击。当新的攻击手段被发现之后，IPS 就会创建一个新的过滤器。IPS 数据包处理引擎是专业化定制的集成电路，可以深层检查数据包的内容。如果有攻击者利用 Layer 2（介质访问控制）至 Layer 7（应用）的漏洞发起攻击，IPS 能够从数据流中检查出这些攻击并加以阻止。传统的防火墙只能对 Layer 3 或 Layer 4 进行检查，不能检测应用层的内容。防火墙的包过滤技术不会针对每一字节进行检查，因而也就无法发现攻击活动，而 IPS 可以做到逐一字节地检查数据包。所有流经 IPS 的数据包都被分类，分类的依据是数据包中的头信息，如源 IP 地址和目的 IP 地址、端口号和应用域。每种过滤器负责分析相对应的数据包。通过检查的数据包可以继续前进，包含恶意内容的数据包就会被丢弃，被怀疑的数据包需要接受进一步的检查。

针对不同的攻击行为，IPS 需要不同的过滤器。每种过滤器都设有相应的过滤规则，为了确保准确性，这些规则的定义非常广泛。在对传输内容进行分类时，过滤引擎还需要参照数据包的信息参数，并将其解析至一个有意义的域中进行上下文分析，以提高过滤准确性。

过滤器引擎集合了流水和大规模并行处理硬件，能够同时执行数千次的数据包过滤检查。并行过滤处理可以确保数据包能够不间断地快速通过系统，不会对速度造成影响。这种硬件加速技术对于 IPS 具有重要意义，因为传统的软件解决方案必须串行进行过滤检查，会导致系统性能大打折扣。

8.5.2　IPS 的种类

1. 基于主机的入侵防护

基于主机的入侵检测系统（host-based intrusion protection，HIPS）通过在主机/服务器上安装软件代理程序，防止网络攻击入侵操作系统以及应用程序。基于主机的入侵防护能够保护服务器的安全弱点不被不法分子所利用。Cisco 公司的 Okena、NAI 公司的 McAfee Entercept、冠群金辰的龙渊服务器核心防护都属于这类产品，因此它们在防范红色代码和 Nimda 的攻击中，起到了很好的防护作用。基于主机的入侵防护技术可以根据自定义的安全策略以及分析学习机制来阻断对服务器、主机发起的恶意入侵。HIPS 可以阻断缓冲区溢出、改变登录口令、改写动态链接库以及其他试图从操作系统夺取控制权的入侵行为，整体提升主机的安全水平。

在技术上，HIPS 采用独特的服务器保护途径，利用由包过滤、状态包检测和实时入侵检测组成分层防护体系。这种体系能够在提供合理吞吐率的前提下，最大限度地保护服务器的敏感内容，既可以以软件形式嵌入到应用程序对操作系统的调用当中，通过拦截针对操作系统的可疑调用，提供对主机的安全防护；也可以以更改操作系统内核程序的方式，提供比操作系统更加严谨的安全控制机制。

由于 HIPS 工作在受保护的主机/服务器上，它不但能够利用特征和行为规则检测，阻止诸如缓冲区溢出之类的已知攻击，还能够防范未知攻击，防止针对 Web 页面、应用和资源的未授权的任何非法访问。HIPS 与具体的主机/服务器操作系统平台紧密相关，不同的平台需要不同的软件代理程序。

2. 基于网络的入侵防护

基于网络的入侵检测系统（network intrusion protection，NIPS）通过检测流经的网络流量，提供对网络系统的安全保护。由于它采用在线连接方式，所以一旦辨识出入侵行为，NIPS 就可以去除整个网络会话，而不仅仅是复位会话。同样由于实时在线，NIPS 需要具备很高的性能，以免成为网络的瓶颈，因此 NIPS 通常被设计成类似于交换机的网络设备，提供线速吞吐速率以及多个网络端口。

NIPS 必须基于特定的硬件平台，才能实现千兆级网络流量的深度数据包检测和阻断功能。这种特定的硬件平台通常可以分为三类：一类是网络处理器（网络芯片），一类是专用的 FPGA 编程芯片，第三类是专用的 ASIC 芯片。

在技术上，NIPS 吸取了目前 NIDS 所有的成熟技术，包括特征匹配、协议分析和异常检测。特征匹配是最广泛应用的技术，具有准确率高、速度快的特点。基于状态的特征匹配不但检测攻击行为的特征，还要检查当前网络的会话状态，避免受到欺骗攻击。

协议分析是一种较新的入侵检测技术，它充分利用网络协议的高度有序性，并结合高速数据包捕捉和协议分析，来快速检测某种攻击特征。协议分析正在逐渐进入成熟应用阶段。协议分析能够理解不同协议的工作原理，以此分析这些协议的数据包，来寻找可疑或不正常的访问行为。协议分析不仅仅基于协议标准（如 RFC），还基于协议的具体实现，这是因为很多协议的实现偏离了协议标准。通过协议分析，IPS 能够针对插入（insertion）与规避（evasion）攻击进行检测。异常检测的误报率比较高，NIPS 不将其作为主要技术。

3. 应用入侵防护

NIPS 产品有一个特例，即应用入侵防护（application intrusion prevention，AIP），它把基于主机的入侵防护扩展成为位于应用服务器之前的网络设备。AIP 被设计成一种高性能的设备，配置在应用数据的网络链路上，以确保用户遵守设定好的安全策略，保护服务器的安全。NIPS 工作在网络上，直接对数据包进行检测和阻断，与具体的主机/服务器操作系统平台无关。

NIPS 的实时检测与阻断功能很有可能出现在未来的交换机上。随着处理器性能的提高，每一层次的交换机都有可能集成入侵防护功能。

8.5.3　IPS 技术的特征

① 嵌入式运行：只有以嵌入模式运行的 IPS 设备才能够实现实时的安全防护，实时阻拦所有可疑的数据包，并对该数据流的剩余部分进行拦截。

② 深入分析和控制：IPS 必须具有深入分析能力，以确定哪些恶意流量已经被拦截，根据攻击类型、策略等来确定哪些流量应该被拦截。

③ 入侵特征库：高质量的入侵特征库是 IPS 高效运行的必要条件，IPS 还应该定期升级入侵特征库，并快速应用到所有传感器。

④ 高效处理能力：IPS 必须具有高效处理数据包的能力，对整个网络性能的影响保持在最低水平。

8.5.4　IPS 技术面临的挑战

IPS 技术需要面对很多挑战，其中主要有三点：一是单点故障，二是性能瓶颈，三是误报和漏报。

设计要求 IPS 必须以嵌入模式工作在网络中，而这就可能造成瓶颈问题或单点故障。如果 IDS 出现故障，最坏的情况也就是造成某些攻击无法被检测到，而嵌入式的 IPS 设备出现问题，就会严重影响网络的正常运转。如果 IPS 出现故障而关闭，用户就会面对一个由 IPS 造成的拒绝服务问题，所有客户都将无法访问企业网络提供的应用。

即使 IPS 设备不出现故障，它仍然是一个潜在的网络瓶颈，不仅会增加滞后时间，而且会降低网络的效率，IPS 必须与数千兆或者更大容量的网络流量保持同步，尤其是当加载了数量庞大的检测特征库时，设计不够完善的 IPS 嵌入设备无法支持这种响应速度。绝大多数高端 IPS 产品供应商都通过使用自定义硬件（FPGA、网络处理器和 ASIC 芯片）来提高 IPS 的运行效率。

误报率和漏报率也需要 IPS 认真面对。在繁忙的网络当中，如果以每秒需要处理十条警报信息来计算，IPS 每小时至少需要处理 36 000 条警报，一天就是 864 000 条。一旦生成了警报，最基本的要求就是 IPS 能够对警报进行有效处理。如果入侵特征编写得不是十分完善，那么“误报”就有了可乘之机，导致合法流量也有可能被意外拦截。对于实时在线的 IPS 来说，一旦拦截了“攻击性”数据包，就会对来自可疑攻击者的所有数据流进行拦截。如果触发了误报警报的流量恰好是某个客户订单的一部分，其结果可想而知，这个客户的整个会话就会被关闭，而且此后该客户所有重新连接到企业网络的合法访问都会被“尽职尽责”的 IPS 拦截。

8.6　网页防篡改系统

网站已成政府、机关的重要信息发布门户，大量的商业活动与买卖交易也是通过各种网站完成的，网站越来越多地承载了各类机构的核心业务，如电子政务、电子商务等。因此，保护网站的信息和内容就显得至关重要。当前网络上 75%的攻击是针对网站的，这些攻击可致网站遭受声誉损失、经济损失甚至产生政治影响。

对于网站来说，目前存在最大的威胁是网页篡改问题，根据篡改者目的的不同，网页篡改事件可以分为经济性质和政治性质。以获取经济利益为目的的网页篡改事件所占的比例最大，主要针对商业网站，其直接危害是造成消费者或商家的经济损失，同时也损害商家在消费者心中的形象。相比之下，政治性质的网页篡改可能造成的危害要大得多，它主要针对政府机构、宗教组织或民间组织的网站发起，这类网站页面的受众比较多，具有较强的传播性，权威性强，转载量大，一旦篡改发生并形成病毒式的传播，将会造成极大的影响，严重的可能上升成为政治事件，甚至导致公众恐慌。网页篡改事件的发生已成为网络安全最为严重的问题之一。

传统安全设备（防火墙/IPS）解决 Web 应用安全问题存在局限性，网页防篡改系统能够提供 Web 应用安全防护功能，防御 SQL 注入、XSS 及跨站请求伪造（CSRF）攻击；防御常规盗链和分布式盗链、恶意扫描；提供 cookie 安全机制，防止 cookie 中敏感信息泄露，以及 cookie 篡改；提供服务器信息伪装/过滤，避免出错信息暴露网站敏感信息，为攻击者利用、提升攻击成功概率等功能。

8.6.1　网站易被篡改原因

网站的网页之所以存在被篡改的可能性，有客观和主观两方面的原因。就客观而言，因为存在以下原因，现有技术架构下网站漏洞将长期存在。

① Web 平台的复杂性；

② 操作系统复杂性：已公布超过 2 万多个系统漏洞。一个漏洞从发现到被利用平均为

5 天，而相应补丁的发布时间平均为 47 天。

③ Web 服务器软件漏洞：IIS、Apache、Tomcat、Weblogic 都存在大量的已知漏洞，同时每天都有大量的新漏洞被报出。

④ 第三方软件漏洞：由各类软件厂商提供的第三方软件存在各种漏洞。

⑤ 应用系统漏洞：各种注入式攻击漏洞，多个应用系统不同的开发者。

就主观而言，如果网站的安全管理要求过于苛刻，网络管理员一般很难严格按照要求对网站进行有效的安全管理，例如：

① 严格的密码管理：组成密码的字符应包含大小写英文字母、数字、标点、控制字符等，口令长度要求在 8 位以上。不应将口令存放在个人计算机文件中，或写到容易被其他人获取的地方。必须定期修改密码，若掌握密码的管理人员调离本职工作时，必须立即更改所有相关密码。

② 软件安装管理：严禁随意安装、卸载系统组件和驱动程序，如确实需要，应及时评测可能由此带来的影响，并需要获得分管领导的批准。禁止在服务器系统上安装与该服务器所提供服务和应用无关的其他软件。

③ 上网控制：禁止在主机系统上浏览外部网站网页、接收电子邮件、编辑文档，以及进行与主机系统维护无关的其他操作。

④ 共享目录管理：禁止在主机系统上开放具有"写"权限的共享目录，如果确实必要，可临时开放，但要设置强共享口令，并在使用完之后立刻取消共享。

⑤ 漏洞及病毒处理：应定期进行安全漏洞扫描和病毒查杀工作，重大安全漏洞发布后，应在 3 个工作日内进行修补；当发现主机设备上存在病毒、异常开放的服务或者开放的服务存在安全漏洞时应及时上报分管领导，并采取相应措施。

8.6.2　网页防篡改系统的作用

Web 网站通常使用防火墙和 IDS/IPS 等网络安全设备来保护自身的安全，网络防火墙提供网络层访问控制和攻击保护服务，它们统一部署在网络边界和企业内部重要资源（例如 Web 应用）的前端，提供必要的保护以防御网络层黑客攻击。但是，网络防火墙规则集必须允许重要协议（如 HTTP/HTTPS）不受限制地访问 Web 应用，即完全向外部网络开放 HTTP/HTTPS 应用端口。如果攻击代码被嵌入到 Web 通信中，则从协议角度来看这些通信是完全合法的，而此时网络防火墙对此类攻击没有任何的保护作用。或者是常规的入侵检测系统和增强的入侵防护系统，都会认为是合法的，无法被阻挡或检出。

入侵检测系统和入侵防御系统作为防火墙的有利补充，加强了网络的安全防御能力。入侵检测技术同样工作在网络层上，对应用协议的理解和作用存在相当的局限性，对于复杂的 HTTP 会话和协议更是不能完整处理。如果需要防御更多的攻击，那么就需要很多的规则，但是随着规则的增多，系统出现的虚假报告率（对于入侵防御系统来说，会产生中断正常连接的问题）会上升，同时，系统的效率会降低。

一个最简单的例子就是在请求中包含 SQL 注入代码，这些数据不管是在传统防火墙所处理的网络层和传输层，还是在代理型防火墙所处理的协议会话层，或者是常规的入侵检测系统和增强的入侵防护系统，都会认为是合法的，无法被阻挡或检出。

由前面的描述可以看出，Web 网站防篡改的核心工作包括：

① 阻止对网页文件的篡改。

② 防止非法网页和信息被访问。

③ 有效防御各种来自应用层的攻击，例如注入式攻击、跨站攻击、非法上传、身份仿冒等等。

因此 Web 网站和 Web 应用系统除了使用一般的网络安全设备外，还需要有效的网页防篡改系统来专门对页面内容和动态数据进行保护。

8.6.3　网页防篡改系统的工作原理

网页防篡改系统的主要功能是用于保护网页文件，防止黑客篡改网页（篡改后自动恢复），其使用的防篡改技术归纳列举如下：

1．外挂轮询技术

外挂轮询技术（定时循环扫描技术）可以称为真正的网站防篡改技术的第一代，因为它作为一种自动化的技术形式出现，终于摆脱了以人工检测并修改恢复为主体的原始手段。外挂轮询技术是设置一个检测程序，以轮询方式读出需要监控的网页，再将其与真实网页相比较，以判断网页内容的完整性，然后对被篡改的网页进行报警和恢复。

外挂轮询技术是早期使用的技术，比较落后，已经被淘汰了，原因是：现在的网站少则几千个文件，大则几万、几十万个文件，如果采用定时循环扫描，从头扫到尾，不仅需要耗费大量的时间，还会大大影响服务器性能。

2．事件触发技术

事件触发技术是利用操作系统的文件系统接口，在网页文件被修改时对此行为进行合法性的检查，对于非法的操作进行报警和恢复。由此可见，事件触发技术没有对网页流出进行任何检查，将安全保障建立在"网页文件不可能被隐秘地篡改"这种假设上，而且事件触发技术并不能确保捕获对文件的所有方式的修改（如直接写磁盘、直接写内核驱动程序、利用操作系统漏洞等），非常容易被黑客绕过；而且一旦内容被篡改，它没有任何手段来察觉和恢复。因此，事件触发技术的技术特点决定了它类似于防病毒工具而不是专门针对网站保护的系统，要想达到网站防护的目的，必须与其他防篡改技术结合使用。

3．核心内嵌（数字水印）技术

核心内嵌技术（又称作密码水印技术），其原理是：对每一个流出的网页进行数字水印检查，如果发现当前水印和之前记录的水印不同，则可断定该文件被篡改，首先拒绝对外发布，再调用备份网站的页面文件进行验证解密后对外发布。简单地说，就是将篡改检测模块内嵌在 Web 服务器软件里，在每一个网页流出时都对其进行完整性检查，对于被篡改的网页进行实时访问阻断，并且及时予以报警和恢复。

核心内嵌技术通常要结合事件触发技术，对网页文件的部分属性进行对比，如大小、页面生成的时间等进行判断。

该技术的主要缺陷是：

① 不能保护网站内容不被篡改，只是在篡改后做恢复工作。

② 针对连续性篡改，需要从备份服务器连续不断地调取相应的文件进行恢复，如果恢

复速度赶不上篡改速度，会导致网站不可访问。

③ 系统自身安全依赖于 Web 服务器软件的安全。

④ 系统会在用户访问某页面时，对某一页面先进行数字水印对比来确定页面是否被篡改过，所以在一定程度上会影响到网站的访问速度。

4. 采用系统底层文件过滤驱动技术

用户所有的对文件进行打开、关闭、读、写、修改、删除等操作，都是由 Win32 子系统调用相应的服务请求来完成的。I/O 管理器收到上层传递的 I/O 请求后，会构造相应的 IRP（I/O request package）包，然后将该 IRP 包递交给文件系统驱动进行处理；文件系统驱动处理完成后，再将处理结果递交给 I/O 管理器，然后 I/O 管理器会将结果反馈给 Win32 子系统，再由 Win32 子系统交递给最初提交请求的用户进程。此时整个文件系统的操作过程执行结束。

文件过滤驱动技术其原理是拦截与分析 IRP 流，对所有受保护的网站目录的写操作都立即截断，与"事件触发技术"的"后发制人"相反，该技术是典型的"先发制人"，在篡改写入文件之前就阻止，可以拦截一切篡改的可能。但是由于实际应用中各种复杂环境与因素的考虑，操作系统的设计者在系统内核底层设计了多种可以读写文件的方式，相关数据流不单单是走 IRP 流，对于不通过 IRP 的文件，这种技术就无效。另外对 64 位 Windows 系统，文件过滤驱动还需经微软的 WHQL 数字签名验证，否则驱动无法安装进操作系统。

上述 4 种网页防篡改技术除了外挂轮询技术已经被淘汰外了，其他 3 种技术是目前网页防篡改系统常用的技术，一般防篡改产品很少使用单一的一种技术，通常是两种以上技术组合起来使用。

小结

计算机安全的防护涉及多方面的内容，本章主要从技术角度介绍防火墙技术、入侵检测技术、VPN 技术。

1. 防火墙技术

防火墙是由软件和硬件设备组合而成的、在内部网和外部网之间、专用网与公共网之间的界面上构造的保护屏障，保护内部网免受非法用户的侵入。

在逻辑上，防火墙是一个分离器，一个限制器，也是一个分析器，有效地监控了内部网和 Internet 之间的任何活动，保证了内部网络的安全。

防火墙的主要技术有包过滤技术、应用代理网关技术和状态检测技术。

防火墙的体系结构一般有：屏蔽路由器、双重宿主主机体系结构、被屏蔽主机体系结构、被屏蔽子网体系结构。

2. Web 应用防火墙

Web 应用防火墙是通过执行一系列针对 HTTP/HTTPS 的安全策略来专门为 Web 应用提供保护的一款产品，Web 应用防火墙的具有以下四大个方面的功能。

① 审计设备：用来截获所有 HTTP 数据或者仅仅满足某些规则的会话。

② 访问控制设备：用来控制对 Web 应用的访问，既包括主动安全模式，也包括被动安全模式。

③ 架构/网络设计工具：当运行在反向代理模式，它们被用来分配职能，集中控制，虚拟基础结构等。

④ Web 应用加固工具：这些功能增强了被保护 Web 应用的安全性，它不仅能够屏蔽 Web 应用固有弱点，而且能够保护 Web 应用编程错误导致的安全隐患。

3. 虚拟专用网 VPN

VPN 是通过一个公用网络（通常是 Internet）建立的一个临时的、安全的连接，是一条穿过混乱的公用网络的安全、稳定的隧道。VPN 是对企业内部网的扩展。它可以帮助远程用户、公司分支机构、商业伙伴及供应商同公司的内部网建立可信的安全连接，并保证数据的安全传输。

VPN 有三种解决方案，包括：远程访问虚拟网（Access VPN）、企业内部虚拟网（Intranet VPN）和企业扩展虚拟网（Extranet VPN），这三种类型的 VPN 分别与传统的远程访问网络、企业内部的 Intranet，以及企业网和相关合作伙伴的企业网所构成的 Extranet（外部扩展）相对应。

VPN 实现的两个关键技术是隧道技术和加密技术，同时 QoS 技术对 VPN 的实现也至关重要。

4. 入侵检测

入侵检测是对入侵行为的检测。它通过收集和分析网络行为、安全日志、审计数据、其他网络上可以获得的信息及计算机系统中若干关键点的信息，检查网络或系统中是否存在违反安全策略的行为和被攻击的迹象。入侵检测作为一种积极主动地安全防护技术，提供了对内部攻击、外部攻击和误操作的实时保护，在网络系统受到危害之前拦截和响应入侵。

入侵检测系统根据信息来源可分为基于主机入侵检测系统和基于网络的入侵检测系统两大类。

入侵检测系统根据分析方法可分为误用检测模型入侵检测系统和异常检测型入侵检测系统。

5. 入侵防御系统

入侵预防系统（IPS）是一部能够监视网络或网络设备的网络资料传输行为的计算机网络安全设备，能够即时地中断、调整或隔离一些不正常或是具有伤害性的网络资料传输行为。

IPS 是位于防火墙和网络的设备之间的设备。IPS 将检查入网的数据包，确定这种数据包的真正用途，然后决定是否允许这种数据包进入网络。这样，如果检测到攻击，IPS 会在这种攻击扩散到网络的其他地方之前阻止这个恶意的通信。

6. 网页防篡改系统

网站防篡改系统通过实时监控来保证 Web 系统的完整性，当监控到 Web 页面被异常修改后能够自动恢复页面。网页防篡改技术主要包括以下 3 种。

（1）外挂轮询技术

外挂轮询技术是利用一个网页检测程序，以轮询方式读出要监控的网页，与真实网页相比较，以判断网页内容的完整性，对于被篡改的网页进行报警和恢复。

（2）事件触发技术

事件触发技术是利用操作系统的文件系统接口，在网页文件的被修改时进行合法性检查，对于非法操作进行报警和恢复。

（3）核心内嵌技术

核心内嵌技术是将篡改检测模块内嵌在 Web 服务器软件里，它在每一个网页流出时都进行完整性检查，对于篡改网页进行实时访问阻断，并予以报警和恢复。

（4）系统底层文件过滤驱动技术

文件过滤驱动技术的原理是拦截与分析 IRP 流，对所有受保护的网站目录的写操作都立即截断，这样可以拦截一切篡改的可能。

习题

一、选择题

1. _____是设置在被保护网络和外部网络之间的一道屏障，用以分隔被保护网络与外部网络系统防止发生不可预测的、潜在破坏性的侵入，它是不同网络或网络安全域之间信息的唯一出入口。

    A．防火墙技术   B．密码技术   C．访问控制技术   D．虚拟专用网

2. 下面关于防火墙说法正确的是_____。

    A．防火墙必须由软件以及支持该软件运行的硬件系统构成

    B．防火墙的主要功能是防止把网外未经授权的信息发送到内网

    C．任何防火墙都能准确地检测地攻击来自哪台计算机

    D．防火墙的主要技术支撑是加密技术

3. 为控制企业内部对外的访问及抵御外部对内部网的攻击，最好的选择是_____。

    A．IDS   B．防火墙   C．杀毒软件   D．路由器

4. 防火墙工作在 OSI 模型的_____。

    A．应用层   B．网络层和传输层   C．表示层   D．会话层

5. 下面与 VPN 安全技术无关的是_____。

    A．加密技术   B．包过滤技术   C．QoS 技术   D．隧道技术

6. 关于防火墙的描述不正确的是_____。

    A．防火墙不能防止内部攻击

    B．如果一个公司信息安全制度不明确，拥有再好的防火墙也没有用

    C．防火墙可以防止伪装成外部信任主机的 IP 地址欺骗

    D．防火墙可以防止伪装成内部信任主机的 IP 地址欺骗

7. 虚拟专用网（VPN）技术是指_____。

    A．在公共网络中建立专用网络，数据通过安全的"加密管道"在公共网络中传播

    B．在公共网络中建立专用网络，数据通过安全的"加密管道"在私有网络中传播

    C．防止一切用户进入的硬件

    D．处理出入主机的邮件的服务器

8. 最简单的数据包过滤方式是按照_____进行过滤。

    A．目标地址   B．源地址   C．服务   D．ACK

9. ACK 位在数据包过滤中起的作用_____。

    A．不重要   B．很重要   C．可有可无   D．不必考虑

10. 不属于代理服务器缺点的是_____。

　　A．某些服务同时用到 TCP 和 UDP，很难代理

　　B．不能防止数据驱动侵袭

　　C．一般来讲，对于新的服务难以找到可靠的代理版本

　　D．一般无法提供日志

11. 入侵检测系统对收集到的信息一般分为四种手段进行分析，其中_____用于事后分析。

　　A．模式匹配　　　　　　　　　　　　B．统计分析

　　C．智能化入侵检测　　　　　　　　　D．完整性分析

12. 外部路由器和内部路由器一般应用_____规则。

　　A．不相同　　　　　　B．相同　　　　　　C．最小特权　　　　　　D．过滤

13. 对于包过滤系统，描述不正确的是_____。

　　A．允许任何用户使用 SMTP 向内部网络发送电子邮件

　　B．允许指定用户使用 SMTP 向内部网络发送电子邮件

　　C．允许指定用户使用 NNTP 向内部网络发送新闻

　　D．不允许任何用户使用 Telnet 从外部网络登录

14. 防火墙是指_____。

　　A．一个特定软件　　　　　　　　　　B．一个特定硬件

　　C．执行访问控制策略的一组系统　　　D．一批硬件的总称

15. 在选购防火墙软件时，不应考虑的是：一个好的防火墙应该_____。

　　A．是一个整体网络的保护者　　　　　B．为使用者提供唯一的平台

　　C．弥补其他操作系统的不足　　　　　D．向使用者提供完善的售后服务

16. 在被屏蔽主机的体系结构中，堡垒主机位于_____，所有的外部连接都由过滤路由器路由到它上面去。

　　A．内部网络　　　B．周边网络　　　　　C．外部网络　　　D．自由连接

17. IP 位于层_____。

　　A．网络层　　　　B．传输层　　　　　C．数据链路层　　　　D．物理层

18. 包过滤工作在 OSI 模型的_____。

　　A．应用层　　　　B．网络层和传输层　　C．表示层　　　　　　D．会话层

19. 逻辑上，防火墙是_____。

　　A．过滤器　　　　B．限制器　　　　　C．分析器　　　　　　D．以上皆对

20. 关于堡垒主机上伪域名服务器不正确的配置是_____。

　　A．可设置成主域名服务器

　　B．可设置成辅助域名服务器

　　C．内部域名服务器向它查询外部主机信息时，它可以进一步向外部其他域名服务器查询

　　D．可使 Internet 上的任意机器查询内部主机信息

21. 在屏蔽的子网体系结构中，堡垒主机被放置在_____上，它可以被认为是应用网关，是这种防御体系的核心。

A．内部网络　　　　　　　　　　　　B．外部网络

C．DMZ "非军事区"　　　　　　　　　D．内部路由器后边

22．按照数据来源，入侵检测系统可以分为三类。不属于这三类的是_____。

A．基于主机的入侵检测系统

B．基于网络的入侵检测系统

C．混合型

D．异常检测模型

23．代理服务器与数据包过滤路由器的不同是：_____。

A．代理服务器在网络层筛选，而路由器在应用层筛选

B．代理服务器在应用层筛选，而路由器在网络层筛选

C．配置不合适时，路由器有安全性危险

D．配置不合适时，代理服务器有安全性危险

24．从协议层次模型的角度看，防火墙应覆盖网络层、传输层与_____。

A．应用层　　　　　　　　　　　　　B．数据链路层

C．表示层　　　　　　　　　　　　　D．物理层

25．下面入侵检测技术中，基于模式匹配技术的是_____。

A．异常检测　　　　　　　　　　　　B．误用检测

C．基于统计的检测　　　　　　　　　D．基于数据挖掘的检测

26．防火墙_____。

A．能够防止外部和内部入侵

B．不能防止外部入侵而能防止内部入侵

C．能防止外部入侵而不能防止内部入侵

D．能防止全部的外部入侵

27．以下协议中属于第二层隧道协议的是_____。

A．PPTP　　　　　　B．L2TP　　　　　C．L2F　　　　　D．IP Sec

28．不同的防火墙配置方法也不同，这取决于_____、预算及全面规划。

A．防火墙的位置　　　　　　　　　　B．防火墙的结构

C．安全策略　　　　　　　　　　　　D．防火墙的技术

29．关于堡垒主机的说法，错误的是_____。

A．设计和构筑堡垒主机时应使堡垒主机尽可能简单

B．堡垒主机的速度应尽可能快

C．堡垒主机上应保留尽可能少的用户账户，甚至禁用一切用户账户

D．堡垒主机的操作系统可以选用 UNIX 系统

30．关于被屏蔽子网中内部路由器和外部路由器的描述，不正确的是_____。

A．内部路由器位于内部网和周边网络之间，外部路由器和外部网直接相连

B．外部路由器和内部路由器都可以防止声称来自周边网的 IP 地址欺骗

C．外部路由器的主要功能是保护周边网上的主机，内部路由器用于保护内部网络
　　不受周边网和外部网络的侵害

D．内部路由器可以阻止内部网络的广播消息流入周边网，外部路由器可以禁止外

部网络一些服务的入站连接

31．入侵检测系统的工作流程大致分三个步骤，下面不属于入侵检测工作流程的是_____。

    A．数据分析

    B．信息收集

    C．信息过滤

    D．实时记录、报警或有限度反击

32．关于 VPN 的概念，下面说法正确的是_____。

    A．VPN 是局域网之内的安全通道

    B．VPN 是在互联网内建立的一条真实的点对点的线路

    C．VPN 是在互联网内建立的虚拟的安全隧道

    D．VPN 与防火墙的作用相同

33．关于堡垒主机的配置，叙述不正确的是_____。

    A．堡垒主机上应保留尽可能少的用户账户

    B．堡垒主机的操作系统可选用 UNIX 操作系统

    C．堡垒主机的磁盘空间应尽可能大

    D．堡垒主机的速度应尽可能快

34．下面有关攻击识别的陈述中正确的是_____。

    A．攻击识别不是 IDS 的主要用途

    B．攻击识别是 IDS 的主要用途

    C．IDS 能识别所有攻击

    D．不能对攻击进行快速反应

35．下面不是一个优秀的入侵检测系统的典型特征的是_____。

    A．入侵检测系统在无人监管的情况下连续运行

    B．入侵检测系统是动态的

    C．入侵检测系统必须是静态的

    D．入侵检测系统必须能够容错

36．外部数据包过滤路由器只能阻止一种类型的 IP 欺骗，即_____，而不能阻止 DNS 欺骗。

    A．内部主机伪装成外部主机的 IP

    B．内部主机伪装成内部主机的 IP

    C．外部主机伪装成外部主机的 IP

    D．外部主机伪装成内部主机的 IP

37．包过滤系统_____。

    A．既能识别数据包中的用户信息，又能识别数据包中的文件信息

    B．既不能识别数据包中的用户信息，也不能识别数据包中的文件信息

    C．只能识别数据包中的用户信息，不能识别数据包中的文件信息

    D．不能识别数据包中的用户信息，只能识别数据包中的文件信息

38．如果路由器有支持内部网络子网的两个接口，很容易受到 IP 欺骗，从这个意义上

讲，将 Web 服务器放在防火墙_____有时更安全些。

  A. 外面   B. 内   C. 一样   D. 不一定

39. 下面不是 Web 应用防火墙（WAF）使用的技术的是_____。

  A. 异常检测协议   B. 增强的输入验证

  C. 及时补丁   D. 隧道技术

二、填空题

1. 按照数据来源分类，基于_____的入侵检测系统获取数据的依据是系统运行所在的主机，保护的目标也是系统运行所在的主机。

2. 防火墙就是位于_____或 Web 站点与 Internet 之间的一个_____或一台主机，典型的防火墙建立在一个服务器或主机的机器上，也称为_____。

3. 防火墙有多重宿主主机型、被屏蔽_____型和被屏蔽_____型等多种结构。

4. 密钥管理技术的主要任务是如何在公用数据网上安全地传递密钥而不被窃取。现行密钥管理技术又分为_____与_____两种。

5. _____只是通过检测 IP 数据包包头的相关信息来决定数据通过还是拒绝。

6. 内部路由器又称为_____，它位于_____和_____之间。

7. 防火墙有_____、主机过滤和子网过滤 3 种体系结构。

8. 入侵检测工作组 IDWG 提出的建议草案包括三部分内容：入侵检测消息交换格式、_____及隧道轮廓。

9. 利用 VPN 特性可以在 Internet 上组建世界范围内的_____。

10. 代理服务器运行在_____层，它又被称为_____。

11. 双重宿主主机通过_____连接到内部网络和外部网络上。

12. 安全网络和不安全网络的边界称为_____。

13. VPN 管理主要包括_____、_____、_____、访问控制列表管理、QoS 管理等内容。

14. 设计和建立堡垒主机的基本原则有两条：_____和_____。

15. 按照数据来源，入侵检测系统可以分为_____、_____和_____三类。

16. 数据包过滤用在_____和_____之间，过滤系统一般是一台路由器或是一台主机。

17. 虚拟专用网的概念中，所谓虚拟，是指_____，所谓专用，是指_____。

18. _____被认为是防火墙之后的第二道安全闸门，在不影响网络性能的情况下能对网络进行监测，从而提供对内部攻击、外部攻击和误操作的实时保护。

19. 状态检测技术是包过滤技术的延伸，被称为_____。

20. _____与被屏蔽主机网关本质相同，它对网络的安全保护通过两台包过滤路由器和在这两台路由器之间构筑的子网，即非军事区（DMZ）来实现。

21. 防火墙把出站的数据包的源地址都改写成防火墙的 IP 地址的方式叫作_____。

22. 回路级代理能够为各种不同的协议提供服务，不能解释应用协议，所以只能使用修改的_____。

23. 在周边网上可以放置一些信息服务器，如 WWW 和 FTP 服务器，这些服务器可能会受到攻击，因为它们是_____。

24. 包过滤路由器依据路由器中的_____作出是否引导该数据包的决定。

25. VPN 安全技术分别是_____（tunneling）、_____（encryption & decryption）、_____（key management）和_____（authentication）。

26. 屏蔽路由器是一种根据过滤规则对数据包进行_____的路由器。

27. 在逻辑上，防火墙是_____、_____和_____。

28. 根据过滤规则决定对数据包是否发送的网络设备是_____。

29. _____与传统的远程访问网络相对应，它通过一个拥有与专用网络相同策略的共享基础设施，提供对企业内部网或外部网的远程访问。

30. 基于网络的入侵检测系统，通常是把网卡设置成_____模式，捕获共享式网络中流经的数据报进行分析。

31. 根据数据分析方法（也就是检测方法）的不同，可以将入侵检测系统分为_____两类。

32. _____是把内部私有 IP 地址转换成合法网络 IP 地址的技术。

33. 屏蔽路由器是可以根据_____对数据包进行_____和_____的路由器。

34. 隧道技术的隧道是由隧道协议形成的，分为第二、三层隧道协议。其中，第_____层隧道协议是先把各种网络协议封装到 PPP 中，再把整个数据包装入隧道协议中。

三、简答题

1. 简述防火墙在安全方面的主要功能和局限性。

2. 为什么代理服务防火墙的安全性优于数据包过滤防火墙？

3. 按照实现技术的不同，防火墙可分为哪几种主要类型？

4. 何谓虚拟专用网？为什么要发展 VPN？简述其主要功能。

5. 何谓数据包过滤防火墙技术？试简述其优缺点。

6. 何谓第二层隧道协议（L2TP）？简述其工作原理及特点。

7. VPN 提供哪些功能？

8. 防火墙与 VPN 之间的本质区别有哪些？

9. 简述隧道的基本组成。

10. 什么是入侵检测系统？与防火墙系统有何异同？

11. 简述入侵检测系统的三大功能组件。

12. 试分析基于主机的入侵检测系统和基于网络的入侵检测系统的基本区别。

13. 简述异常检测的基本原理。

14. 简述 IDS 与 IPS 的相同点与不同点。

15. 简述 WAF 防火墙的主要特点。

16. 目前常见的网页防篡改技术有哪几种？简述其原理。